Springer-Lehrbuch

J. N. Shive   R. L. Weber

Ähnlichkeiten in der Physik

Zusammenhänge
erkennen und verstehen

Mit 150 Abbildungen, 6 Tabellen,
219 Übungen, Lösungen und
durchgerechneten Beispielen

Springer-Verlag
Berlin Heidelberg New York
London Paris Tokyo
Hong Kong Barcelona
Budapest

Autoren:
John N. Shive †
Robert L. Weber
751 Glenn Road
State College, PA 16803-3415
USA

Übersetzer:
Felix Pahl
Schopenhauerstraße 63
D-14129 Berlin

Title of the Original English Edition:
Similarities in Physics
© 1982 J. N. Shive and R. L. Weber

ISBN 0-387-53204-8 Springer-Verlag Berlin Heidelberg New York

Die Deutsche Bibliothek – CIP-Einheitsaufnahme

Shive, John N.: Ähnlichkeiten in der Physik: Zusammenhänge erkennen und verstehen; mit 6 Tabellen / J. N. Shive; R.L. Weber. [Übers.: Felix Pahl]. – Berlin; Heidelberg; New York; London; Paris; Tokyo; Hong Kong; Barcelona; Budapest: Springer, 1993
(Springer-Lehrbuch)
Einheitssacht.: Similarities in physics <dt.>
ISBN 3-540-53204-8
NE: Weber, Robert L.:

Dieses Werk ist urheberrechtlich geschützt. Die dadurch begründeten Rechte, insbesondere die der Übersetzung, des Nachdrucks, des Vortrags, der Entnahme von Abbildungen und Tabellen, der Funksendung, der Mikroverfilmung oder der Vervielfältigung auf anderen Wegen und der Speicherung in Datenverarbeitungsanlagen, bleiben, auch bei nur auszugsweiser Verwertung, vorbehalten. Eine Vervielfältigung dieses Werkes oder von Teilen dieses Werkes ist auch im Einzelfall nur in den Grenzen der gesetzlichen Bestimmungen des Urheberrechtsgesetzes der Bundesrepublik Deutschland vom 9. September 1965 in der jeweils geltenden Fassung zulässig. Sie ist grundsätzlich vergütungspflichtig. Zuwiderhandlungen unterliegen den Strafbestimmungen des Urheberrechtsgesetzes.

© Springer-Verlag Berlin Heidelberg 1993
Printed in Germany

Die Wiedergabe von Gebrauchsnamen, Handelsnamen, Warenbezeichnungen usw. in diesem Werk berechtigt auch ohne besondere Kennzeichnung nicht zu der Annahme, daß solche Namen im Sinne der Warenzeichen- und Markenschutz-Gesetzgebung als frei zu betrachten wären und daher von jedermann benutzt werden dürften.

Einbandgestaltung: W. Eisenschink, Heddesheim
56/3140 – 5 4 3 2 1 0 – Gedruckt auf säurefreiem Papier

Vorwort

> Physik ist ökonomisch geordnete Erfahrung.
>
> *Ernst Mach*

> Für jegliche Naturwissenschaft ist vor allem eine Reduktion auf die kleinste Zahl dominanter Prinzipien anzustreben.
>
> *J. Clerk Maxwell*

Wenn Sie eine Natur- oder Ingenieurwissenschaft studieren und bereits die Grundprinzipien der Physik kennen, dann haben wir dieses Buch eigens für Sie geschrieben. Auch wenn Sie schon weit im Hauptstudium sind, kann das Buch Ihnen helfen, Ihre bisherigen Kenntnisse durch neue Einsichten miteinander zu verbinden. Das Gebäude der Physik ist bei weitem nicht so kompliziert, wie es einem Studienanfänger oft erscheint. Das Buch soll einander ähnliche Phänomene verknüpfen – mechanische, akustische, optische, elektrische, thermische und theoretische – und Sie auf deren Gemeinsamkeiten aufmerksam machen. Indem Sie sich angewöhnen, Ähnlichkeiten zu erkennen, können Sie die zu bewältigende Stoffmenge reduzieren. Durch eine umfassendere Sicht der Natur werden Sie wahrscheinlich intellektuelle Befriedigung empfinden und sicherer im Umgang mit neuen Ideen werden, die Ihnen im Alltag oder in Büchern begegnen.

In dem Büchlein „Ähnlichkeiten im Wellenverhalten" hat einer von uns (JNS) dargelegt, wie sich Wellen in mechanischen, akustischen, elektrischen, optischen und thermischen Wellensystemen bei der Ausbreitung, Reflexion, Überlagerung, Resonanz, Interferenz usw. gleichen. Der Leser wird beispielsweise angeregt, darüber nachzudenken, wie die entspiegelnden Beschichtungen auf den Linsen seines Fernglases den $\lambda/4$-Anpassungstransformatoren einer Wellenleitung ähneln. „Ähnlichkeiten in der Physik" baut die Philosophie des früheren Buches aus: die Physik ist vielleicht einfacher, als Sie denken; die Natur ist wunderbar regelmäßig in ihrem Verhalten; Analogien schaffen eine Verbindung zwischen Betrachtetem und bereits Bekanntem.

Vielleicht reizt Sie die folgende amüsante Anekdote. Vor einigen Jahren erzählte uns der Personalchef eines Elektrokonzerns, daß er in Vorstellungsgesprächen manchmal einen Stift und ein Taschenmesser auf den Tisch lege und den Kandidaten bitte, diese Dinge zu vergleichen.

Eine Antwort wäre vielleicht: „Nun, das eine ist grün, das andere braun. Das eine hat eine Spitze zum Schreiben, das andere eine Klinge zum Schneiden.

Das eine scheint größtenteils aus Plastik zu bestehen, das andere aus Metall. Das eine ist länger und schwerer als das andere ..."

Eine andere Kandidatin würde vielleicht antworten: „Die Gegenstände, die Sie mir zeigen, sind Werkzeuge. Sie werden mit der Hand gebraucht. Sie passen in eine Jackentasche. Sie kosten wahrscheinlich etwa gleich viel ..."

Der ersten Person sind offenbar Unterschiede aufgefallen; der zweiten dagegen Ähnlichkeiten. „Nun" fuhr unser Freund fort, „ich habe das zwar nicht genau statistisch untersucht, aber mein Eindruck von unseren Beschäftigten ist, daß die, die Ähnlichkeiten beobachten, sich oft als aufgeweckte und innovative Wissenschaftler entpuppen. Menschen, die sich auf Unterschiede konzentrieren, können auf anderen Gebieten, z.B. in Verkauf und Verwaltung, erfolgreich sein."

Was kann man daraus lernen? Schärfen Sie Ihre Fähigkeit, wissenschaftliche Theorien und Beobachtungen zu verstehen und anzuwenden, indem Sie auf *Ähnlichkeiten* achten. Das ist die Quintessenz dieses Buches! (Natürlich sollten Sie die Unterschiede nicht vernachlässigen. Vielleicht möchten Sie ja eines Tages einen Vorstandsvorsitz übernehmen.)

Obwohl wir ursprünglich kein Lehrbuch schreiben wollten, kann dieses Buch als Lehrbuch benutzt werden, um im Grundstudium der Physik Analogien zu betonen. Unser Hauptziel war die Vertiefung der Einsicht, und wenn neues Wissen präsentiert wird, dient es diesem Ziel. Das Buch ist daher vor allem als zusätzliche Lektüre nützlich. Es dürfte auch für Studierende hilfreich sein, die sich auf umfassende Prüfungen vorbereiten. Wir hoffen außerdem, daß der eine oder andere es einfach zum Vergnügen lesen wird.

State College,   *John N. Shive*
Pasadena 1982   *Robert L. Weber*

Vorwort des Übersetzers

> Wie kann es möglich sein, aus einem Teil zu erraten, wie die übrige Natur sich verhalten wird? Das ist eine unwissenschaftliche Frage. Da ich nicht so recht weiß, wie ich sie beantworten soll, werde ich eine unwissenschaftliche Antwort geben: Ich glaube der Grund ist, daß der Natur Einfachheit zu eigen ist, und daher eine unvergleichliche Schönheit.
>
> *Richard P. Feynman*
> The Character of Physical Law
> (MIT Press, Cambridge, MA 1990)

Diese Übersetzung wäre nicht zustande gekommen ohne den unermüdlichen Einsatz von Michaela Berg. Kein Bandwurmsatz entging ihrem Rotstift. Wenn Sie sich beim Lesen auf die Physik konzentrieren können, ohne über die Sprache zu stolpern, so ist das nicht zuletzt ihr Verdienst.

Berlin, Juni 1993 *Felix Pahl*

Inhaltsverzeichnis

1	**Verallgemeinerter Fluß**	**1**
1.1	Lineare Zusammenhänge in der Natur	1
1.2	Stationärer Fluß elektrischer Ladung	2
1.3	Das Ohmsche Gesetz in anderer Gestalt: Wärmefluß	2
1.4	Flüssigkeitsströmung	3
1.5	Diffusion	4
1.6	Wie ein Ei dem anderen	5
1.7	Anwendungen	6
	Übungen	9
2	**Exponentielles Wachstum**	**13**
2.1	Einleitung	13
2.2	Zinseszinsen	13
2.3	Bevölkerungswachstum	15
2.4	Wachstum der Wissenschaft	18
2.5	Stoßionisation	19
2.6	Allgemeine Bemerkungen	21
	Übungen	22
3	**Exponentieller Abfall mit der Zeit**	**25**
3.1	Entleeren eines Wasserbehälters	25
3.2	Entladen eines Kondensators	28
3.3	Radioaktiver Zerfall	30
3.4	Abkühlung	31
3.5	Zusammenfassung	33
	Übungen	34
4	**Exponentieller Abfall mit dem Abstand**	**37**
4.1	Einleitung	37
4.2	Strahlungsabsorption	37
4.3	Wärmeleitung in einem Stab ohne Isolierung	39
4.4	Zweidrahtleitung	39
4.5	Elektrische Analogie zum Wärmefluß	43
4.6	Zusammenfassung	43
	Übungen	44

5 Exponentielle Annäherung ... 47
- 5.1 Füllen eines Wasserbehälters ... 47
- 5.2 Aufladen eines Kondensators ... 50
- 5.3 Erhitzen eines Metallstücks ... 52
- 5.4 Grenzgeschwindigkeit ... 53
- Übungen ... 55

6 Schwingungen ... 57
- 6.1 Analogien ... 57
- 6.2 Ungedämpfte Schwingungen ... 58
- 6.3 Gedämpfte Schwingungen ... 61
- 6.4 Logarithmisches Dekrement und Gütefaktor ... 66
- 6.5 Gedämpfte Schwingung mit periodischer Triebkraft ... 67
- 6.6 Elektrischer Schwingkreis ... 70
- 6.7 Selbstabstimmung ... 75
- 6.8 Die Welt ist voller Schwingungen ... 75
- Übungen ... 76

7 Wellen ... 79
- 7.1 Die Wellengleichung ... 79
- 7.2 Ausbreitungsgeschwindigkeit ... 82
- 7.3 Energietransport durch Wellen ... 84
- 7.4 Reflexion ... 89
- Übungen ... 90

8 Stehende Wellen und Resonanz ... 93
- 8.1 Bildung stehender Wellen ... 93
- 8.2 Zweidrahtleitung ... 95
- 8.3 Schallwellen in einem Rohr ... 96
- 8.4 Reflexion von Mikrowellen ... 96
- 8.5 Resonanz in Wellensystemen ... 97
- Übungen ... 99

9 Interferenz und Interferometrie ... 101
- 9.1 Einleitung ... 101
- 9.2 Schwebung ... 101
- 9.3 Interferometrie mit Wegunterschieden ... 103
- 9.4 Holographie ... 111
- 9.5 Abschließende Bemerkungen ... 112
- Übungen ... 113

10 Strahlenbündel ... 115
- 10.1 Einleitung ... 115
- 10.2 Linsen ... 116
- 10.3 Linsendefekte ... 118
- 10.4 Mikrowellenlinsen ... 120

10.5	Zonenplatten	123
10.6	Spiegel	125
10.7	Richtantennen	126
10.8	Schallbündelung	127
10.9	Teilchenstrahlen	129
10.10	Zusammenfassung	132
	Übungen	133

11 Filter — 135
11.1	Beispiele	135
11.2	Elektrische Filter	136
11.3	Mechanische Filter	139
11.4	Akustische Filter	141
11.5	Energieabsorbierende Filter	142
11.6	Filterung durch periodische Strukturen	143
	Übungen	145

12 Transformatoren und Impedanzanpassung — 147
12.1	Einleitung	147
12.2	Auf und Ab	147
12.3	Impedanzanpassung	153
	Übungen	159

13 Dispersion — 163
13.1	Einleitung	163
13.2	Beobachtungen zur Dispersion	163
13.3	Theorie der Dispersion	165
13.4	Gruppengeschwindigkeit	170
13.5	Whistler	172
13.6	Solitonen	173
	Übungen	173

14 Das allgegenwärtige kT — 175
14.1	Einleitung	175
14.2	Kinetische Theorie	175
14.3	Verteilung molekularer Geschwindigkeiten	178
14.4	Spezifische Wärmekapazität von Gasen	180
14.5	Spezifische Wärmekapazität von Festkörpern	183
14.6	Glühemission	185
14.7	Elektrische Leitfähigkeit von Festkörpern	187
14.8	Abschließende Bemerkungen	190
	Übungen	190

15 Rauschen — 193
15.1	Einleitung	193
15.2	Mechanisches thermisches Rauschen	193
15.3	Elektrisches thermisches Rauschen: Widerstandsrauschen	196

- 15.4 Akustisches thermisches Rauschen 198
- 15.5 Optisches thermisches Rauschen: Schwarzkörperstrahlung ... 198
- 15.6 Thermisches Rauschen: Zusammenfassung 200
- 15.7 Andere Arten von Rauschen 200
- Übungen 202

16 Strahlungsdruck 205
- 16.1 Einleitung 205
- 16.2 Elektromagnetischer Strahlungsdruck 206
- 16.3 Messung des Lichtdrucks 208
- 16.4 Strahlungsdruck mechanischer Wellen 208
- 16.5 Schalldruck 210
- 16.6 Auswirkungen des Strahlungsdrucks 211
- Übungen 216

17 Abstraktionen als Wegweiser in der Physik 219
- 17.1 Einleitung 219
- 17.2 Symmetrie 220
- 17.3 Symmetrie und Erhaltungssätze 221
- 17.4 Symmetrie und Parität 222
- 17.5 Symmetrie und Quantenmechanik 224
- 17.6 Symmetrie und Antimaterie 225
- 17.7 Dimensionsanalyse: Modelle 227
- 17.8 Dimensionsanalyse 227
- 17.9 Das Π-Theorem 228
- 17.10 Dimensionslose Kennzahlen 230
- 17.11 Modelle in der Physik 230
- 17.12 Modelle in der Technik 230
- 17.13 Operatoren und Operationen 231
- Übungen 235

18 Allerlei Ähnlichkeiten 239
- 18.1 Einleitung 239
- 18.2 Gedanken zur Thermodynamik 239
- 18.3 Wellenfortpflanzung in verlustbehafteten Medien 241
- 18.4 Steuerung durch Rückkopplung 246
- Übungen 253

Lösungen 255

Zitate 257

Weiterführende Literatur 259

Literaturführer 269

Sachverzeichnis 271

1. Verallgemeinerter Fluß

> Πάντα ῥεῖ.
> Alles fließt.
>
> *Heraklit*

1.1 Lineare Zusammenhänge in der Natur

Es ist eine der Aufgaben eines Wissenschaftlers, herauszufinden, wie sich die Natur verhält, indem er Beobachtungen anstellt, Experimente durchführt und Schlüsse zieht. Viele Generationen von Wissenschaftlern, die über Jahrzehnte und Jahrhunderte ihrer Arbeit nachgegangen sind, haben die Regelmäßigkeiten der Natur beschrieben. Was wir schon wissen, füllt unzählige Bücher und Zeitschriften, und je mehr wir wissen, desto klarer können wir Konsistenz und Universalität im Verhalten der Natur erkennen.

In der Wissenschaft wird oft klassifiziert. Systeme, die sich in einer oder mehreren Eigenschaften ähneln, werden zur gemeinsamen Untersuchung zusammengefaßt. Wenn man das Verhalten eines typischen Systems verstanden hat, stellt man oft fest, daß man anfängt, ähnliche Systeme zu verstehen, ohne jedes einzelne genau untersuchen zu müssen. So gelangt man durch Klassifikation zu einem Verständnis der Naturgesetze.

Eine der umfassendsten Klassifikationen in der Natur ist die Proportionalität. In einem großen Bereich von Strömen und Spannungen ist die Stromstärke in einem ohmschen Widerstand der angelegten Spannung proportional, solange der Strom keine signifikante Erhitzung bewirkt, während die Messungen durchgeführt werden. Solange die Elastizitätsgrenze nicht überschritten wird, ist die Ausdehnung einer Feder der angreifenden Kraft proportional. Der Temperaturanstieg in einem Wasserglas ist proportional zu der Zeit, während der mit konstanter Rate Wärme zugeführt wird, und so weiter. Diese und viele andere Phänomene lassen sich durch Gleichungen beschreiben, die besagen, daß die Wirkung W der Ursache U direkt proportional ist, d.h.

$$W = kU \,, \tag{1.1}$$

wobei k eine Proportionalitätskonstante ist.

Eine solche Gleichung beschreibt einen linearen Zusammenhang zwischen W und U. Es gibt andere Fälle, in denen etwas vom Quadrat einer Variablen abhängt oder von der Wurzel, dem Logarithmus, dem Kehrwert, dem Kosinus und so weiter. Ist es nicht sehr zuvorkommend von der Natur, mit Gesetzen aufzuwarten, die sich durch solch einfache Zusammenhänge ausdrücken lassen? Der lineare Zusammenhang zwischen zwei Variablen ist die einfachste und wahrscheinlich die häufigste Beschreibung der Natur. Wir beginnen unsere Untersuchungen in einem Gebiet der Physik, in dem lineare Zusammenhänge vorherrschen, und zwar mit der Untersuchung des stationären Flusses.

1.2 Stationärer Fluß elektrischer Ladung

In Ihrer ersten Physikvorlesung ist Ihnen wahrscheinlich die Vorstellung von elektrischem Strom als Fluß positiver elektrischer Ladung begegnet: die Stromstärke I ist die Ladungsmenge dQ, die pro Zeitintervall dt an einem bestimmten Punkt, zum Beispiel in einem Draht, vorbeifließt. Die Stromstärke hängt von der Potentialdifferenz zwischen den Drahtenden ab,

$$I = \frac{dQ}{dt} = -\frac{U_2 - U_1}{R}, \qquad (1.2)$$

wobei R der Widerstand des Drahtes ist. Das Minuszeichen zeigt an, daß der Strom in Richtung des niedrigeren Potentials fließt. Diese Beziehung ist Ihnen wahrscheinlich als Ohmsches Gesetz bekannt.

Wenn wir uns erinnern, daß der Leitwert G des Drahtes der Kehrwert seines Widerstandes ist, können wir (1.1) umschreiben:

$$\boxed{I = \frac{dQ}{dt} = -G(U_2 - U_1).} \qquad (1.3)$$

Diese Gleichung besagt, daß der Strom, der fließt, wenn man an die Enden eines Leiters eine Potentialdifferenz anlegt, dieser Potentialdifferenz proportional ist. Dabei ist die Proportionalitätskonstante der Leitwert des Leiters.

1.3 Das Ohmsche Gesetz in anderer Gestalt: Wärmefluß

Stellen Sie sich einen Metallstab der Länge l vor, der an einem Ende erhitzt und am anderen gekühlt wird (Abb. 1.1). Der Stab ist von wärmeisolierendem Material umgeben, so daß keine Wärme an seiner Oberfläche entweichen kann. Das Experiment zeigt, daß die Wärmemenge dQ, die in einem Zeitintervall dt durch die Querschnittsfläche A eines solchen Wärmeleiters fließt, der Temperaturdifferenz zwischen den Enden proportional ist, d.h.

$$\frac{dQ}{dt} = -\frac{\kappa A}{l}(T_2 - T_1), \qquad (1.4)$$

wobei der Faktor κ als Wärmeleitfähigkeit des Materials bezeichnet wird. Das Minuszeichen zeigt an, daß die Wärme in Richtung abnehmender Temperatur fließt.

Gleichung (1.4) wird manchmal als Fouriersche Wärmeleitungsgleichung bezeichnet. Sie ist dem Ohmschen Gesetz analog. Statt elektrischer Ladung fließt Wärme, und der Fluß wird nicht von einer Potentialdifferenz, sondern von einer Temperaturdifferenz verursacht. Temperatur und Potential sind eng verwandt; manchmal bezeichnet man sogar die Temperatur als thermisches Potential.

Als letzten Schritt in der Entwicklung der Wärmeleitungsgleichung können wir noch die Faktoren $\kappa A/l$ zu einer einzigen Größe K, dem Wärmeleitwert des Stabes, zusammenfassen. Dann haben wir

$$\frac{dQ}{dt} = -K(T_2 - T_1) \,. \tag{1.5}$$

1.4 Flüssigkeitsströmung

Eine Flüssigkeit strömt durch ein Rohr, weil zwischen den Enden des Rohres eine Druckdifferenz besteht. Im Falle eines zylindrischen Rohres mit Querschnittsfläche A, in dem Flüssigkeit so langsam strömt, daß keine Turbulenzen auftreten, ist das Volumen dV, das im Zeitintervall dt einen bestimmten Punkt im Rohr passiert, durch

$$\frac{dV}{dt} = -\frac{\pi r^4}{8\eta l}(p_2 - p_1) \tag{1.6}$$

gegeben, wobei r und l Radius und Länge des Rohres, η die Viskosität der Flüssigkeit und p_2 und p_1 die Drücke an den Enden des Rohres sind. Das Minuszeichen zeigt an, daß die Flüssigkeit vom höheren zum niedrigeren Druck fließt. Diese Beziehung heißt Poiseuillesches Gesetz, nach dem französischen Wissenschaftler, der sie 1842 hergeleitet hat, als er den Fluß des Blutes durch die Kapillargefäße untersuchte.

Um diese Gleichung in eine Form zu bringen, in der sie mit (1.3) und (1.5) verglichen werden kann, können wir die Faktoren $\pi r^4/8\eta l$ zu einer einzigen Größe F zusammenfassen, die wir den Flußleitwert des Rohres nennen werden. Gleichung (1.6) wird dann zu

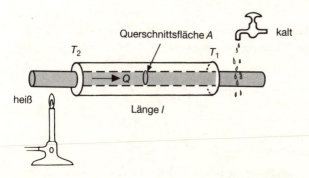

Abb. 1.1. Wärme fließt vom heißen Ende des Stabes zum kalten Ende.

$$\boxed{\frac{dV}{dt} = -F(p_2 - p_1)\,.} \tag{1.7}$$

Wenn Sie diese Gleichung mit (1.3) und (1.5) vergleichen, können Sie feststellen, daß das Flüssigkeitsvolumen der elektrischen Ladung und der Wärmemenge entspricht; die Druckdifferenz, die die Strömung der Flüssigkeit verursacht, entspricht der Potentialdifferenz, die den elektrischen Strom verursacht, und der Temperaturdifferenz, die den Wärmefluß verursacht.

1.5 Diffusion

In allen Gasen, Flüssigkeiten und Festkörpern sind Atome, Moleküle, Ionen und andere Teilchen in Bewegung. Diese Wärmebewegung findet bei allen Temperaturen über dem absoluten Nullpunkt statt und wird mit steigender Temperatur heftiger. Sie ist verantwortlich für die zufällige Brownsche Bewegung von Kolloidteilchen, die man im Mikroskop beobachten kann, für das thermische Rauschen, das in allen Stromkreisen vorhanden ist, und für die Diffusion von Teilchen in einem Medium. Den letzteren Prozeß wollen wir uns näher anschauen.

Betrachten wir eine Lösung von Zuckermolekülen in Wasser in einer Wanne mit Querschnittsfläche A (Abb. 1.2). Die Zuckermoleküle sollen nicht gleichverteilt sein, sondern auf der linken Seite eine höhere Konzentration (n_2 Moleküle pro Volumeneinheit) als auf der rechten Seite (n_1 Moleküle pro Volumeneinheit) aufweisen; der Konzentrationsgradient dn/dt soll konstant sein. Da die Teilchen in zufälliger thermischer Bewegung sind, werden die Zuckermoleküle von dem Bereich hoher Konzentration in den Bereich niedriger Konzentration diffundieren. Der Konzentrationsgradient wird daher immer mehr abnehmen; nach einiger Zeit wird die Konzentration in der Wanne einheitlich sein.

Während dieses Vorgangs wird ein Gesamtfluß dn/dt von Zuckermolekülen durch einen bestimmten Querschnitt der Wanne fließen, der durch

$$\frac{dn}{dt} = -\frac{AD(n_2 - n_1)}{l}$$

gegeben ist, wobei l die Länge der Wanne und D die Diffusionskonstante von Zucker in Wasser ist. Das Minuszeichen zeigt an, daß der Fluß in Richtung

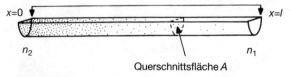

Abb. 1.2. Moleküle der gelösten Substanz bewegen sich entlang des Konzentrationsgradienten von links nach rechts.

abnehmender Konzentration verläuft, also entgegen dem Gradienten. Wenn wir die Größe AD/l als Diffusionsleitwert C der Wanne bezeichnen, erhalten wir

$$\frac{dn}{dt} = -C(n_2 - n_1)\,. \tag{1.8}$$

1.6 Wie ein Ei dem anderen

In den vorangehenden Abschnitten haben wir vier Transportphänomene aus verschiedenen Teilbereichen der Physik untersucht. Stellen wir noch einmal die letzten Gleichungen dieser vier Abschnitte zum Vergleich zusammen:

$$\begin{aligned}
\text{Elektrizität} \quad & \frac{dQ}{dt} = -G(U_2 - U_1)\,, \\
\text{Wärme} \quad & \frac{dQ}{dt} = -K(T_2 - T_1)\,, \\
\text{Flüssigkeit} \quad & \frac{dV}{dt} = -F(p_2 - p_1)\,, \\
\text{Diffusion} \quad & \frac{dn}{dt} = -C(n_2 - n_1)\,.
\end{aligned} \tag{1.9}$$

Könnte der Ähnlichkeit dieser Gleichungen das allgemeine Phänomen des Flusses zugrundeliegen? In der Tat – etwas wird transportiert, und die Stärke des Flusses ist immer proportional zur Differenz im Potential, in der Temperatur, allgemein zur Ursache des Flusses, und zu der jeweiligen Proportionalitätskonstante.

Wenn Ihnen zwei oder mehr dieser Gleichungen schon geläufig waren, haben Sie sie wahrscheinlich in verschiedenen Vorlesungen in verschiedenen Semestern kennengelernt. Sie haben die gleiche Grundidee mit ähnlichen Gleichungen für jede spezielle Situation von neuem gelernt. Jetzt wundern Sie sich vielleicht über diese vielen Wiederholungen. Nun, diese verschiedenen Teilgebiete der Physik wurden zu verschiedenen Zeiten entwickelt, von verschiedenen Forschern, die vielleicht die Ergebnisse in anderen Bereichen nicht kannten; und wenn ein Thema in vielen kleinen Stücken untersucht wurde, wird es oft viele Generationen lang auch so gelehrt. Ihre Professoren haben Ihnen die Flußgleichungen stückchenweise vorgesetzt, weil sie sie selbst so gelernt haben.

Nachdem diese Beispiele hoffentlich verdeutlicht haben, worum es in diesem Buch gehen wird, wollen wir noch einmal unser Ziel formulieren: wir möchten zeigen, wie das Erkennen von Ähnlichkeiten das Studium der Physik vereinfachen und Ihnen eine umfassendere Einsicht in die Naturgesetze vermitteln kann.

Es ist eine der wesentlichen Aufgaben eines Wissenschaftlers, darauf zu achten, inwieweit ein neues Phänomen anderen Phänomenen ähnelt, die er bereits versteht. Die Entdeckung einer solchen Ähnlichkeit kann ihm einen großen

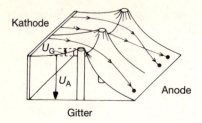

Abb. 1.3. Ein Gummimembranmodell wird zur experimentellen Bestimmung der Bahnen von Elektronen verwendet. U_A: Anodenpotential; U_G: Gitterpotential. (Nach *Introduction to Electron Microscopy* von C. E. Hall, ©1953 McGraw-Hill, mit freundlicher Genehmigung der McGraw-Hill Book Company.)

Teil der Arbeit ersparen, die er sonst für detaillierte Untersuchungen des neuen Phänomens aufwenden müßte. Was er schon über das bekannte Phänomen weiß, wird ihn in seinen Untersuchungen leiten, ihm nahelegen, wonach er suchen muß und ihn womöglich zu gültigen Schlüssen führen – das alles mit viel weniger Aufwand, als er betreiben müßte, um das neue Phänomen von Grund auf zu untersuchen.

1.7 Anwendungen

Die moderne Technologie birgt unzählige Beispiele für die durch (1.9) ausgedrückten Gemeinsamkeiten. Simulationen elektrischer Netzwerke werden benutzt, um Zeiten und Amplituden von Flutwellen vorherzusagen, die flußabwärts von einem Sturmgebiet auftreten. Wärmeleitfähigkeiten von Materialien werden mit der gleichen Methode bestimmt wie elektrische Leitfähigkeiten: man läßt Wärme einen Stab entlangfließen und mißt den Temperaturgradienten, der sich ergibt. In den Heizungen vieler Häuser wird der Fluß von heißem Wasser durch Rohre und Heizkörper von einer Pumpe aufrechterhalten. Das entspricht einem elektrischen Gleichstrom, der von einer elektrischen Pumpe, einer Batterie, aufrechterhalten wird.

Man kann eine mechanische Analogie benutzen, um die Bahnen von Elektronen in verschiedenartigen Vakuumröhren und in den elektrostatischen Linsen von Elektronenmikroskopen vorherzusagen. Abbildung 1.3 zeigt den experimentellen Aufbau: eine Flächenkathode, eine Anode und dazwischen parallele Gitterdrähte. Die Höhe der Elektroden im Modell entspricht ihrem negativen Potential. Wenn man eine Gummimembran über das Modell spannt, ergibt sich eine Form, in der die Höhe der Membran dem elektrischen Potential entspricht. Das Gravitationspotential im Modell ist also das Analogon zum elektrischen Potential. Die Bahn eines Elektrons kann man nun vorhersagen, indem man kleine Stahlkugeln an der Kathode losläßt und sie unter dem Einfluß der Schwerkraft

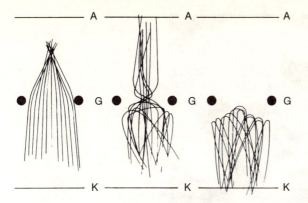

Abb. 1.4. Die Bahnen von Elektronen in einer Triode, simuliert mit dem Gummimembranmodell aus Abb. 1.3. A: Anode; K: Kathode; G: Gitter. Das Gitterpotential ist von links nach rechts zunehmend negativ. (Nach Kleynen *Philips Technical Review* **3** 338 (1937), mit freundlicher Genehmigung der Philips Research Laboratories.)

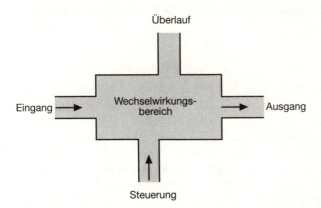

Abb. 1.5. Dieses digitale Strömungselement entspricht einer elektrischen Triode.

rollen läßt, wie in Abb. 1.3 gezeigt. Eine Kamera mit offenem Verschluß nimmt von oben die Bahnen der Kugeln auf (Abb. 1.4).

Viele Steuerungs- und Informationsverarbeitungsfunktionen, die von elektronischen Geräten ausgeführt werden, können auch von entsprechenden Geräten übernommen werden, die auf Strömungsdynamik beruhen und ohne bewegliche mechanische Teile auskommen. Abbildung 1.5 zeigt ein digitales Strömungselement, das einer Triode entspricht. Es benutzt statt Elektronen ein Gas oder eine Flüssigkeit. Die Funktion des Gitters wird von genau gesteuerten Flüssigkeitsstrahlen übernommen, die senkrecht zur eigentlichen Flußrichtung stehen. Diese Steuerstrahlen können den Fluß sowohl modulieren und ablenken als auch an- und ausschalten.

8   1. Verallgemeinerter Fluß

Abb. 1.6. Versuchsmodelle digitaler Strömungselemente: links ein OR/NOR-Gatter, rechts ein Flipflop. (Mit freundlicher Genehmigung von Corning Glass Works, New Materials Department.)

In digitalen Strömungselementen kann fast jede Flüssigkeit benutzt werden. Diese Geräte funktionieren auch unter widrigen Umständen; extreme Temperaturen, Schwingungen und starke Strahlung, z.B. von einer nuklearen Explosion, beeinträchtigen sie kaum. Sie finden daher spezielle Anwendung in Raumfahrzeugen, Düsentriebwerken, Eisenbahnlokomotiven und Atomreaktoren.

In Abb. 1.6 ist das linke Element ein OR/NOR-Gatter mit vier Eingängen, das rechte ist ein Flipflop mit vier Eingängen. Das Flipflop ist ein Block, in dessen Oberfläche Flüssigkeitskanäle verlaufen, die durch eine durchsichtige Abdekkung verschlossen sind. Der Flüssigkeitsstrom kommt von rechts und kann aus einem der beiden linken Anschlüsse austreten. Ein Kontrollsignal an einem der oberen oder unteren Anschlüsse kann den Fluß ablenken. Aufgrund der Wandhaftung bleibt der Fluß am zuletzt benutzten Ausgang, wenn das Kontrollsignal abgeschaltet wird. Man kann also sagen, daß das Flipflop ein Gedächtnis hat.

Obwohl Strömungselemente sich normalerweise durch ihre Kompaktheit auszeichnen, gibt es auch sehr große, wie die in Abb. 1.7 gezeigte Spezialanfertigung.

Abb. 1.7. Digitale Strömungselemente beeindrucken manchmal durch ihre Größe. (Mit freundlicher Genehmigung der Moore Products Company, Moore Industrial Controls.)

Übungen

1.1 Geben Sie weitere Beispiele linearer Zusammenhänge. Fallen Ihnen physikalische Prozesse ein, die durch Gleichungen beschrieben werden, die *nicht* einen einfachen Zusammenhang wie in Abschnitt 1.1 ausdrücken?

1.2 Beschreiben Sie die Auflösung einer Menschenmenge nach einer Demonstration als Diffusion entlang eines Konzentrationsgradienten. Wie unterscheidet sich eine solche Auflösung von „reiner" thermischer Diffusion?

1.3 In einem elektrischen System wird Arbeit verrichtet, wenn eine Ladung entgegen dem elektrischen Feld bewegt wird. Beschreiben Sie analog dazu, wie im Zusammenhang mit Gravitation und Hydrodynamik Arbeit verrichtet wird.

1.4 Auf die Ladung Q in einem Potentialgradienten wirkt die Kraft $Q\mathrm{d}U/\mathrm{d}x$. Welche Kraft wirkt analog auf ein Flüssigkeitsvolumen in einem Druckgradienten? Warum ist diese Analogie nicht auf die Kraft auf eine Wärmemenge in einem Temperaturgradienten anwendbar?

1.5 Zeigen Sie zwischen den folgenden Vorgängen einige Gemeinsamkeiten und Unterschiede auf:
a) eine Wasserströmung durch ein horizontales Rohr mit kreisförmigem Querschnitt und variablem Durchmesser
b) eine Luftströmung durch ein ähnliches Rohr
c) ein elektrischer Gleichstrom in einem festen Leiter mit kreisförmigem Querschnitt und variablem Durchmesser

Wasser und elektrische Ladung sollen dabei als inkompressibel betrachtet werden; Luft dagegen ist kompressibel.

1.6 Die Abhängigkeit einer physikalischen Eigenschaft, z.B. des Widerstandes R eines Glühdrahtes, von einer bestimmten Größe, z.B. der absoluten Temperatur T, kann sich experimentell als kompliziert erweisen. Dennoch können wir einen solchen Zusammenhang mathematisch beschreiben, wenn wir genügend Terme einer Potenzreihe benutzen: $R = a + bT + cT^2 + dT^3 + \ldots$, wobei $a,b,c,\ldots$ Konstanten sind, die aus experimentellen Daten bestimmt werden. Als erste Näherung, die für kleine T oft völlig ausreicht, können wir die höheren Terme $T^2, T^3, \ldots$ vernachlässigen, so daß $R = a + bT$ übrigbleibt: ein linearer Zusammenhang. Ist das alles, was in Abschnitt 1.1 gemeint ist? Erläutern Sie!

1.7 Die Stromstärke in drei hintereinandergeschalteten Widerständen (Abb. 1.8) ist durch

$$I = \frac{U_1 - U_4}{R_1 + R_2 + R_3}$$

gegeben. Entwickeln Sie eine thermische Analogie und zeigen Sie, daß der Wärmefluß durch eine Wand der Fläche A, die aus drei ebenen Schichten mit Dicken Δx_i und Wärmeleitfähigkeiten κ_i ($i = 1, 2, 3$) besteht, durch

$$\frac{dQ}{dt} = \frac{T_1 - T_4}{(\Delta x_1/\kappa_1 A) + (\Delta x_2/\kappa_2 A) + (\Delta x_3/\kappa_3 A)}$$

gegeben ist.

1.8 Ein zylindrisches Rohr aus Keramik mit hohem spezifischen Widerstand ρ und Länge l hat innere und äußere Radien r_1 und r_2 (Abb. 1.9). Auf beiden Zylinderoberflächen befinden sich Schichten eines idealen elektrischen Leiters. Wenn zwischen diesen Schichten eine Spannung U angelegt wird, fließt ein kleiner Strom durch die Wand des Rohres. Zeigen Sie, daß der Widerstand R dieses Rohres zwischen innerer und äußerer Oberfläche

$$R = \frac{U}{I} = \frac{\rho}{2\pi l} \ln\left(\frac{r_2}{r_1}\right)$$

beträgt.

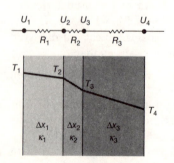

Abb. 1.8.

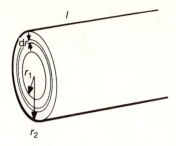

Abb. 1.9.

1.9 Nehmen Sie an, daß das Material des Rohres aus Übung 1.8 die Wärmeleitfähigkeit κ hat und daß die Temperaturen der inneren und äußeren Oberflächen bei T_1 und T_2 konstant gehalten werden, mit $T_1 > T_2$. Zeigen Sie, daß der „thermische Widerstand" dieses Rohres

$$R = \frac{1}{2\pi\kappa l} \ln\left(\frac{r_2}{r_1}\right)$$

ist. (Wenn man die übliche Wärmeleitfähigkeit κ durch ihren Kehrwert ρ ersetzt, erhält man die Gleichung aus Übung 1.8.)

1.10 Der Ausdruck *eindimensional* bezieht sich nur auf die Anzahl der Koordinaten, die man braucht, um die Verteilung der Temperatur (oder des Potentials usw.) in einem Körper zu beschreiben, nicht auf die Anzahl der Raumdimensionen des Körpers. Betrachten Sie (a) ein Dampfrohr mit einer dicken koaxialen Asbestisolierungsschicht und (b) eine lange Neonröhre. Leiten Sie Formeln her für (a) den Wärmefluß pro Flächeneinheit in der Isolierung des Dampfrohres und (b) die Leuchtstärke (Lichtfluß pro Flächeneinheit) der Neonröhre.

2. Exponentielles Wachstum

> Der Menschheit größte Unzulänglichkeit ist ihre Unfähigkeit, die Exponentialfunktion zu verstehen.
>
> *Albert A. Bartlett*

2.1 Einleitung

Als nächstes wollen wir eine große Klasse von Phänomenen betrachten, die durch eine ständig steigende Wachstumsrate zu beschreiben sind. In der Natur gibt es viele Prozesse, in denen die Wachstumsrate zu jedem Zeitpunkt der wachsenden Größe proportional ist. Beispiele solcher Prozesse sind das Wachstum eines Sparkontos durch Zins und Zinseszins, das Wachstum einer Bevölkerung, deren jährliche Zunahme der momentanen Bevölkerung proportional ist, und das Wachstum einer Lawine, bei der die Rate, mit der sie neue Masse mitreißt, der schon vorhandenen Masse proportional ist. Eine ähnliche, sich ständig steigernde Ausweitung findet statt, wenn ein Gerücht an jedem Tag von allen Menschen, die es am Vortag gehört haben, an zwei weitere Menschen weitergegeben wird. Wachstumsprozesse mit solchen Eigenschaften heißen exponentiell.

2.2 Zinseszinsen

Als Beispiel für exponentielles Wachstum wollen wir ein Sparkonto betrachten, auf das die Inhaberin bei der Eröffnung $\$_0$ Mark einzahlt. Sie hat vor, die Zinsen jedes Jahr auf das Konto gutschreiben zu lassen und möchte gerne wissen, wie groß ihr Guthaben nach n Jahren sein wird.

Die jährlichen Zinsen sind, einen festen Zinssatz vorausgesetzt, dem momentanen Guthaben direkt proportional. Das heißt, $d\$/dt \propto \$$, wobei $\$$ das momentane Guthaben ist. Die Proportionalitätskonstante in dieser Beziehung ist der Zinssatz r, das Verhältnis der Jahreszinsen zum Guthaben. Damit können wir die Proportionalität als Gleichung schreiben: $d\$/dt = r\$$. Separation der Variablen ergibt $d\$/dt = r dt$, und durch Integration erhalten wir $\ln \$ = rt + c$, wobei c die Integrationskonstante ist. Um diese Konstante zu bestimmen, erinnern wir uns, daß auf dem Konto zur Zeit $t = 0$ der Betrag $\$_0$ lag. Damit ist $\ln \$_0 = 0 + c$, also $c = \ln \$_0$. Wenn wir jetzt nach $\$$ auflösen, erhalten wir den exponentiellen Zusammenhang

2. Exponentielles Wachstum

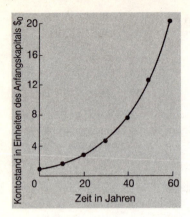

Abb. 2.1. Zu 5% p.a. angelegtes Geld wächst exponentiell; die Kontostände an den Punkten bilden eine geometrische Folge.

$$\boxed{\$ = \$_0 \, \mathrm{e}^{rt}} \, . \tag{2.1}$$

Abbildung 2.1 zeigt den Graphen dieser Funktion für einen Zinssatz von 5% pro Jahr, also $r = 0.05 \, \mathrm{a}^{-1}$. Dies ist eine exponentielle Wachstumskurve. Eine ihrer Eigenschaften ist, daß das Wachstum keine Schranken hat und ständig steigt, solange die Bedingungen gleichbleiben. Eine andere Eigenschaft ist, daß die Größe in gleichen Zeiten um den gleichen Faktor wächst, ganz gleich, wo auf der Kurve die Zeitintervalle gewählt werden. Die Werte zu äquidistanten Zeitpunkten ergeben also eine geometrische Folge.

Beispiel 2.1. Vielleicht erinnern Sie sich aus Ihrer Schulzeit an die folgende Formel für das Guthaben nach n Jahren auf einem Konto mit Anfangsguthaben $\$_0$ und Zinsrate r: $\$ = \$_0(1+r)^n$. Dann denken Sie sich vielleicht, daß $(1+r)^n$ das gleiche Ergebnis liefert wie e^{nr}. Das tut es aber nicht ganz. Als praktisches Beispiel können wir ein Konto mit 1000 DM Anfangskapital nehmen, auf dem sich vier Jahre lang 5% Zinsen ansammeln. Mit der Binomialentwicklung für $(1 + 0.05)^4$ ergibt sich 1215,51 DM, mit der Taylorentwicklung von $\mathrm{e}^{4 \cdot 0.05}$ dagegen 1221,40 DM. Woher kommt dieser Unterschied?

Bei der Formel $(1+r)^n$ geht man davon aus, daß die Zinsen jeweils erst am *Ende* des Jahres ausgezahlt werden. Dagegen sind wir bei der Herleitung unseres exponentiellen Zusammenhangs implizit, indem wir die Ableitung verwendet haben, davon ausgegangen, daß das Guthaben *kontinuierlich* steigt, daß also die Zinsen täglich, stündlich, eigentlich ständig ausgezahlt werden.

Man kann die Formel $(1+r)^n$ abwandeln, um die Formel für den Fall kontinuierlicher Auszahlung zu erhalten: Nehmen wir an, die Zinsen würden q mal pro Jahr ausgezahlt werden; dann würde das Wachstum des Guthabens durch $(1+r/q)^{qn}$ beschrieben werden. Wenn wir jetzt q sehr groß werden lassen, müßte das Ergebnis das gleiche wie bei kontinuierlicher Auszahlung sein. In der Tat gilt

$$\lim_{q \to \infty} \left(1 + \frac{r}{q}\right)^{qn} = e^{rn}.$$

Der Beweis dieses Zusammenhangs wäre eine gute Übung für einen Prüfungskandidaten in Mathematik – versuchen Sie sich einmal daran!

Eine charakteristische Größe für einen exponentiellen Anstieg ist die Verdopplungszeit, die Zeit, in der sich die betrachtete Größe verdoppelt. Aus Abb. 2.1 kann man ablesen, daß die Verdopplungszeit für ein Konto mit 5% Zinsen ungefähr 14 Jahre beträgt. Um reich zu werden, müssen Sie also nur als Kind ein paar Mark investieren und als Greis Ihre Millionen ernten. Die Mark, die Sie mit zehn Jahren investieren, bringt Ihnen 32 Mark, wenn Sie achtzig sind. Wenn Sie dann Ihren Reichtum Ihrer zehnjährigen Urenkelin vermachen, wird sie mit achtzig sogar 1024 Mark haben. Hoffen wir, daß sie sich dann wenigstens noch einen Laib Brot davon kaufen kann.

Beispiel 2.2. Ein sehr großes, $6 \cdot 10^{-3}$ cm dickes Blatt Papier wird immer wieder in der Mitte gefaltet. Wie dick ist es, wenn es 25mal gefaltet worden ist?

Bei jeder Faltung verdoppelt sich die Dicke d. Nach 25 Faltungen beträgt sie also

$$\begin{aligned} d &= 2^{25} \cdot 6 \cdot 10^{-3} \text{ cm} \\ &\simeq 2.0 \cdot 10^5 \text{ cm} \\ &= 2.0 \text{ km !} \end{aligned}$$

2.3 Bevölkerungswachstum

Der Zinseszins ist ein idealisiertes Beispiel für rein exponentielles Wachstum; daß sich exakt eine Exponentialkurve ergibt, liegt an den künstlich konstant gehaltenen Bedingungen. In der Natur findet exponentielles Wachstum oft nur näherungsweise und in begrenzten Zeitabschnitten statt. Als Beispiel einer solchen Situation wollen wir das Bevölkerungswachstum betrachten. Nehmen wir an, daß das Wachstum jeweils proportional zur momentanen Bevölkerungszahl ist, also $dN/dt \propto N$ oder $dN/dt = wN$, wobei N die Bevölkerungszahl ist und w die relative Wachstumsrate, also das Verhältnis der Bevölkerungszunahme pro Zeiteinheit zur momentanen Bevölkerungszahl. Diese Differentialgleichung löst man wie die im letzten Abschnitt; das Ergebnis ist

$$\boxed{N = N_0 \, e^{wt}}, \qquad (2.2)$$

wobei N_0 die Bevölkerungszahl zur Zeit $t = 0$ ist.

Biologische Populationen zeigen nur über begrenzte Zeitspannen hinweg exponentielles Wachstum, denn die relative Wachstumsrate ist immer nur näherungsweise konstant. Sie setzt sich aus der Geburtenrate g, der Todesrate t, der Einwanderungsrate e und der Auswanderungsrate a zusammen:

$$w = g - t + e - a\,.$$

Eine Änderung in einem dieser Anteile bewirkt eine Änderung im Wachstumsverhalten; zum Beispiel kann ein Krieg in einer menschlichen Bevölkerung den Männeranteil verringern und so die Geburtenrate für einige Zeit verändern. Eine Population, der nur ein begrenzter Nahrungsvorrat zur Verfügung steht, wird diesen nach anfänglichem exponentiellen Wachstum irgendwann aufbrauchen. Einige Individuen werden verhungern, und mit steigender Todesrate wird das Wachstum sich verlangsamen und zum Stillstand kommen. Manche Tierpopulationen, z.B. Ratten auf einer Mülldeponie, ziehen wenige Feinde an, solange sie in geringen Zahlen auftreten; wenn die Population aber wächst, wird sie immer interessanter für Raubvögel, Hunde und kleine Jungens mit Luftgewehren und Steinschleudern. Wieder wird mit steigender Todesrate das Wachstum begrenzt. Biologische Populationen zeigen nur in Zeitabschnitten exponentielles Wachstum, in denen die relative Wachstumsrate konstant bleibt.

Populationen können auch schrumpfen. Betrachten wir zum Beispiel eine Bakterienkultur in einer Nährlösung, die nicht erneuert wird. Solange die Nährlösung mehr als genug Nährstoffe für alle vorhandenen Bakterien enthält, werden diese sich exponentiell vermehren. Sobald aber die Nahrung knapp zu werden beginnt, verlangsamt sich das Wachstum und kehrt sich dann um, sobald mehr Bakterien an Nahrungsmangel sterben, als neu entstehen. Wenn der Nahrungsvorrat völlig erschöpft ist, wird die Population aussterben, sofern sie nicht in der Lage ist, die Überreste der gestorbenen Bakterien als Nahrung zu verwerten. In Abb. 2.2 ist ein solches Populationswachstum mit anschließendem Absterben dargestellt. Das exponentielle Wachstum herrscht nur in einem kleinen Bereich der Kurve vor.

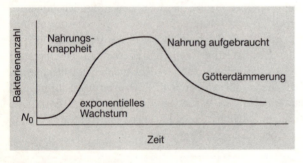

Abb. 2.2. Das Wachstum einer Bakterienkolonie wird durch Nahrungsmangel begrenzt.

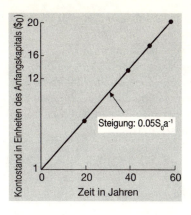

Abb. 2.3. Exponentielles Wachstum ergibt in halblogarithmischer Auftragung eine Gerade (siehe Abb. 2.1).

Um herauszufinden, ob ein Vorgang exponentiell verläuft, kann man die untersuchte Größe auf halblogarithmischem Papier auftragen. Ein exponentieller Zusammenhang erscheint dann als Gerade. Die relative Wachstumsrate w kann man aus der Steigung der Geraden ablesen. Bei Verwendung des natürlichen Logarithmus ist sie unmittelbar durch die Steigung gegeben, bei Papier mit dekadischem Logarithmus ist sie $\ln 10 \simeq 2.303$ mal der Steigung. Abbildung 2.3 zeigt die Kontoentwicklung aus Abb. 2.1 halblogarithmisch aufgetragen.

Als Beispiel aus der Praxis ist das Bevölkerungswachstum in den USA von der ersten Volkszählung im Jahre 1790 bis ins Jahr 1970 in Abb. 2.4 halblogarithmisch aufgetragen. Wie Sie sehen, ist diese Wachstumskurve keine Gerade. Sie hat jedoch zwei deutlich erkennbare geradlinige Abschnitte, in denen das Wachstum jeweils annähernd exponentiell verläuft. Ungefähr zur Jahrhundertwende ändert sich die Wachstumsrate deutlich. Die Verdopplungszeit beträgt im

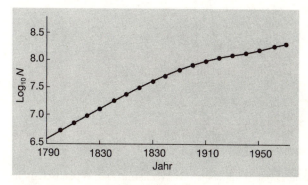

Abb. 2.4. Das Bevölkerungswachstum in den USA weist zwei exponentielle Abschnitte auf.

linken Abschnitt dieser Wachstumskurve ungefähr 24 Jahre, im rechten dagegen etwa 55 Jahre.

Um diese Änderung der Wachstumsrate zu verstehen, muß man wissen, daß im neunzehnten Jahrhundert die Einwanderungsrate in den USA weit höher lag als die natürliche Geburtenrate. 1883 wanderten zum Beispiel 750 000 Menschen in die USA ein; das Gesamtbevölkerungswachstum lag bei 1 200 000. Im zwanzigsten Jahrhundert wurde die Einwanderung stark reduziert, und das Wachstum wurde daher durch die normale Geburtenrate bestimmt.

2.4 Wachstum der Wissenschaft

Auch menschliche Aktivitäten können exponentiell anwachsen. Dr. Derek J. de Solla Price hat gezeigt, daß die Wissenschaft, gemessen an der Anzahl von Wissenschaftlern oder von Veröffentlichungen, oder am Geld, das dafür ausgegeben wurde, in der Vergangenheit exponentiell gewachsen ist (Abb. 2.5). In Ländern, in denen die wissenschaftliche Entwicklung später begonnen hat als in Europa, war die Wachstumsrate höher. Die Auswirkungen des Zusammentreffens dieser Kurven auf die internationalen Beziehungen sind vielfältig, und schon jetzt müssen Werturteile getroffen werden, weil wir nicht immer mehr Geld und Arbeitskraft investieren können, um jedes auftauchende Problem zu untersuchen.

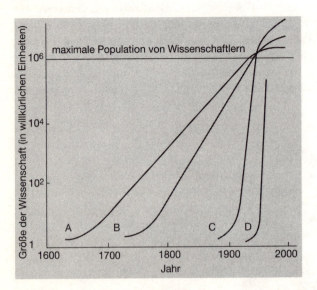

Abb. 2.5. Diese schematische Darstellung zeigt das Wachstum der Wissenschaft in verschiedenen Gegenden. A: Europa; B: USA; C: Rußland/UdSSR; D: China. (Nach *Science Since Babylon* von D. de S. Price ©1975 Yale University Press.)

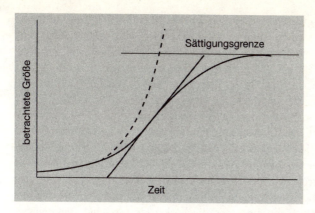

Abb. 2.6. Auf exponentielles Wachstum folgt oft Sättigung. Gestrichelte Linie: reines exponentielles Wachstum; durchgezogene Linie: exponentielles Wachstum mit Sättigung.

2.5 Stoßionisation

Bei vielen Vorgängen wird das rein exponentielle Wachstum von Gleichung (2.2), dem die gestrichelte Linie in Abb. 2.6 entsprechen würde, durch Sättigungseffekte begrenzt.

Betrachten wir zwei Elektroden in einem Gasvolumen, an die von außen eine regelbare Spannung angelegt wird. Eine solche Anordnung, die in Abb. 2.7 dargestellt ist, nennt man Ionisationskammer. Wenn man eine Röntgenquelle in die Nähe der Kammer bringt, ionisiert die Röntgenstrahlung Gasmoleküle zwischen den Elektroden. Das elektrische Feld läßt die geladenen Teilchen zu den Elektroden wandern, wo sie ihre Ladung abgeben. Die resultierende Stromstärke ist ein Maß für die Intensität der Röntgenstrahlung.

Schauen wir uns diesen Prozeß noch etwas genauer an. Ein Elektron nimmt Energie von der Röntgenstrahlung auf und wird freigesetzt. Das Molekül, zu dem es gehörte, wird ein positives Ion und wandert im elektrischen Feld zur ne-

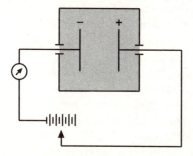

Abb. 2.7. Eine Ionisationskammer zeigt die Intensität ionisierender Strahlung an.

gativen Elektrode. Das freigesetzte Elektron wird in die entgegengesetzte Richtung beschleunigt. Nachdem es einen bestimmten Weg s im elektrischen Feld zurückgelegt hat, hat es genügend kinetische Energie angesammelt, um aus dem nächsten Molekül, mit dem es kollidiert, ein weiteres Elektron herauszuschlagen. Aus einem Elektron sind jetzt zwei geworden. Beide machen sich wieder auf, Energie zu sammeln, um nach einer weiteren Strecke s zwei weitere Elektronen zu befreien, und so weiter. Diesen Vorgang nennt man Stoßionisation. Die Lawine setzt sich fort, und jedesmal, wenn sie den Weg s zurücklegt, verdoppelt sich die Anzahl der Elektronen. Wohlgemerkt ist aber s keine Größe, die exakt für jeden einzelnen Ionisationsvorgang gilt, sondern ein statistischer Mittelwert. Am Ende erreicht diese Elektronenlawine die positive Elektrode. So wird das ursprüngliche Elektron, das man einzeln gar nicht hätte messen können, milliardenfach verstärkt, bevor es die Elektrode erreicht. Der genaue Verstärkungsfaktor hängt von der Zusammensetzung des Gases, der Größe der Kammer und der Spannung zwischen den Elektroden ab.

Dieser Prozeß läßt sich mathematisch wie folgt beschreiben: Nehmen wir an, daß jedes Elektron pro Streckeneinheit n zusätzliche Elektronen herausschlägt. n ist gerade der Kehrwert des Ionisationsweges s im letzten Absatz. Die Anzahl dN der Elektronen, die beim Fortschreiten der Lawine um den Weg dx freigesetzt werden, ist dann proportional der Anzahl vorhandener freier Elektronen, d.h. $dN/dx \propto N$ oder $dN/dx = nN$. Als Lösung dieser Gleichung erhalten wir

$$N = N_0 \, e^{nx} \, ,$$

wobei N_0 die Anzahl Elektronen bei $x = 0$ ist. Wählen wir $x = 0$ an dem Punkt, an dem das erste Elektron freigesetzt wurde, dann ist $N_0 = 1$ und damit $N = e^{nx}$.

So idealisiert betrachtet, zeigt die Elektronenlawine ein rein exponentielles Wachstum. Tatsächlich gibt es aber zwei Einflüsse, die das Wachstum begrenzen. Erstens bleiben die positiven Ionen, die um Größenordnungen massiver als die Elektronen sind und sich entsprechend langsamer bewegen, im Gas zurück und bilden eine Ladungswolke, die die Ladung der negativen Elektrode teilweise abschirmt. Das elektrische Feld wird geschwächt, und die Elektronen müssen eine größere Strecke zurücklegen, um genügend kinetische Energie zur Ionisation eines weiteren Moleküls zu sammeln. Zweitens ionisiert die Lawine, wenn sie groß genug ist, einen signifikanten Anteil der vorhandenen Gasmoleküle auf ihrem Weg; dann produzieren immer weniger Zusammenstöße neue Ionen.

Die positiven Ionen setzen bei Kollisionen im allgemeinen keine neuen Elektronen frei. Sie bewegen sich langsam, und die kinetische Energie, die sie im elektrischen Feld gewinnen, wird durch ständige Zusammenstöße auf neutrale Moleküle verteilt, bevor sie zur Ionisation ausreicht. Die Spannungen in Ionisationskammern werden so gewählt, daß dies sichergestellt ist. Wird aber eine genügend hohe Spannung angelegt, so produzieren auch die positiven Ionen bei Zusammenstößen neue Paare von Ionen und Elektronen. Wenn die Feldstärke so hoch ist, daß ein Ion im Durchschnitt mehr als ein neues Ion produziert, dann bilden auch die Ionen eine Lawine, und es entsteht eine Bogenentladung.

2.6 Allgemeine Bemerkungen

Alle exponentiellen Wachstumsprozesse führen zu unendlichem Wachstum, wenn nichts dazwischenkommt, aber es kommt immer etwas dazwischen. Keine Größe wird unendlich. Wenn das ausufernde Sparkonto die Bank zu sehr belastet, wird sie es schließen. Jede biologische Population ist durch das Nahrungsangebot begrenzt, wenn nicht schon früher durch andere Einflüsse. Die skandinavischen Lemminge begrenzen zum Beispiel ihre Anzahl durch periodische Massenselbstmorde. Andere Tierpopulationen, auch der *Homo sapiens*, begrenzen ihre Größe durch Einschränkung der Fortpflanzung oder Eroberungskriege, wenn Nahrungs- oder Platzmangel herrscht. Die Elektronenlawine verschwindet entweder an der Elektrode oder erzeugt eine Bogenentladung, in der völlig andere Bedingungen herrschen. Der Gerüchteküche gehen die Schwätzer aus, dem Kettenbrief die Leichtgläubigen.

Wie wir sehen, durchzieht das Phänomen des exponentiellen Wachstums viele Bereiche menschlicher Tätigkeiten und der Wissenschaft. Für drei typische Beispiele haben wir die folgenden ähnlichen Gleichungen hergeleitet:

$$\begin{array}{lrl} \text{Sparkonto} & \$ = & \$_0\, e^{rt}\,, \\ \text{Bevölkerung} & N = & N_0\, e^{wt}\,, \\ \text{Elektronenlawine} & N = & N_0\, e^{nx}\,. \end{array} \qquad (2.3)$$

Diese Ausdrücke ähneln sich, weil sie alle eine bestimmte Art von Phänomen beschreiben, sei es in der Wirtschaft, in der Biologie oder in der Physik. Exponentielles Wachstum ist charakteristisch für Wachstumsprozesse, bei denen die Wachstumsrate zu jeder Zeit der wachsenden Größe proportional ist.

In letzter Zeit gibt es viel Beunruhigung über den rapiden Anstieg der Weltbevölkerung.[1] Wenn diese nicht auf einem Niveau stabilisiert werden kann, das mit der weltweiten Nahrungsproduktion verträglich ist, ist eine Katastrophe unausweichlich. In manchen unterentwickelten Ländern hat die Natur in ihrer unerbittlichen Art eingegriffen und das Gleichgewicht zwischen Bevölkerung und Nahrungsproduktion durch Verhungern wiederhergestellt; andere Länder haben versucht, dieses Gleichgewicht durch Territorialkriege zu erreichen.[2] Sind diese düsteren Alternativen die Zukunftsaussichten der Menschheit? Wir schließen dieses Kapitel mit einer Adaptation des Epigramms, mit dem es beginnt: Der

---

[1] Diese Sorge ist nicht neu. 1798 sagte der britische Ökonom Thomas Robert Malthus voraus, daß das Bevölkerungswachstum das Wachstum der Nahrungsproduktion überholen würde und die „überschüssige" Bevölkerung durch Kriege, Seuchen und Hungersnöte umkommen würde. Die Innovationen in der Landwirtschaft im neunzehnten und zwanzigsten Jahrhundert haben bisher Malthus' Götterdämmerung abgewendet, aber kann das so weitergehen?

[2] Beispiele dafür gibt es leider unzählige.

Menschheit größte Unzulänglichkeit ist ihre Unfähigkeit oder ihr Widerwille, mit der Exponentialfunktion zu rechnen.

Übungen

2.1 Welche Zinsrate bräuchten Sie, um Ihr Kapital in zehn Jahren zu verdoppeln?

2.2 Was ist die Verdopplungszeit für Wachstumsraten von (a) 1%, (b) 6% und (c) 10% pro Jahr?

2.3 Zeigen Sie, daß die Zeit t_c, in der eine Größe $N = N_0\, e^{kt}$ um den Faktor c wächst, über das ganze Wachstum konstant bleibt.

2.4 Um welchen Faktor müssen Stromversorgung, Wasserversorgung und ähnliches vergrößert werden, wenn die Bevölkerung einer Stadt 70 Jahre lang um 5% pro Jahr zunimmt? Gehen Sie davon aus, daß jeder Einwohner diese Dienste in gleichbleibendem Maße in Anspruch nimmt.

2.5 Lösen Sie Übung 2.4 unter der Annahme, daß auch der Verbrauch von Strom und Wasser um 5% pro Jahr steigt.

2.6 Zeigen Sie, daß die Gesamtlänge L der Autobahnen eines Landes unter folgenden Annahmen exponentiell steigt: (a) die Strecke S, die insgesamt pro Jahr auf den Autobahnen zurückgelegt wird, ist proportional zu L; (b) es wird eine Autobahngebühr erhoben, die der zurückgelegten Strecke proportional ist; und (c) ein konstanter Anteil dieser Gebühr wird für den Bau neuer Autobahnen verwendet.

2.7 Die folgende Tabelle zeigt den Pro-Kopf-Energieverbrauch in den USA, in Tonnen Kohle umgerechnet:

Jahr	1912	1925	1937	1950	1962	1975
Tonnen	1.00	1.68	3.25	5.28	7.10	11.33

Ist dieses Wachstum näherungsweise exponentiell? Wieviel Energie wird im Jahr 2000 pro Kopf verbraucht werden, wenn der Verbrauch mit der gleichen Rate weitersteigt? Welche Faktoren könnten hier die Annahme einer konstanten Wachstumsrate außer Kraft setzen?

2.8 Eine nukleare Kettenreaktion wird *kritisch*, wenn der Zerfall eines Atomkerns im Durchschnitt mehr als einen weiteren Zerfall bewirkt. Zeigen Sie, daß diese Bedingung zu einem exponentiellen Anwachsen der Explosion führt.

2.9 Die Reaktionsrate r einer bestimmten chemischen Reaktion hängt gemäß $r = a + bT$ von der Temperatur ab, wobei a und b zwei Konstanten sind. Die Reaktion erzeugt Wärme und erhöht die Temperatur des Systems mit einer Rate, die der Reaktionsrate proportional ist. Zeigen Sie, daß in dieser Situation die Temperatur exponentiell mit der Zeit steigt.

2.10 Machen Sie sich die folgende praktische Formel für die Verdopplungszeit t_2 eines exponentiellen Prozesses klar:

$$t_2 \simeq \frac{70}{\text{Wachstum pro Zeiteinheit in \%}}$$

2.11 Zeichnen Sie einen Graphen wie in Abb. 2.3; verwenden Sie jedoch statt e^{nr} die Formel $(1+r)^n$. Zeigen Sie, daß auch diese Kurve exponentiell ist, mit einer nur geringfügig verschiedenen Steigung.

2.12 Ein rollender Schneeball nimmt bei jeder Umdrehung eine Menge Schnee auf, die ungefähr der Dicke der Schneedecke proportional ist. Warum wächst die Masse des Schneeballs *nicht* exponentiell?

2.13 Bei Ansagen über Lautsprecher gibt es manchmal ein unangenehmes Pfeifen, weil Schall, den das Mikrophon von den Lautsprechern aufnimmt, immer weiter verstärkt wird. Führt diese Rückkopplung zu einem exponentiellen Anstieg der Lautstärke? Welche Faktoren bestimmen die Rate des Anstiegs? Was verhindert, daß der Anstieg unbegrenzt weitergeht?

2.14 Die Verdopplungszeit einer Bakterienkultur möge etwa einen Tag betragen. Wenn heute eine Million Bakterien vorhanden sind, wann waren es eine halbe Million, und wann werden es 16 Millionen sein?

3. Exponentieller Abfall mit der Zeit

> Analogien sind nützlich bei der Untersuchung unerforschter Gebiete. Durch Analogien kann ein unbekanntes System mit einem vertrauten verglichen werden. In dem vertrauten System sind die Beziehungen und Wirkungen einfacher zu begreifen, die mathematischen Methoden einfacher anzuwenden und die analytischen Lösungen einfacher zu erhalten.
>
> *Harry F. Olson*

3.1 Entleeren eines Wasserbehälters

Wir wollen nun eine große Klasse von Phänomenen betrachten, deren *Rate* mit der Zeit immer mehr abnimmt, so daß der Vorgang asymptotisch einem Endpunkt zustrebt. Als Beispiel eines solchen Vorgangs nehmen wir die Entleerung eines Wasserbehälters durch ein Abflußrohr, das am tiefsten Punkt des Behälters ansetzt (Abb. 3.1).

Der Behälter sei am Anfang bis zur Höhe h_0 gefüllt, das Abflußrohr mit einem Stöpsel verschlossen. In dem Moment, in dem der Stöpsel entfernt wird, wird eine Stoppuhr in Gang gesetzt, und das Wasser fängt an, aus dem Rohr zu strömen. Wir wollen herausfinden, wie der Wasserstand h mit der Zeit sinkt.

Bevor wir das Problem mathematisch analysieren, können wir vielleicht durch einige Überlegungen eine qualitative Vorstellung davon bekommen, was zu erwarten ist. Wir wissen, daß unter bestimmten Bedingungen (z.B. laminare Strömung) der Fluß des Wassers durch das Rohr gemäß (1.6) der Druckdifferenz zwischen Eingang und Ausgang des Rohres proportional ist. Diese Druckdifferenz ist am größten, wenn der Stöpsel entfernt wird. Mit sinkendem Wasserspiegel sinkt auch die Druckdifferenz, so daß das Wasser immer langsamer ausströmt. Wir erwarten also, daß der Wasserstand zunächst schnell, dann immer langsamer abnimmt. Der Wasserstand sollte ungefähr wie in Abb. 3.2 gezeigt von der Zeit abhängen.

Wir wollen nun die genaue Form der Kurve analytisch bestimmen. Nach (1.7) ist die Ausströmrate eine Funktion der Druckdifferenz:

$$\frac{dV}{dt} = -F(p_2 - p_{\mathrm{at}}), \qquad (3.1)$$

3. Exponentieller Abfall mit der Zeit

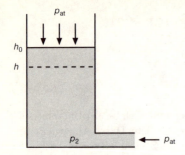

Abb. 3.1. Der Wasserbehälter entleert sich durch das Abflußrohr.

wobei p_2 der Druck am Eingang des Abflußrohrs ist und p_{at} der atmosphärische Druck, der sowohl auf die freie Wasseroberfläche im Behälter als auch auf das Wasser am Ende des Rohres wirkt. F ist der Flußleitwert des Rohrs.

Nun ist $p_2 = p_{at} + \rho g h$, wobei ρ die Dichte von Wasser, g die Gravitationsbeschleunigung und h der Wasserstand ist. Einsetzen in (3.1) ergibt

$$\frac{dV}{dt} = -F\rho g h \; .$$

Wenn wir an einen Behälter mit vertikalen Wänden und einer Querschnittsfläche A denken, dann ist $V = Ah$ und $dV/dt = A(dh/dt)$. Damit gilt

$$\frac{dh}{dt} = -\frac{F\rho g h}{A} \; .$$

Separation der Variablen führt auf

$$\frac{dh}{h} = -\frac{F\rho g}{A} dt \; .$$

Die Lösung dieser Differentialgleichung ergibt

$$\ln h = -\frac{F\rho g}{A} t + c \; ,$$

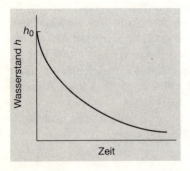

Abb. 3.2. Das Wasser sinkt, aber immer langsamer.

wobei c die Integrationskonstante ist. Damit ist

$$h = e^{-(F\rho g/A)t}\, e^c\ .$$

Da c eine noch zu bestimmende Konstante ist, ist auch e^c eine Konstante; nennen wir sie q. Dann haben wir

$$h = q\, e^{-(F\rho g/A)t}\ .$$

Jetzt müssen wir nur noch q aus den Anfangsbedingungen bestimmen. Zu Beginn des Ausströmens ist $t = 0$ und $h = h_0$. Einsetzen dieser Werte ergibt $q = h_0$ und damit

$$\boxed{h = h_0\, e^{-(F\rho g/A)t}\ .} \quad (3.2)$$

Wir sehen also, daß die Kurve in Abb. 3.2 einem exponentiellen Abfall des Wasserstandes entspricht. Dieses exponentielle Abklingen ist typisch für viele physikalische Prozesse. Wir werden bald noch mehr Beispiele kennenlernen. Jeder Vorgang, bei dem die *Rate*, mit der eine Größe abnimmt, der Größe selbst proportional ist, führt unausweichlich zu einem exponentiellen Abklingen.

Da es so weitverbreitet ist, wollen wir uns mit dem exponentiellen Abklingen noch ein wenig näher befassen. Zunächst stellen wir fest, daß die Zeitskala der Abklingkurve von allen Konstanten im Exponenten abhängt, in diesem Fall also von $F\rho g/A$. Wir können das Absinken beschleunigen, indem wir einen der Faktoren im Zähler vergrößern oder den Nenner verringern. Umgekehrt können wir es verlangsamen, indem wir einen Faktor in die andere Richtung verändern.

Eine besondere Bedeutung hat die Zeit $t = A/F\rho g$. In diesem Moment ist der Exponent 1, und damit $h = h_0 e^{-1} = (1/e)h_0$; der Wasserspiegel ist auf den e-ten Teil (etwa 37%) seiner ursprünglichen Höhe gesunken. Diese Zeit nennt man 1/e-Zeit, Relaxationszeit oder Zeitkonstante des Vorgangs. Wie beim exponentiellen Wachstum ändert sich eine exponentiell abfallende Größe in gleichen Zeiten immer um den gleichen Faktor. Ganz gleich, wo man sich auf der Kurve befindet, nimmt die Größe also innerhalb einer Zeitkonstante um den Faktor 1/e ab.

Beachten Sie, daß nach (3.2) das Wasser zwar immer weiter, aber nie vollständig ausläuft. Durch genügend langes Warten können wir den Behälter beliebig leer werden lassen; nach fünf Zeitkonstanten ist der Wasserstand zum Beispiel $h_0(1/e)^5 \simeq 0.007 h_0$, also etwas weniger als 1% der ursprünglichen Höhe. Wir könnten dann sagen, daß der Behälter für praktische Zwecke als leer zu betrachten sei, obwohl wir wissen, daß das nicht ganz stimmt.[1]

---

[1]Anmerkung des Übersetzers: Irgendwann gelten auch hier, wie beim exponentiellen Wachstum, die Voraussetzungen nicht mehr, die zum exponentiellen Verlauf des Vorgangs führen; wenn z.B. der Wasserspiegel unter den oberen Rand des Abflußrohres gesunken ist, ändert sich auch die Situation. Spätestens, wenn die Wassermenge im Behälter nur noch aus wenigen Atomen besteht, sollte man Gleichung (3.2) nicht mehr vertrauen, da sie als Lösung einer Differentialgleichung für kontinuierliche Größen hergeleitet wurde.

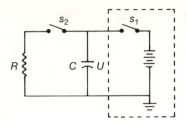

Abb. 3.3. Der Kondensator entlädt sich exponentiell, wenn der Schalter s_2 geschlossen wird.

3.2 Entladen eines Kondensators

Wenden wir uns nun einer anderen Situation zu, in der exponentieller Abfall auftritt: die Entladung eines elektrischen Kondensators über einen Widerstand. In dem in Abb. 3.3 gezeigten Schaltkreis sehen Sie einen Kondensator mit Kapazität C in Reihe mit einem Schalter s_2 und einem Widerstand R. Durch kurzes Schließen des Schalters s_1 kann die obere Platte des Kondensators auf das Potential U_0 gebracht werden, so daß am Kondensator die Spannung U_0 anliegt. Den Hilfskreis im gestrichelten Kasten können wir im folgenden außer acht lassen. Wir schließen nun den Schalter s_2 und setzen gleichzeitig eine Stoppuhr in Gang. Der Kondensator wird sich nun über den Schalter s_2 und den Widerstand entladen. Wir interessieren uns für die Abnahme der Spannung U am Kondensator in Abhängigkeit von der Zeit t nach Schließen des Schalters s_2.

Wie im vorigen Beispiel wollen wir zunächst überlegen, wie das Ergebnis aussehen könnte. Ladung von der oberen Platte wird als Strom durch den Widerstand zur unteren Platte fließen. Die *Rate* dieses Flusses ist nach dem Ohmschen Gesetz der Spannung U am Kondensator proportional. Während Ladung von der oberen zur unteren Platte fließt, nimmt die Spannung am Kondensator, und damit auch die Stromstärke, ständig ab. Die Entladung wird also immer langsamer. Wir haben es wieder mit einem Vorgang zu tun, bei dem die Rate, mit der eine Größe abnimmt, dem momentanen Wert dieser Größe proportional ist. Wir erwarten also, daß U exponentiell abfällt. Mal sehen.

Nach (1.2) ist

$$\frac{dQ}{dt} = -\frac{U-0}{R} = -\frac{U}{R}. \tag{3.3}$$

Ladung Q und Spannung U eines Kondensators hängen über die Kapazität C zusammen: $Q = CU$. Damit können wir (3.3) umschreiben:

$$\frac{dQ}{dt} = C\frac{dU}{dt} = -\frac{U}{R}.$$

Daraus ergibt sich durch Separation der Variablen

$$\frac{dU}{U} = -\frac{dt}{RC}.$$

3.2 Entladen eines Kondensators

Wir lösen diese Differentialgleichung wie im Fall des Wasserbehälters:

$$\ln U = -\frac{t}{RC} + c,$$

$$U = q\, e^{-t/RC}.$$

Aus den Anfangsbedingungen $t = 0$, $U = U_0$ erhalten wir $q = U_0$ und damit

$$\boxed{U = U_0\, e^{-t/RC}.} \qquad (3.4)$$

Die Spannung am Kondensator nimmt also exponentiell ab. Die Abnahme ist durch eine Zeitkonstante, das Produkt RC, charakterisiert. Ein praktisches Beispiel: ein $1\,\mu$F-Kondensator, der sich über einen $1\,\text{M}\Omega$-Widerstand entlädt, hat eine Zeitkonstante von 1 s. Das bedeutet, daß nach einer Sekunde die Spannung am Kondensator auf etwa 37% ihres ursprünglichen Wertes abgefallen sein wird.

Beispiel 3.1. Ein statisches Voltmeter mißt Spannungen zwischen 0 V und 250 V mit einer Genauigkeit von 0.5 V. Ein $1.0\,\mu$F-Kondensator wird auf 200 V aufgeladen und dann über einen $1.0\,\text{M}\Omega$-Widerstand entladen. Nach welcher Zeit ist der Kondensator innerhalb der Genauigkeit des Voltmeters entladen?

Aus (3.4) ergibt sich:

$$\begin{aligned}
e^{-t/RC} &= U/U_0, \\
e^{t/RC} &= U_0/U, \\
t &= RC\ln(U_0/U).
\end{aligned}$$

In diesem Beispiel ist $R = 1.0 \cdot 10^6\,\Omega$, $C = 1.0 \cdot 10^{-6}\,\text{F}$, $U_0 = 200\,\text{V}$, $U = 0.5\,\text{V}$. Also ist

$$\begin{aligned}
t &= (1.0 \cdot 10^6\,\Omega)(1.0 \cdot 10^{-6}\,\text{F})\ln(200\,\text{V}/0.5\,\text{V}) \\
&\simeq 6.0\,\text{s}.
\end{aligned}$$

Da die Gleichung für den Kondensator der für den Wasserbehälter ähnelt, ist es aufschlußreich, beide untereinander zu schreiben und zu sehen, ob wir die analogen Merkmale der beiden physikalischen Prozesse identifizieren können:

$$\begin{aligned}
\text{Wasserbehälter} \quad & h = h_0\, e^{-(F\rho g/A)t}, \\
\text{Kondensator} \quad & U = U_0\, e^{-(1/RC)t}.
\end{aligned}$$

Offensichtlich entspricht die Spannung am Kondensator dem Wasserstand, und der Entladewiderstand R entspricht dem Strömungswiderstand $1/F$ des Abflußrohrs. Weniger offensichtlich ist, daß die Kapazität C des Kondensators der Kombination $A/\rho g$ beim Wasserbehälter entspricht.

3.3 Radioaktiver Zerfall

Stellen Sie sich 1 mg reines Radium vor. Dieses Material ist, wie Sie wissen, von Natur aus radioaktiv: seine Atomkerne sind instabil und zerfallen spontan. Ein Radiumkern sendet beim Zerfall ein α-Teilchen aus und verwandelt sich in einen Radonkern. Die Radonkerne sind auch instabil und werden nach einigen weiteren Zerfällen Bleikerne.

Es ist unmöglich vorherzusagen, welcher Kern in einer Ansammlung von Radiumkernen als nächster dran ist, aber wir können die statistische Aussage treffen, daß jeder einzelne Radiumkern mit der Wahrscheinlichkeit $p = 1.37 \cdot 10^{-11}$ innerhalb der nächsten Sekunde zerfallen wird. Wenn wir eine sehr große Zahl N noch nicht zerfallener Radiumkerne in unserer Probe haben, wird die Anzahl pro Sekunde zerfallender Kerne (dN/dt) gleich der Gesamtanzahl mal dieser Wahrscheinlichkeit p sein: $dN/dt = -pN$.

Hier haben wir wieder eine Situation, in der die *Rate* dN/dt, mit der eine Größe abnimmt, der Größe N direkt proportional ist. Je weiter der Zerfall fortschreitet, desto weniger Radiumkerne bleiben übrig, und die Zerfallsrate nimmt ständig ab. Offensichtlich ist dies ein weiteres Beispiel exponentieller Abnahme.

Die Lösung der Gleichung für den radioaktiven Zerfall lautet

$$\boxed{N = N_0\, e^{-pt}}, \qquad (3.5)$$

wobei N_0 die zur Zeit $t = 0$ vorhandene Anzahl Radiumkerne ist. Die Zeitkonstante des Vorgangs, also die Zeit, nach der noch der e-te Teil der ursprünglich vorhandenen Kerne übrig ist, ist $1/p = 1/(1.37 \cdot 10^{-11}) \simeq 7 \cdot 10^{10}$ s, also etwa 2200 Jahre. Die Physiker haben eine eigene Bezeichnung für diese Zeitkonstante: sie nennen sie die mittlere Lebensdauer. Die mittlere Lebensdauer τ einer Anzahl N_0 ursprünglich vorhandener Kerne ist die Summe der Lebensdauern der einzelnen Kerne, geteilt durch die Anzahl:

$$\tau = \frac{1}{N_0}\int_0^\infty N\,dt = \frac{1}{N_0}\int_0^\infty N_0\, e^{-pt}\,dt = \int_0^\infty e^{-pt}\,dt = \frac{1}{p}\,.$$

In der Literatur über Radioaktivität wird die Größe, die wir die Zerfallswahrscheinlichkeit p genannt haben, oft als Zerfallskonstante λ bezeichnet.

Die Zeit, nach der die Hälfte der ursprünglich vorhandenen Kerne zerfallen sind, nennt man die Halbwertszeit $t_{1/2}$. Um diese Halbwertszeit zu bestimmen, benutzen wir Gleichung (3.5):

$$\frac{1}{2}N_0 = N_0\, e^{-\lambda t_{1/2}} \Rightarrow \ln\frac{1}{2} = -\lambda t_{1/2}$$

$$\Rightarrow t_{1/2} = -\frac{\ln(1/2)}{\lambda} = \frac{\ln 2}{\lambda} \simeq \frac{0.693}{\lambda}\,.$$

Beispiel 3.2. Es ist bekannt, daß die Aktivität einer Probe eines künstlichen Radionuklids in 60 Tagen von 0.010 Ci [2] auf 0.003 Ci abnimmt. Was ist die Halbwertszeit dieses Isotops?

Nach (3.5) gilt

$$\frac{N}{N_0} = e^{-\lambda t},$$

$$\ln \frac{N_0}{N} = \lambda t,$$

$$\lambda = \frac{1}{t} \ln \frac{N_0}{N}.$$

Da aber die Aktivität A der Anzahl N radioaktiver Kerne proportional ist, gilt

$$\frac{A_0}{A} = \frac{N_0}{N},$$

und damit

$$\lambda = \frac{1}{t} \ln \frac{A_0}{A}.$$

In diesem Beispiel ist $A = 0.003$ Ci, $A_0 = 0.010$ Ci und $t = 60$ d. Einsetzen in die obige Gleichung ergibt

$$\lambda = \frac{1}{60\,\mathrm{d}} \ln \frac{0.010}{0.003}$$

$$\simeq 0.020\,\mathrm{d}^{-1}.$$

Die Halbwertszeit ist also

$$t_{\frac{1}{2}} \simeq \ln 2 / 0.020\,\mathrm{d}^{-1}$$

$$\simeq 34.65 \text{ Tage.}$$

3.4 Abkühlung

Es ist eine alltägliche Erfahrung, daß ein warmer Gegenstand sich mit der Zeit auf die Temperatur seiner Umgebung abkühlt. Diese Beobachtung wurde von Newton formalisiert, der feststellte, daß die *Rate* dieser Abkühlung ungefähr der Temperaturdifferenz zwischen Gegenstand und Umgebung proportional ist, wenn diese Differenz nicht zu groß ist. Diese Rate beinhaltet Wärmeverluste durch verschiedene Vorgänge, während die präzisere Aussage der Fourierschen Gleichung (1.4) nur auf den Wärmeverlust durch Wärmeleitung zutrifft.

---

[2] Das Curie (Ci) ist keine SI-Einheit, wird aber manchmal noch gebraucht. 1 Ci $= 3.7 \cdot 10^{10}$ Bq (1 Bq $\hat{=}$ 1 Zerfall/s).

3. Exponentieller Abfall mit der Zeit

Betrachten wir nun einen Gegenstand, dessen ursprüngliche Temperatur T_1 etwas über der Umgebungstemperatur T_0 liegt. Wie schnell wird er sich abkühlen, und welche Temperatur wird er zu einer späteren Zeit t haben? Es ist $\mathrm{d}T/\mathrm{d}t \propto -(T - T_0)$, oder $\mathrm{d}T/\mathrm{d}t = -B(T - T_0)$. Die Proportionalitätskonstante B hängt in komplizierter Weise von Größe, Form, spezifischer Wärmekapazität und Oberflächenbeschaffenheit des Gegenstandes sowie von den konvektiven Eigenschaften des umgebenden Gases und der thermischen Leitfähigkeit des Untergrundes ab. Wir vergleichen diese Differentialgleichung mit den vorhergehenden und erhalten die Lösung

$$\boxed{T - T_0 = (T_1 - T_0)\,\mathrm{e}^{-Bt}}\,. \tag{3.6}$$

Diese Gleichung ist typisch[3] für einen exponentiellen Abfall, die Zeitkonstante ist $1/B$.

Beispiel 3.3. Zeigen Sie, daß das Newtonsche Abkühlungsgesetz eine Näherung des Stefan-Boltzmann-Gesetzes für kleine Temperaturänderungen darstellt: die thermische Strahlungsleistung eines Körpers ist der *vierten* Potenz seiner absoluten Temperatur proportional.

Die Energieverlustrate $\mathrm{d}Q/\mathrm{d}t$ eines idealen Strahlers der Temperatur T bei der Umgebungstemperatur T_0 ist die Differenz zwischen seiner Abstrahlungsrate und der Rate, mit der er Energie aus der Umgebung absorbiert. Die Anwendung des Stefan-Boltzmann-Gesetzes ergibt

$$\frac{\mathrm{d}Q}{\mathrm{d}t} = \sigma(T^4 - T_0^{\,4})\,,$$

wobei σ die Stefan-Boltzmann-Konstante ist. Wenn ein Körper Wärme verliert, ist die Temperaturänderung dem Energieverlust proportional:

$$\frac{\mathrm{d}T}{\mathrm{d}t} = \frac{1}{mc}\frac{\mathrm{d}Q}{\mathrm{d}t}\,,$$

wobei m die Masse des Körpers und c seine spezifische Wärmekapazität ist. Einsetzen von $\mathrm{d}Q/\mathrm{d}t$ ergibt

$$\begin{aligned}\frac{\mathrm{d}T}{\mathrm{d}t} &= \frac{\sigma}{mc}(T^4 - T_0^{\,4}) \\ &= \frac{\sigma}{mc}(T - T_0)(T + T_0)(T^2 + T_0^{\,2})\,.\end{aligned}$$

Mit $T \to T_0$ werden die zweiten und dritten Klammern auf der rechten Seite annähernd konstant, während der Faktor $T - T_0$ sich noch relativ stark ändert. Also ist für $T \simeq T_0$ näherungsweise

---
[3] Anmerkung des Übersetzers: In gewissem Sinne gehört dieses Beispiel, wie auch das Beispiel aus Abschnitt 4.3, zu Kapitel 5, da die betrachtete Größe (hier die Temperatur) nicht gegen Null geht, sondern sich einem endlichen Wert nähert. Die *Differenz* zum Gleichgewichtswert T_0 geht aber gegen Null, so daß der Vorgang auch ein Beispiel für exponentiellen Abfall darstellt.

$$\frac{dT}{dt} \propto T - T_0 \,.$$

Das Stefan-Boltzmann-Gesetz bezieht sich nur auf Abkühlung durch Strahlung im Vakuum. Von größerem praktischen Interesse, vor allem in der Kalorimetrie, ist jedoch ein Gegenstand, der sich durch Konvektion, Wärmeleitung *und* Strahlungsverluste abkühlt. Interessanterweise gilt das Newtonsche Abkühlungsgesetz in diesem komplizierteren Fall in einem viel größeren Bereich! Für $T = 300\,\text{K}$ und $T_0 = 50\,\text{K}$ ist die von (3.6) vorhergesagte Temperatur um bis zu 20% zu tief, wenn die Abkühlung nur durch Strahlung erfolgt; im komplizierteren Fall liegt die Abweichung dagegen unter 1%.

3.5 Zusammenfassung

Exponentieller Abfall ist charakteristisch für jeden Vorgang, dessen *Rate* der abfallenden Größe proportional ist. Solche Prozesse können durch einen exponentiellen Abklingfaktor $e^{-t/\tau}$ beschrieben werden, wobei τ eine Größe oder Kombination von Größen mit der physikalischen Bedeutung einer Zeitkonstante ist.

Vielleicht ist Ihnen beim Nachvollziehen dieser Herleitungen aufgefallen, daß die mathematische Beschreibung des exponentiellen Abfalls bis auf das Vorzeichen des Exponenten die gleiche Form hat wie die Beschreibung des exponentiellen Wachstums in Kapitel 2. Bei exponentiellem Wachstum geht die betrachtete Größe gegen Unendlich, bei exponentiellem Abfall geht sie gegen Null. Ob eine Größe ansteigt oder abfällt, hängt vom Vorzeichen der Rate ab, die den Vorgang bestimmt. Ob eine Population wächst oder ausstirbt, hängt vom Zusammenspiel der einzelnen Faktoren ab, die die Populationsentwicklung bestimmen. Wenn Geburtenrate und Einwanderungsrate überwiegen, so ergibt sich ein positiver Exponent, und die Population wächst; überwiegen dagegen Todesrate und Auswanderungsrate, so ergibt sich ein negativer Exponent, und die Population stirbt aus.

Industrielle Vorgänge werden oft über das Vorzeichen einer charakteristischen Rate gesteuert. In einem Atomreaktorkern wird zum Beispiel die Reaktion kritisch, wenn ein bei einer Kernspaltung freigesetztes Neutron im Mittel eine weitere Kernspaltung bewirkt. Bei einer kritischen Reaktion finden in jeder Generation gleich viele Kernspaltungen statt. Wenn die Anzahl der Spaltungen von einer Generation zur nächsten steigt, ist die Reaktion überkritisch. Durch Einführung neutronenabsorbierender Steuerstäbe kann man Wachstum, Konstanz oder Abklingen der Reaktion einstellen, je nachdem, ob der Verstärkungsfaktor größer, gleich oder kleiner als eins ist. Im ersten Fall ist der Exponent positiv, die Reaktion wächst; im letzteren Fall ist der Exponent negativ, die Reaktion klingt ab.

Übungen

3.1 Wenn ein ^{14}C-Atom in der Atmosphäre gebildet wird, reagiert es mit Sauerstoff zu CO_2 und gelangt dann möglicherweise in einen lebenden Organismus. Nachdem der Organismus stirbt, zerfällt das in ihm vorhandene ^{14}C mit einer Halbwertszeit von 5700 Jahren. Wie alt ist eine Kohlenstoffprobe, die bei einer Ausgrabung zutage gefördert wurde, wenn sie eine Aktivität von 18 Zerfällen pro Minute aufweist, während es bei frischer Holzkohle 52 Zerfälle pro Minute sind?

3.2 Ein Kriminalkommissar findet um zwei Uhr eine Leiche, deren Temperatur 27 °C beträgt. Um fünf Uhr ist sie auf 24 °C gefallen. Schätzen Sie die Todeszeit unter der Annahme, daß die Raumtemperatur bei 10 °C konstant war und die Körpertemperatur vor Todeseintritt 37 °C betrug.

3.3 Radiumatome sind instabil; sie zerfallen unter Aussendung von α-Teilchen mit einer Rate von ca. 0.045% pro Jahr. Zeigen Sie, daß ein Gramm Radium pro Tag ungefähr $3.3 \cdot 10^{15}$ α-Teilchen aussendet. (Atommasse von Radium: $226 \text{ g} \cdot \text{mol}^{-1}$; Avogadro-Konstante: $6.02 \cdot 10^{23} \text{ mol}^{-1}$.)

3.4 Ein Auto fährt im Leerlauf auf einer ebenen Straße. Es erfährt durch Reibung in Reifen, Lagern und Luftströmung eine Kraft, die seiner Geschwindigkeit proportional ist. Leiten Sie einen Ausdruck für die Geschwindigkeit des Autos in Abhängigkeit von der Zeit her.

3.5 Jedes Jahr zu Caesars Geburtstag erhält die römische Legion in Kleinbonum den Befehl, ein gewisses gallisches Dorf einzunehmen, was ihr jedoch nie gelingt. Nach jeder Niederlage wird die Legion zur Strafe dezimiert und jeder zehnte Soldat ins Exil geschickt. Was ist von der Legion übrig, als Caesar im Alter von 55 Jahren stirbt, wenn sie 5000 Mann umfaßte, als er mit 41 Jahren die Eroberung Galliens begann? Nehmen Sie an, daß die Verluste, die die Gallier den Römern im Kampf zufügen, zu vernachlässigen sind.

3.6 Ein Mann stirbt und hinterläßt seiner Witwe ein Sparkonto mit einer Zinsrate von 5% p.a. Sie gibt jedes Jahr 6% des verbleibenden Geldes aus. Berechnen Sie den Wert des Sparkontos nach zehn Jahren, wenn die Kaufkraft außerdem durch Inflation um 8% pro Jahr sinkt.

3.7 600 Würfel werden geworfen, und alle, die eine Sechs zeigen, werden herausgenommen. Der Rest wird wieder geworfen, alle Sechsen herausgenommen usw. Zeigen Sie, daß die „Halbwertszeit" n für diesen Vorgang ungefähr vier Würfe ist. *Hinweis:* Zeigen Sie, daß n aus $(5/6)^n = 1/2$ bestimmt werden kann.

3.8 Eine Gruppe Schiffbrüchiger einigt sich darauf, an jedem Tag 5% ihrer verbleibenden Nahrungsvorräte pro Tag aufzubrauchen. Nach einer Woche werden sie hungrig und beschließen eine Erhöhung auf 10%. Welcher Bruchteil des ursprünglichen Vorrats ist eine Woche später noch vorhanden?

3.9 Nach Sonnenuntergang fangen die positiven und negativen Ionen, die das UV-Licht in der Ionosphäre erzeugt hat, zu rekombinieren an. Die Rekombinationsrate ist proportional zum Produkt der Konzentration negativer und positiver Ionen, also zum Quadrat der Ionenkonzentration. Leiten Sie die Ionenkonzentration als Funktion der Zeit her. Verläuft sie exponentiell?

3.10 Ein verlustbehafteter 2.0 µF-Kondensator wird geladen und dann isoliert. Die Spannung zwischen den Platten fällt in 3.0 s von U_0 auf $U_0/4$. Berechnen Sie den effektiven Widerstand zwischen den Kondensatorplatten.

3.11 Ein großer Schneeball, dessen Temperatur zu Beginn 0 °C beträgt, schmilzt mit einer Rate, die seiner Oberfläche proportional ist. Nimmt die Masse ungeschmolzenen Schnees exponentiell ab?

3.12 Nehmen Sie an, der Wasserbehälter aus Abb. 3.1 sei nicht zylindrisch, sondern kegelförmig, mit der Spitze nach unten; das Abflußrohr sei an der Spitze befestigt. Wie muß Gleichung (3.2) modifiziert werden? Ergibt sich wieder eine exponentielle Lösung?

3.13 Nehmen Sie an, das Dielektrikum zwischen den Platten des Kondensators in Abb. 3.3 sei stark kompressibel, so daß die elektrostatische Anziehung der Platten zu einer Verringerung ihres Abstandes führt, die der Spannung zwischen ihnen proportional ist. Welchen Einfluß hat diese Störung auf die Form der Entladungskurve?

3.14 In der Vorkühlschrankzeit hielten die Menschen ihre Speisen mit Eis kühl. Manche sparsamen Menschen bedeckten das Eis mit Zeitungspapier. Warum schmilzt dadurch das Eis langsamer? Hat diese Vorgehensweise Nachteile?

3.15 Es soll die Masse m einer sehr geringen Menge eines α-Strahlers mit bekannter Zerfallskonstante λ bestimmt werden. Wenn dieses radioaktive Material zwischen die Platten des Kondensators in Abb. 3.3 gebracht wird, erhöht sich die Entladungsrate des Kondensators. Warum? Beschreiben Sie ein Experiment, in dem Sie diese Tatsache ausnutzen, um m zu bestimmen.

4. Exponentieller Abfall mit dem Abstand

> Keine Naturwissenschaft ohne Mathematik.
> *Roger Bacon*

4.1 Einleitung

Die Beleuchtungsstärke einer Glühbirne nimmt mit zunehmendem Abstand ab. Diese Abnahme ist zum größten Teil geometrisch zu erklären: In 1 m Abstand verteilt sich die Strahlungsenergie auf eine Kugeloberfläche von $4\pi(1)^2\,\mathrm{m}^2$. In 2 m Abstand verteilt sich die gleiche Energie auf eine Kugeloberfläche von $4\pi(2)^2\,\mathrm{m}^2$, also auf die vierfache Fläche. Eine Verdopplung des Abstandes reduziert also die Beleuchtungsstärke auf ein Viertel, d.h. die Beleuchtungsstärke einer Punktquelle nimmt mit dem Quadrat des Abstandes von der Quelle ab.

Um diese Art der Abschwächung, die auf der *Ausbreitung* einer Kugelwelle ohne Energieverlust beruht, geht es in diesem Kapitel *nicht*. Wir werden uns vielmehr mit der Abnahme eines im wesentlichen eindimensionalen Flusses durch *Absorption* oder Energieentnahme an jedem Punkt des Weges befassen. Ein solches Abfallverhalten ist beispielsweise die Abnahme der Intensität eines Lichtstrahls in einem gleichmäßig absorbierenden Medium. Je weiter der Strahl in das Medium eindringt, desto schwächer wird er aufgrund der Energieabsorption durch molekulare Prozesse in dem Medium. Dieser von Energieabsorption begleitete Fluß führt zu einem exponentiellen Abfall mit dem Abstand.

4.2 Strahlungsabsorption

In vielen Situationen interessieren wir uns für die Absorption von Strahlung: in photographischen Lichtfiltern, in den Bleiabschirmungen von Röntgenröhren oder in der Atmosphäre. Auf dem Weg durch ein absorbierendes Medium verliert ein Strahl an Intensität; dieser Verlust ist an jedem Punkt der Intensität proportional. Wenn der Strahl in Richtung der x-Achse verläuft, gilt also

$$\frac{\mathrm{d}I}{\mathrm{d}x} = -kI\,,$$

wobei die Proportionalitätskonstante k als Absorptionskoeffizient bezeichnet wird. Die Lösung dieser Gleichung ist

$$I = I_0 \, e^{-kx} \, , \tag{4.1}$$

wobei I_0 die ursprüngliche Intensität des Strahls bei Eintritt in das Medium ist. Die Intensität nimmt mit der Weglänge im Medium exponentiell ab.

Wie Sie wissen, hat Strahlung in der quantentheoretischen Beschreibung teilchenähnliche Eigenschaften; Energie wird in diskreten Päckchen, den Photonen oder Quanten, transportiert. Bei der Behandlung der Absorption haben wir dennoch I als kontinuierliche Variable betrachtet. Ebenso haben wir bei der Behandlung der Radioaktivität, obwohl wir es mit diskreten Atomkernen zu tun hatten, N als kontinuierliche Variable betrachtet. Unsere mathematische Behandlung ist in beiden Fällen dann gerechtfertigt, wenn wir es mit einer statistisch großen Zahl von Kernen oder Photonen zu tun haben.

Beispiel 4.1. Ein bestimmtes Glas für Rotfilter hat einen Absorptionskoeffizienten von $0.20\,\text{mm}^{-1}$ für Licht mit der Wellenlänge 650 nm. Welche Dicke x des Glases muß man wählen, um die Intensität eines roten Strahls auf 37% der ursprünglichen Intensität zu reduzieren?

Nach (4.1) gilt

$$\frac{I}{I_0} = e^{-kx},$$

$$x = -\frac{1}{k} \ln \frac{I}{I_0} \, .$$

In diesem Beispiel ist $I/I_0 = 0.37$ und $k = 0.20\,\text{mm}^{-1}$. Einsetzen in die obige Gleichung ergibt

$$x = -\frac{1}{0.20\,\text{mm}^{-1}} \ln 0.37$$

$$\simeq -5.0\,\text{mm}\,(-0.99)$$

$$\simeq 5.0\,\text{mm}.$$

Wenn das absorbierende Medium eine Lösung eines absorbierenden Stoffes in einer ansonsten durchsichtigen Flüssigkeit ist, gilt nach dem Beerschen Gesetz

$$I = I_0 \, e^{-c\beta x} \, . \tag{4.2}$$

Dabei ist c die Konzentration des gelösten Stoffes, β sein spezifisches Absorptionsvermögen und x die Weglänge durch die Lösung. Ein absorbierendes Material kann also durch sein spezifisches Absorptionsvermögen charakterisiert werden, das nicht von seiner Konzentration abhängt.

4.3 Wärmeleitung in einem Stab ohne Isolierung

In Abschnitt 1.3 haben wir den Wärmefluß entlang eines wärmeleitenden Stabes untersucht, dessen Seitenflächen isoliert waren, so daß keine Wärme seitlich entweichen konnte. Wir werden jetzt eine andere Anordnung betrachten, in der die Seitenflächen frei sind und Wärme in die Umgebung entweichen kann. Stellen Sie sich einen langen, zylindrischen, wärmeleitenden Stab vor (Abb. 4.1), dessen linkes Ende auf einer erhöhten Temperatur T_1 gehalten wird, während das rechte Ende so weit entfernt ist, daß es näherungsweise Raumtemperatur annimmt. Wärme entweicht an jedem Punkt der seitlichen Oberflächen mit einer Rate, die nach dem Newtonschen Abkühlungsgesetz proportional zur Temperaturdifferenz zwischen dem Punkt und der Umgebung ist. Dieser Wärmeverlust führt zu einer Temperaturabnahme von links nach rechts entlang des Stabes. Wenn der Stab und seine Oberflächen einheitlich sind, ist die Temperaturabnahme pro Längeneinheit proportional zur Differenz zwischen der lokalen Temperatur des Stabes und der Raumtemperatur:

$$-\frac{dT}{dx} = L(T - T_0) \, .$$

L bestimmt die Verlustrate, die von den Oberflächeneigenschaften des Stabes, seiner Wärmeleitfähigkeit und den konvektiven und wärmeleitenden Eigenschaften der umgebenden Luft abhängt. Die Lösung dieser Gleichung ist

$$\boxed{T - T_0 = (T_1 - T_0)\, e^{-Lx}} \, . \tag{4.3}$$

Die Temperatur nimmt entlang des Stabes exponentiell ab.

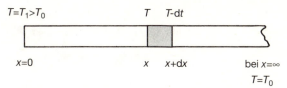

Abb. 4.1. Die Temperatur nimmt entlang des Stabes von links nach rechts ab.

4.4 Zweidrahtleitung

Wir denken uns eine lange Übertragungsleitung (Abb. 4.2) aus einer großen Anzahl in Serie geschalteter Abschnitte zusammengesetzt, die in x-Richtung eine Längeneinheit lang sind. Der Widerstand r pro Längeneinheit beider Leiter könnte z.B. $1\,\text{m}\Omega\,\text{m}^{-1}$ betragen. Zwischen den Drähten fließt ein Leckstrom, da es keine Isolierung mit unendlichem Widerstand gibt. Der Ableitwiderstand R könnte z.B. in jedem Einheitsabschnitt $1\,\text{M}\Omega$ betragen. Da die Ableitwiderstände der einzelnen Abschnitte zueinander parallel liegen, addieren sich ihre Kehrwerte, die Leitwerte. In diesem Fall wäre also der Leckleitwert pro Längeneinheit $G = 1\,\text{M}\Omega^{-1}\,\text{m}^{-1}$. Im oberen Draht fließt ein Strom I von links in jeden Abschnitt hinein; im unteren Draht fließt ein gleich starker Strom

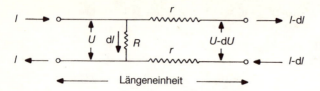

Abb. 4.2. Eine Übertragungsleitung besteht aus einer Serie vieler Einheitsabschnitte.

nach links aus dem Abschnitt heraus. Am linken Ende des Abschnitts sei die Spannung zwischen den Drähten U. Der Strom, der den Abschnitt im oberen Draht am rechten Ende verläßt, ist um den Leckstrom zwischen den Drähten kleiner als der Strom, der links hineinfließt. Dieser Leckstrom ergibt sich nach dem Ohmschen Gesetz aus dem Leckleitwert G und der Spannung U. Damit ändert sich die Stromstärke entlang der Leitung gemäß

$$\frac{\mathrm{d}I}{\mathrm{d}x} = -GU \ . \tag{4.4}$$

Das Minuszeichen zeigt an, daß die Stromstärke von links nach rechts, also mit zunehmendem x, abnimmt. Außerdem fällt an beiden Drähten jeweils die Spannung Ir ab, insgesamt also

$$\frac{\mathrm{d}U}{\mathrm{d}x} = -2Ir \ . \tag{4.5}$$

Indem wir (4.5) nach x ableiten und $\mathrm{d}I/\mathrm{d}x$ aus (4.4) einsetzen, erhalten wir

$$\frac{\mathrm{d}^2 U}{\mathrm{d}x^2} = 2rGU \ .$$

Die vollständige Lösung dieser linearen Differentialgleichung zweiter Ordnung ist

$$U = c_1 \mathrm{e}^{x\sqrt{2rG}} + c_2 \mathrm{e}^{-x\sqrt{2rG}} \ , \tag{4.6}$$

wobei c_1 und c_2 die Integrationskonstanten sind.

Der erste Term dieser *mathematischen* Lösung ist für die *physikalische* Lösung des Problems ungeeignet, da er vorhersagt, daß die Spannung gegen unendlich geht, wenn die Leitung immer weiter verlängert wird. Da wir wissen, daß das nicht sein kann, besteht die sinnvolle Lösung in diesem Fall nur aus dem zweiten Term:

$$U = c_2 \mathrm{e}^{-x\sqrt{2rG}} \ .$$

Zur Bestimmung der Integrationskonstante wollen wir annehmen, daß ein Generator bei $x = 0$ die Spannung U_0 an die Leitung anlegt. Dann ist $c_2 = U_0$ und schließlich

$$\boxed{U = U_0 \mathrm{e}^{-x\sqrt{2rG}}} \ . \tag{4.7}$$

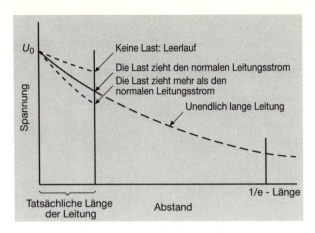

Abb. 4.3. Die Spannung nimmt entlang der Leitung exponentiell ab, je nach Verlustrate und Abschlußlast

Diese Gleichung zeigt, daß die Spannung zwischen den Drähten mit dem Abstand exponentiell abnimmt, wenn wir uns entlang der Leitung vom Generator entfernen. Die 1/e-Länge dieses Abfalls ist $1/\sqrt{2rG}$.

Es sollte nicht ungesagt bleiben, daß diese Herleitung nur dann gültig ist, wenn die Übertragungsleitung so lang ist, daß am anderen Ende praktisch keine Spannung mehr anliegt. Dann fließt nämlich nur der Strom in die Leitung, der nötig ist, um die Leckverluste auszugleichen. Eine solche Leitung wäre offensichtlich völlig unnütz, da an ihrem Ende kein Strom fließt. In der Praxis werden keine Übertragungsleitungen benutzt, in denen die Verluste mehr als einige Prozent des Eingangsstroms ausmachen. Die Leitungen werden üblicherweise so entworfen, daß ihre 1/e-Länge ein Mehrfaches der zu überbrückenden Strecke beträgt. Die Abschlußlast wird dann mit der Spannung betrieben, die am Ende der Leitung noch anliegt. Die Abschlußlast wird so gewählt, daß sie soviel Strom zieht, wie der Rest einer unendlich langen Leitung ziehen würde.

Wenn die Last weggelassen wird und die Übertragungsleitung offen bleibt, nimmt die Spannung weniger stark ab, als Gleichung (4.7) angibt. Zieht die Last dagegen mehr als den Strom, den die unendliche Leitung ziehen würde, so ist der Spannungsabfall Ir höher, und die Spannung nimmt steiler ab.[1] Abbildung 4.3 illustriert diese verschiedenen Möglichkeiten.

---

[1] Anmerkung des Übersetzers: Es soll nicht der Eindruck erweckt werden, verschiedene Steilheiten des Spannungsabfalls entsprächen einem exponentiellen Abfall mit verschiedenen Exponenten. Gleichung (4.6) ist unabhängig von der speziellen Randbedingung, die durch die Abschlußlast gewählt wird, die vollständige Lösung der Differentialgleichung, die das System beschreibt. Das unterschiedliche Verhalten ergibt sich vielmehr durch Hinzunahme des ersten Terms in Gleichung (4.6), der nur unter der Annahme einer unendlich langen Leitung als unphysikalisch verworfen werden darf. Wählt man eine andere Randbedingung, so muß man c_1 und c_2 aus den Randbedingungen bestimmen; dabei ergibt sich, daß c_1 genau dann verschwindet, wenn die Abschlußlast eine unendlich lange Leitung „vortäuscht".

Beispiel 4.2. Eine sehr lange Übertragungsleitung hat einen Eigenwiderstand r von $0.01\,\Omega\mathrm{km}^{-1}$ und einen Leckleitwert G von $0.001\,\Omega^{-1}\mathrm{km}^{-1}$. Welcher Bruchteil der eingespeisten Spannung liegt 50 km weiter weg noch an?

Nach (4.7) ist
$$\frac{U}{U_0} = e^{-x\sqrt{2rG}}.$$

In diesem Beispiel ist $x = 50\,\mathrm{km}$, $r = 0.01\,\Omega\mathrm{km}^{-1}$, $G = 0.001\,\Omega^{-1}\mathrm{km}^{-1}$ und damit

$$\begin{aligned}\frac{U}{U_0} &= \exp\left[-50\,\mathrm{km}\,\sqrt{2(0.01\,\Omega\mathrm{km}^{-1})(0.001\,\Omega^{-1}\mathrm{km}^{-1})}\right] \\ &\simeq \exp(-0.224) \\ &\simeq 0.80\,.\end{aligned}$$

In 50 km Entfernung liegen also noch vier Fünftel der eingespeisten Spannung an.

Um herauszufinden, wie die *Stromstärke* entlang der Leitung abfällt, leiten wir (4.7) ab und erhalten

$$\frac{dU}{dx} = -\sqrt{2rG}\,U_0\,e^{-x\sqrt{2rG}}.$$

Einsetzen in (4.5) ergibt

$$\frac{dU}{dx} = -2Ir = -\sqrt{2rG}\,U_0\,e^{-x\sqrt{2rG}},$$

und damit ist

$$I = \sqrt{\frac{G}{2r}}\,U_0\,e^{-x\sqrt{2rG}}. \tag{4.8}$$

Wenn wir die Stromstärke am Generatorende, d.h. bei $x = 0$, mit I_0 bezeichnen, ergibt sich durch Einsetzen in (4.8)

$$\boxed{I = I_0\,e^{-x\sqrt{2rG}}.} \tag{4.9}$$

Diese Gleichung besagt, daß auch die Stromstärke mit dem Abstand vom Generator exponentiell abfällt, und zwar mit demselben Faktor $e^{-x\sqrt{2rG}}$ wie die Spannung.

Die konstante Größe $\sqrt{2rG}$ in diesem Faktor wird nur durch die Eigenschaften der Übertragungsleitung bestimmt, nicht durch unseren Standort oder die vom Generator eingespeiste Spannung. In der Elektrotechnik wird diese Größe als *Dämpfungskonstante* der Leitung bezeichnet. Ein anderes Maß dafür, wie „leck" eine Übertragungsleitung ist, ist der relative Abfall pro Längeneinheit in Neper.[2] Ein Neper entspricht einer Abschwächung um den Faktor 1/e. Die Verluste werden dann in Neper pro Kilometer ($\mathrm{Np\,km^{-1}}$) angegeben.

Obwohl wir bei unserer Herleitung von einer Gleichstromleitung ausgegangen sind, gilt das Ergebnis qualitativ auch für Wechselstromleitungen. Dort muß allerdings die Induktivität der Drähte und die Kapazität zwischen ihnen berücksichtigt werden. Das werden wir in Kapitel 18 tun.

4.5 Elektrische Analogie zum Wärmefluß

Die Ähnlichkeit der Gleichungen für den Temperaturabfall in einem verlustbehafteten thermischen Leiter und den Spannungsabfall in einer verlustbehafteten Übertragungsleitung legen interessante Simulationen nahe. Elektrische Messungen sind meist einfacher durchzuführen als thermische. Bei Laboruntersuchungen von Wärmeflüssen ist es daher oft günstig, die Messungen an einem Netzwerk elektrischer Widerstände vorzunehmen, das die thermische Situation simuliert.

Der Wärmefluß in einem thermischen System kann durch den elektrischen Strom in einem elektrischen System mit ähnlicher Anordnung der Elemente simuliert werden. Die Spannung an verschiedenen Stellen im elektrischen System ist dabei der Temperatur an den entsprechenden Stellen im thermischen System proportional.

Zum Beispiel können wir das thermische System aus Abschnitt 4.3 simulieren, einen wärmeleitenden Stab mit seitlichen Wärmeverlusten. Dazu untersuchen wir die elektrischen Stromstärken und Spannungen an verschiedenen Punkten eines langen Widerstandsdrahtes, der in regelmäßigen Abständen durch Querwiderstände mit der Erde verbunden ist (Abb. 4.4b). Die Stromverluste durch die Querwiderstände entsprechen den Wärmeverlusten an den Seiten des Stabes. Die Spannung an einer Stelle des Widerstandsdrahtes ist der Temperatur an der entsprechenden Stelle des Stabes proportional. Beim Aufbau des simulierenden Netzwerks muß darauf geachtet werden, daß zwischen dem Widerstand pro Längeneinheit des Widerstandsdrahtes und dem Leckleitwert der Querwiderstände das gleiche Verhältnis herrscht wie zwischen dem „Wärmewiderstand" pro Längeneinheit des Stabes und dem seitlichen Wärmeleitwert. Alle elektrischen Größen müssen proportional zu den zu simulierenden thermischen Größen sein.

4.6 Zusammenfassung

Diese Beispiele sollten verdeutlichen, daß exponentieller Abfall mit dem Abstand immer dann auftritt, wenn die *relative* Abnahme einer Größe pro Längeneinheit konstant bleibt. Daß die abnehmende Größe eine Strahlungsintensität, eine Temperatur, eine Stromstärke oder eine Spannung, ein Druck oder sonst

---

[2]Nach dem schottischen Mathematiker J. Napier.

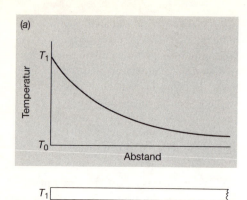

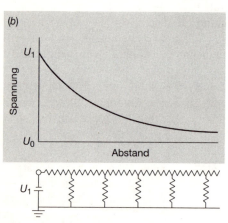

Abb. 4.4. (a) Die Temperatur eines wärmeleitenden Stabes entspricht an jedem Punkt (b) der Spannung an einem langen Widerstandsdraht

etwas sein kann, sollte Sie nicht mehr überraschen. Dieses und die angrenzenden Kapitel, in denen es um exponentielle Zusammenhänge in der Physik geht, sollen die weite Verbreitung solcher Zusammenhänge illustrieren und zeigen, wie man ihre charakteristischen Merkmale erkennt.

Übungen

4.1 Zweihundert am Strand frisch geschlüpfte Schildkröten krabbeln auf das rettende Meer zu. Alle zwei Meter werden 6% der jeweils verbleibenden Jungen von Vögeln verspeist. Zeigen Sie, daß nur 97 junge Schildkröten im 24 Meter entfernten Meer ankommen.

4.2 Wasser fließt durch einen langen Schlauch mit löchrigen Seitenwänden. Finden Sie mit derselben Methode wie in Abschnitt 4.3 einen Ausdruck für den Druckabfall entlang des Schlauches. Nehmen Sie an, daß die Löcher gleichmäßig über die Länge des Schlauches verteilt sind. Nimmt der Druck mit dem Abstand exponentiell ab?

4.3 Ein Generator speist in eine lange Gleichstromübertragungsleitung eine Spannung von 400 V ein. Einen Kilometer weiter beträgt die Spannung noch 395 V. Zeigen Sie, daß weitere 10 km entfernt noch 348 V anliegen.

4.4 Der Luftdruck nimmt in der Atmosphäre nach oben hin ab. Diese Abnahme kann man näherungsweise beschreiben, indem man die Luft als ideales Gas mit einheitlicher, konstanter Temperatur behandelt. Zeigen Sie, daß unter dieser Annahme die Druckänderung in einer dünnen Luftschicht mit der Dichte ρ durch $dp = -\rho dh$ gegeben ist, und leiten Sie die folgende Formel für den Luftdruck p in der Höhe h über dem Meeresspiegel her: $p = p_0 e^{-\rho_0 h/p_0}$, wobei ρ_0 und p_0 die Werte auf Meereshöhe ($h = 0$) sind.

4.5 Für harte Röntgenstrahlung beträgt der Absorptionskoeffizient in Blei $0.65\,\text{cm}^{-1}$. Eine Röntgenröhre hat eine 5 cm dicke Bleiabschirmung. Welcher Bruchteil der Röntgenstrahlen durchdringt die Abschirmung?

4.6 Das spezifische Absorptionsvermögen von Kupferionen für Licht der Wellenlänge 500 nm beträgt $0.91\,\text{mol}^{-1}\text{l}\,\text{cm}^{-1}$. Es wird beobachtet, daß Licht dieser Wellenlänge beim Durchtritt durch ein 2 cm breites Glasgefäß mit einer Kupfersulfatlösung auf 16 % der Intensität abgeschwächt wird, die es nach dem Durchtritt durch das leere Gefäß hat. Welche molare Konzentration hat die Kupfersulfatlösung?

4.7 Schall verliert bei der Fortpflanzung im Innern eines akustischen Rohres durch Wärmefluß aus verdichteten in verdünnte Bereiche, durch Wärmeaustausch mit den Wänden des Rohres und durch molekulare Absorption an Intensität. Die gesamte Energieverlustrate pro Längeneinheit im Rohr ist der Intensität proportional. Zeigen Sie unter Vernachlässigung der Reflexionen an den Enden des Rohres, daß die Schallintensität mit dem Abstand entlang des Rohres exponentiell abnimmt.

4.8 Hämoglobin hat eine Absorptionsbande bei 417 nm. Blut in einer 1 cm dicken optischen Zelle wird in einen Lichtstrahl dieser Wellenlänge gebracht. Die Intensität des Lichtstrahls verringert sich dabei auf ein Viertel. Bestimmen Sie den linearen Absorptionskoeffizienten.

4.9 Die Hornschicht an der Oberfläche der menschlichen Haut hat einen Absorptionskoeffizienten von $315\,\text{cm}^{-1}$ für ultraviolettes Licht der Wellenlänge 320 nm. Berechnen Sie die Anzahl Photonen, die pro Sekunde und Quadratzentimeter die Keimschicht erreichen, in der 25 μm unter der Hautoberfläche Pigmentzellen sitzen, wenn Sonnenlicht mit der Intensität $2\,\text{W}\,\text{m}^{-2}$ und der Wellenlänge 320 nm auf die Haut trifft.

4.10 In Übung 3.4 ging es darum, ob der Zusammenhang zwischen Geschwindigkeit und Zeit für ein Auto im Leerlauf exponentiell ist. Überlegen Sie sich nun, ob der Zusammenhang zwischen Geschwindigkeit und *Abstand* exponentiell ist.

4.11 Eine Wandergruppe einigt sich darauf, am Ende jedes zweiten Kilometers eine Rast einzulegen. Die erste Rast soll 5 Minuten dauern, die zweite 10, die dritte 15 und so weiter. Nimmt die *mittlere* Geschwindigkeit der Gruppe exponentiell ab? Nehmen Sie an, daß ihre Geschwindigkeit beim Gehen 5 km/h beträgt.

4.12 Nehmen Sie an, daß die Breite des wärmeleitenden Stabes aus Abschnitt 4.3 von einem Ende zum andern linear abnimmt. Wie würden Sie die Überlegungen modifizieren, um dieser Situation Rechnung zu tragen? Denken Sie, daß die Temperatur entlang des Stabes exponentiell abfallen würde?

4.13 Die Wände eines Gefrierschranks bestehen aus drei Schichten mit den Wärmeleitfähigkeiten 0.01, 0.005 und 0.5 J/(s K/m) und den Dicken 1, 20 und 1 mm. Das Innere des Gefrierschranks wird auf $-20\,°C$ gehalten, die Außentemperatur beträgt $+20\,°C$. Bauen Sie das elektrische Gegenstück dieser Anordnung auf und bestimmen Sie die Temperaturen an den beiden Schichtgrenzen.

4.14 Welche Leistung ist nötig, um die Temperaturdifferenz zwischen Innen- und Außenseite des Gefrierschranks aus Übung 4.13 aufrechtzuerhalten, wenn er eine Oberfläche von $5\,m^2$ hat?

4.15 Ein Zug von Loren, der als eine einzige lange Lore behandelt werden kann, fährt auf einem reibungsfreien Gleis. Aus einem Ladeschacht fällt Sand mit konstanter Rate von oben hinein. Erwarten Sie, daß die Geschwindigkeit der Loren mit dem zurückgelegten Abstand exponentiell abnimmt? Warum?

4.16 Der Quotient aus dem linearen Absorptionskoeffizienten in Gleichung (4.1) und der Dichte des absorbierenden Materials wird als Massenabsorptionskoeffizient bezeichnet und meist in $cm^2 g^{-1}$ angegeben. Für Gammastrahlen niedriger Energie ist diese Größe, und damit auch die auf die Masse bezogene Halbwertsdicke, annähernd unabhängig vom absorbierenden Material. Warum benutzt man dann schwere Materialien wie Eisen und Blei zur Abschirmung von Gammastrahlen und Röntgenstrahlen?

5. Exponentielle Annäherung

> Wahrheit ist Wahrheit,
> Bis ans Ende der Zeit.
>
> *William Shakespeare*

5.1 Füllen eines Wasserbehälters

Von den Beispielen der letzten Kapitel ist es nur ein kleiner Schritt zur Betrachtung anderer Situationen, in denen eine Größe exponentiell zu- oder abnimmt, dabei aber nicht gegen Null oder Unendlich geht, sondern gegen einen endlichen Wert, bei dem der Vorgang ein stabiles Gleichgewicht erreicht.

Betrachten wir zum Beispiel noch einmal den Wasserbehälter aus Abschnitt 3.1. Am Anfang stand das Wasser bis zur Höhe h_0, und wir fragten uns, wie der Wasserspiegel mit der Zeit sinken würde, wenn wir das Abflußrohr öffneten. Wir stellen uns nun das umgekehrte Problem. Wir *füllen* einen ursprünglich leeren Behälter aus einem Reservoir. Der Aufbau ist in Abb. 5.1 gezeigt. Das Reservoir ist bis zur Höhe h_0 gefüllt. Wir nehmen an, daß seine Kapazität so groß ist, daß das Füllen des Behälters keinen meßbaren Einfluß auf den Wasserspiegel im Reservoir hat. Zur Zeit $t = 0$ wird das Ventil im Rohr geöffnet, und Wasser strömt in den Behälter. Wie zuvor interessieren wir uns für den Wasserstand im Behälter zu irgendeiner späteren Zeit t.

Welches qualitative Verhalten erwarten wir? Das einströmende Wasser beginnt, den Behälter zu füllen. Mit steigendem Wasserspiegel wird jedoch der Druck am linken Ende des Rohres zunehmen. Die Druckdifferenz zwischen den Enden des Rohres wird abnehmen, und damit auch die Strömungsgeschwindigkeit des Wassers. Der zunächst rapide Anstieg des Wasserspiegels wird also

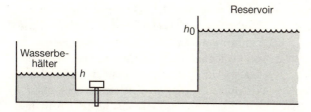

Abb. 5.1. Der Wasserbehälter wird aus einem Reservoir mit unbegrenzter Kapazität gefüllt.

immer langsamer werden und dann ganz aufhören, wenn nach langer Zeit das Wasser im Behälter auf der gleichen Höhe steht wie im Reservoir.

Betrachten wir den Vorgang nun quantitativ. Die Rate dV/dt, mit der sich das Wasservolumen im Behälter ändert, ist der Druckdifferenz zwischen den Enden des Rohres proportional. Nach (1.7) gilt $dV/dt = -F(p_2 - p_1)$, wobei F der Flußleitwert des Rohres und $p_2 - p_1$ die Druckdifferenz ist. In der betrachteten Situation ist diese Druckdifferenz $\rho g(h - h_0)$, wobei ρ die Dichte der Flüssigkeit und g die Erdbeschleunigung ist. Einsetzen ergibt $dV/dt = -F\rho g(h - h_0)$. Wie zuvor betrachten wir einen Behälter mit vertikalen Wänden und Querschnittsfläche A. Dann ist $V = Ah$ und $dV/dt = A\,dh/dt$, also

$$\frac{dh}{dt} = \frac{-F\rho g}{A}(h - h_0)\,,$$

und nach Separation der Variablen

$$\frac{dh}{h - h_0} = -\frac{F\rho g}{A}dt\,.$$

Integration ergibt

$$\ln(h - h_0) = -\frac{F\rho g}{A}t + c\,. \tag{5.1}$$

Um die Integrationskonstante c zu bestimmen, setzen wir in diese Gleichung die Anfangsbedingung ein: Der Behälter war zu Beginn leer, d.h. $h = 0$ bei $t = 0$. Damit ist $c = \ln(-h_0)$, also

$$\ln(h - h_0) = -\frac{F\rho g}{A}t + \ln(-h_0)\,.$$

Daraus erhalten wir

$$h - h_0 = -h_0\,e^{-(F\rho g/A)t}\,,$$

oder

$$\boxed{h = h_0\left(1 - e^{-(F\rho g/A)t}\right)\,.} \tag{5.2}$$

Die durchgezogene Kurve in Abb. 5.2 zeigt dieses Ergebnis graphisch. Sie bestätigt, daß der Wasserspiegel im Behälter zunächst schnell, dann immer langsamer ansteigt. Dabei nähert sich der Wasserstand dem Gleichgewichtswert h_0. Eine asymptotische Annäherung, die durch eine Gleichung derselben Form wie Gleichung (5.2) beschrieben wird, nennt man *exponentielle Annäherung*.

Die Faktoren im Exponenten von Gleichung (5.2) haben wiederum eine besondere Bedeutung. Zum Zeitpunkt $t = A/F\rho g$ ist der Exponent -1, und das Wasser ist auf den Bruchteil $1 - e^{-1}$ (oder $1 - 1/e$) der Gleichgewichtshöhe h_0 gestiegen. Diese Zeit nennt man Relaxationszeit oder Zeitkonstante der Annäherungsfunktion. Es ist die Zeit, nach der die Annäherung um $1 - 1/e$ (also etwa um 63%) fortgeschritten ist.

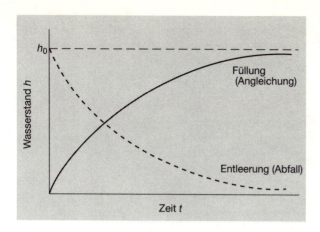

Abb. 5.2. Der Wasserstand nähert sich exponentiell h_0.

Beispiel 5.1. Zu welcher Zeit ist der Behälter zu drei Vierteln gefüllt? Nach Gleichung (5.2) ist

$$h = h_0 \left(1 - e^{-(F\rho g/A)t}\right).$$

Mit $h = 0.75 h_0$ haben wir

$$\begin{aligned} 0.75 h_0 &= h_0 \left(1 - e^{-(F\rho g/A)t}\right), \\ 0.25 &= e^{-(F\rho g/A)t}. \end{aligned}$$

Logarithmieren führt zu

$$\begin{aligned} -1.39 &\simeq -(F\rho g/A)t, \\ t &\simeq 1.39 A/F\rho g. \end{aligned}$$

Beachten Sie die Ähnlichkeit zwischen Gleichung (5.2) für die exponentielle Annäherung und Gleichung (3.2) für den exponentiellen Abfall des Wasserstandes von einer ursprünglichen Höhe h_0 im selben Wasserbehälter. Dieser Abfall ist in Abb. 5.2 als gestrichelte Kurve gezeigt. Die Zeitkonstanten sind identisch, und die Formen der Kurven sind komplementär!

Um die exponentielle Annäherung aus einem anderen Blickwinkel zu betrachten, wollen wir annehmen, daß der Behälter nicht leer ist, wenn das Ventil geöffnet wird, sondern bereits zur Höhe h_1 gefüllt. Was geschieht dann? Um das herauszufinden, gehen wir zu Gleichung (5.1) zurück und bestimmen die Integrationskonstante aus der neuen Anfangsbedingung: $h = h_1$ bei $t = 0$. Einsetzen ergibt $\ln(h_1 - h_0) = c$. Die Lösung der Differentialgleichung lautet dann

$$\ln(h - h_0) = -\frac{F\rho g}{A} t + \ln(h_1 - h_0),$$

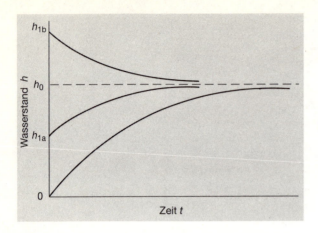

Abb. 5.3. Das Wasser erreicht immer die Höhe h_0.

oder

$$h - h_0 = (h_1 - h_0)\,e^{-(F\rho g)t}\,.$$

Auflösen nach h ergibt

$$h = h_1\,e^{-(F\rho g/A)t} + h_0\left(1 - e^{-(F\rho g/A)t}\right). \tag{5.3}$$

Der erste Term stellt den Einfluß der ursprünglichen Füllhöhe dar. Beachten Sie, daß dieser Einfluß mit der Zeit abklingt. Der zweite Term auf der rechten Seite beschreibt die exponentielle Annäherung an die Gleichgewichtshöhe h_0. Sie sehen, daß der Wasserspiegel unabhängig von der ursprünglichen Füllhöhe nach einigen Zeitkonstanten die Höhe $h = h_0$ erreicht. Abbildung 5.3 zeigt Graphen zu Gleichung (5.3) für drei verschiedene Anfangswerte des Wasserstandes: 0, h_{1a} und h_{1b}.

5.2 Aufladen eines Kondensators

In Kapitel 3 haben wir die Spannung an einem Kondensator betrachtet, der zunächst auf die Spannung U_0 gebracht wird und sich dann über einen Widerstand R entlädt. Wir wollen jetzt das dazu komplementäre Problem betrachten, das Aufladen eines Kondensators. In dem Schaltkreis in Abb. 5.4 ist der Schalter s zu Anfang offen und der Kondensator ungeladen. Der Schalter wird geschlossen, und Ladung fließt durch den Widerstand auf die obere Platte des Kondensators. Die Spannung zwischen den Platten steigt und nähert sich der Batteriespannung U_0. Wir interessieren uns für die Spannung am Kondensator zu einer Zeit t nach dem Schließen des Schalters.

Dieses Problem lösen wir nicht für Sie. Wenn Sie mitbekommen haben, worum es in diesem Buch geht, werden Sie sofort erkennen, daß das Aufladen des Kondensators dem Füllen des Wasserbehälters im letzten Abschnitt analog

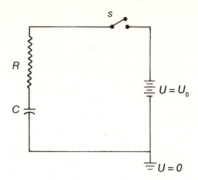

Abb. 5.4. Die Spannung am Kondensator nähert sich exponentiell U_0.

ist: Die variable Spannung U entspricht dem Wasserdruck $\rho g h$ am Boden des Behälters, die konstante Spannung U_0 der Batterie dem konstanten Druck $\rho g h_0$ am Boden des Reservoirs, der Kehrwert des Widerstandes R dem Flußleitwert F des Rohres. Wenn wir Ihnen außerdem verraten, daß die Kapazität C der Größe $A/\rho g$ beim Wasserbehälter entspricht, sollten Sie in der Lage sein, die Lösung dieses Problems durch Einsetzen der entsprechenden elektrischen Größen in Gleichung (5.2) zu finden:

$$U = U_0 \left(1 - e^{-t/RC}\right). \tag{5.4}$$

Statt einen Behälter mit Wasser bis zu einem bestimmten Druck zu füllen, füllen wir nun einen Kondensator mit Ladung bis zur einer bestimmten Spannung. Die exponentielle Annäherung ist also nicht überraschend. Die Zeitkonstante des Aufladevorgangs ist das Produkt RC, genau wie beim Entladevorgang in Abschnitt 3.2.

Für den Fall, daß der Kondensator zu Anfang bereits teilweise geladen ist, können wir wie im letzten Abschnitt vorgehen und zu einer Gleichung ähnlich (5.3) kommen. Durch Analogieschluß können wir feststellen, daß sich die Spannung immer exponentiell dem Wert U_0 nähern wird, ganz gleich, ob der Kondensator zu Beginn ungeladen, teilweise geladen oder sogar mit höherer Spannung geladen war.

Beispiel 5.2. Eine Studentin mißt die Kapazität eines Kondensators in einem Schaltkreis wie in Abb. 5.4, mit einem $1\,\text{M}\Omega$-Widerstand und einer $48\,\text{V}$-Batterie. Sie stellt mit einem statischen Voltmeter fest, daß die Spannung am Kondensator $5\,\text{s}$ nach Schließen des Schalters $33\,\text{V}$ beträgt. Wie groß ist die Kapazität?

Nach Gleichung (5.4) haben wir

$$U = U_0 \left(1 - e^{-t/RC}\right).$$

In diesem Beispiel ist $U = 33\,\text{V}$, $U_0 = 48\,\text{V}$, $t = 5\,\text{s}$ und $R = 10^6\,\Omega$. Also ist

$$33\,\text{V} = 48\,\text{V}\,(1 - e^{-5\,\text{s}/(10^6\,\Omega\cdot\text{C})})\,,$$
$$15 = 48\,e^{-5\,\text{s}/(10^6\,\Omega\cdot\text{C})}\,,$$
$$\ln\left(\frac{15}{48}\right) = -5\,\text{s}\,/(10^6\,\Omega\cdot C)\,,$$
$$-1.16 \simeq -5s/(10^6\,\Omega\cdot C)\,,$$
$$C \simeq 4.3\cdot 10^{-6}\,\text{F}\,.$$

5.3 Erhitzen eines Metallstücks

Um die Wasserbehälteranalogie auf einen weiteren Fall auszudehnen, betrachten wir den experimentellen Aufbau in Abb. 5.5. Ein Metallstück, dessen Temperatur zu Anfang 0°C beträgt, ist mit einem Metallstab mit der Wärmeleitfähigkeit K verbunden. Metallstück und Stab sind mit wärmeisolierendem Material umgeben, so daß das Metallstück Wärme nur über den Stab aufnehmen oder abgeben kann. Zur Zeit $t = 0$ wird das rechte Ende des Stabes in thermischen Kontakt mit einem Reservoir gebracht, das kochendes Wasser bei 100°C enthält. Wir interessieren uns für die Temperatur des Metallstücks zu irgendeiner späteren Zeit t.

Wir haben hier einen thermischen Aufbau, der dem Füllen des Wasserbehälters und dem Aufladen des Kondensators analog ist. Müssen wir noch lange nachdenken, was passieren wird? Natürlich nicht. Mit Hilfe der Analogie zwischen diesem Problem und den letzten beiden können wir sofort schließen, daß die Temperatur sich gemäß der allgemeinen Gleichung $T = 100\,°\text{C}\,(1-e^{-t/\tau})$ dem Wert 100°C exponentiell nähern wird, wobei wir die Zeitkonstante τ erst noch bestimmen müssen.

Dazu sehen wir uns noch einmal die Zeitkonstante RC für die Auflading des Kondensators an. Können wir die thermischen Entsprechungen für die Faktoren R und C in diesem Ausdruck finden? Ja, das können wir. Wenn die elektrische

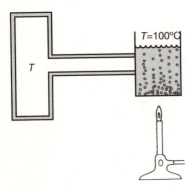

Abb. 5.5. Die Temperatur des Metallstücks nähert sich exponentiell 100°C.

Kapazität des Kondensators C (in CV^{-1}) angibt, welche Ladung man auf den Kondensator aufbringen muß, um die Spannung um ein Volt zu erhöhen, dann ist die thermische Kapazität Γ des Metallstücks die Wärmeenergie, die man braucht, um die Temperatur um ein Grad zu erhöhen – also die Wärmekapazität. Die thermische Entsprechung zum elektrischen Widerstand R ist der thermische Widerstand des Stabes, der Kehrwert seines Wärmeleitwertes K. Die Zeitkonstante τ des Wärmeflusses ist dann $\tau = \Gamma/K$, und die Gleichung für die thermische Angleichung lautet

$$T = 100\,°C\,\left(1 - e^{-(K/\Gamma)t}\right)\,. \tag{5.5}$$

5.4 Grenzgeschwindigkeit

In einer Ihrer ersten Physikvorlesungen haben Sie gelernt, daß die Geschwindigkeit eines fallenden Körpers gleichmäßig steigt, bis er aufprallt. Das tut sie aber nur im Vakuum. In Luft, Wasser oder irgendeinem anderen viskosen Medium wird der Körper nur so lange beschleunigt, bis der Reibungswiderstand des Mediums eine Gegenkraft ausübt, die der Schwerkraft gleich ist. Danach fällt der Körper mit einer konstanten Geschwindigkeit, der sogenannten *Grenzgeschwindigkeit*.

Nennen wir die Masse des Körpers m, und nehmen wir an, daß die Reibungskraft der Geschwindigkeit v des Körpers proportional ist. Die Newtonsche Bewegungsgleichung sagt dann aus, daß das Produkt der Masse des Körpers und seiner Beschleunigung gleich der Summe der Kräfte ist, die auf ihn wirken. Dies ist zum einen die abwärtsgerichtete Schwerkraft mg, zum anderen die aufwärtsgerichtete Reibungskraft wv, wobei w eine Proportionalitätskonstante ist, die von Größe und Form des Körpes sowie von Viskosität und Kompressibilität des Mediums abhängt. Wenn wir die y-Achse in Richtung der Vertikalen legen, lautet die Bewegungsgleichung

$$-m\frac{d^2y}{dt^2} = -mg + wv\,, \tag{5.6}$$

wobei das Minuszeichen anzeigt, daß Gravitationskraft und -beschleunigung nach unten gerichtet sind. Wenn wir durch m teilen und d^2y/dt^2 durch dv/dt ersetzen, erhalten wir

$$-\frac{dv}{dt} = -g + \frac{w}{m}v\,.$$

Die Lösung dieser Differentialgleichung lautet

$$v = \frac{m}{v}g + c\,e^{-(w/m)t}\,,$$

wobei c die Integrationskonstante ist. Wenn der Körper zu Anfang in Ruhe war, lautet die Anfangsbedingung $v = 0$ bei $t = 0$. Einsetzen ergibt dann

$$\boxed{v = \frac{m}{w}g\left(1 - \mathrm{e}^{-(w/m)t}\right)} .\tag{5.7}$$

Diese Gleichung besagt, daß die Fallgeschwindigkeit des Körpers zunimmt und sich exponentiell dem Grenzwert $(m/w)g$ nähert.

Wir wissen, daß der Körper mit der Beschleunigung g fällt, solange die Reibungskraft vernachlässigbar ist. Prüfen wir nach, ob das mit Gleichung (5.7) konsistent ist! Durch Ableiten erhalten wir:

$$a = \frac{\mathrm{d}v}{\mathrm{d}t} = -\frac{m}{w}g\frac{w}{m}\mathrm{e}^{-(w/m)t} .$$

Für sehr kleine Werte von t ist also die Beschleunigung in der Tat durch g gegeben. Sie verschwindet für sehr hohe Werte von t; der Körper hat dann seine Grenzgeschwindigkeit erreicht.

Beispiel 5.3. Eine Lokomotive mit einer Masse von 250 Tonnen zieht einen Zug von 50 Güterwaggons mit je 100 Tonnen. Die Lokomotive zieht mit einer konstanten Kraft von $5 \cdot 10^5$ N; jeder Güterwaggon setzt der Bewegung eine Kraft von $(1000 + v \cdot 500\,\mathrm{m}^{-1}\mathrm{s})$ N entgegen. Wie hoch ist die Grenzgeschwindigkeit des Zuges? Mit welcher Zeitkonstante verläuft die Annäherung an diese Grenzgeschwindigkeit?

Die Bewegungsgleichung lautet

$$\text{Masse} \cdot \text{Beschleunigung} = \text{Zugkraft} - \text{Reibungskraft} ,$$

also[1]

$$(250 \cdot 10^3 + 50 \cdot 100 \cdot 10^3)\frac{\mathrm{d}v}{\mathrm{d}t} = 5 \cdot 10^5 - 50(1000 + 500v) ,$$
$$5250\frac{\mathrm{d}v}{\mathrm{d}t} = (450 - 25v) .$$

Umordnen und Multiplizieren mit 25 ergibt

$$\frac{-25\mathrm{d}v}{450 - 25v} = \frac{-\mathrm{d}t}{210} .$$

Integration führt auf

$$\ln(450 - 25v) = \frac{-t}{210} + c .$$

Die Integrationskonstante c bestimmen wir aus $v = 0$ bei $t = 0$ zu $c = \ln 450$. Damit ist

$$\ln(450 - 25v) = \frac{-t}{210} + \ln 450 ,$$
$$450 - 25v = 450\,\mathrm{e}^{-t/210} ,$$
$$v = 18\left(1 - \mathrm{e}^{-t/210}\right) .$$

---

[1] Anmerkung des Übersetzers: Die Einheiten sind der Übersichtlichkeit halber weggelassen.

Aus dieser Gleichung ersehen wir, daß die Zeitkonstante 210 s und die Grenzgeschwindigkeit 18 m s^{-1} beträgt.

Dieser Abschnitt sollte Ihnen zeigen, daß exponentielle Annäherung nicht auf Situationen beschränkt ist, in denen ein Behälter mit Wasser, ein Kondensator mit Ladung oder ein thermischer Kondensator mit Wärme gefüllt wird. Sie könnten die Analogie weitertreiben und sagen: „Aber der fallende Körper wird doch mit Geschwindigkeit gefüllt!" Wir behaupten aber, daß das Problem der Grenzgeschwindigkeit sich deutlich von den anderen dreien unterscheidet, die einander offensichtlich analog sind.

Weitere Beispiele exponentieller Annäherung tauchen in anderen physikalischen Situationen auf. Wenn zum Beispiel eine Wechselspannung an einen Stromkreis angelegt wird, dauert es manchmal einige Perioden, bis der Wechselstrom sich exponentiell seinem stationären Wert annähert. Ein mechanisches Pendel, das von einer bestimmten Art von Hemmung angetrieben wird, nähert sich auch exponentiell seiner stationären Schwingungsamplitude.

Die exponentiellen Wachstums-, Zerfalls- und Annäherungsvorgänge, die wir in diesem und den vorangehenden Kapiteln diskutiert haben, decken einen großen Teil der Physik ab. Wir sind nun soweit, daß wir dieses Thema eine Weile ruhen lassen können, aber wir werden darauf zurückkommen.

Übungen

5.1 Leiten Sie durch Analogieschluß aus Gleichung (5.3) die Gleichung für die Aufladung eines zu Anfang teilweise geladenen Kondensators her.

5.2 Zeigen Sie, daß sich die Füllkurve und die Entleerungskurve in Abb. 5.2 ungefähr bei der Zeit $0.69 A/F\rho g$ kreuzen.

5.3 In einen anfangs leeren Wasserbehälter mit Querschnittsfläche A fließt Wasser mit einer konstanten Rate I (in m^3 s^{-1}). Gleichzeitig fließt am Boden unter dem Einfluß der Schwerkraft Wasser durch ein horizontales Rohr mit dem Flußleitwert F ab. Zeigen Sie, daß die Höhe des Wassers zu einer späteren Zeit t durch

$$h = \frac{I}{F\rho g}(1 - e^{-(F\rho g/A)t})$$

gegeben ist. Auf welcher Höhe wird sich der Wasserspiegel stabilisieren?

5.4 Nehmen Sie an, die Reibungskraft auf einen fallenden Körper sei proportional zum *Quadrat* seiner Geschwindigkeit. Wie würden Sie die Herleitung in Abschnitt 5.4 modifizieren? Wäre die Annäherung an die Grenzgeschwindigkeit exponentiell?

5.5 Zeigen Sie durch Ableiten und Einsetzen, daß (5.7) eine Lösung der Differentialgleichung (5.6) ist.

5.6 Welche Zeitkonstante ergibt sich, wenn ein 0.001 µF-Kondensator über einen 1 MΩ-Widerstand entladen wird?

5.7 Nehmen Sie in Abb. 5.4 einen zusätzlichen Widerstand R' an, der parallel zum Kondensator liegt. Zeigen Sie, daß sich der Kondensator dann gemäß

$$U = \frac{U_0 R'}{R + R'} \left(1 - e^{-(1/RC + 1/R'C)t}\right)$$

auflädt.

5.8 Ein Schiff hat eine Masse von $5 \cdot 10^6$ kg. Seine Motoren und Propeller erzeugen einen konstanten Schub von $2 \cdot 10^6$ N. Der Widerstand des Wassers gegen die Bewegung des Schiffes ist der Geschwindigkeit proportional und beträgt $2.5 \cdot 10^5 v$ N m^{-1} s. Welche Grenzgeschwindigkeit erreicht das Schiff? Mit welcher Zeitkonstante findet die Annäherung an diese Grenzgeschwindigkeit statt?

5.9 Zwischen 1910 und 1972 war die Kohleproduktion der USA ungefähr mit $5 \cdot 10^{11}$ kg/Jahr konstant. 1972 gab der US-Senat eine Studie über die verbleibenden Kohlevorkommen in den USA in Auftrag. Der gesamte Vorrat an Kohle wurde auf einen Höchstwert von $1436 \cdot 10^{12}$ kg und einen Tiefstwert von $340 \cdot 10^{12}$ kg geschätzt. Mit welcher Rate müßte die Kohleförderung in den USA seit 1972 abnehmen, damit diese Bodenschätze „für immer" reichen? *Hinweis:* Setzen Sie als Förderrate $r = r_0 e^{-(r_0/R)t}$ an, wobei R das gesamte Kohlevorkommen ist.

5.10 Der Wasserbehälter in Abschnitt 5.1 soll aus einem kleinen Resevoir gefüllt werden, dessen Wasserspiegel sich bei der Füllung merklich ändert. Wie muß die Herleitung von Gleichung (5.2) modifiziert werden?

5.11 Nennen Sie mindestens zwei weitere, hier nicht behandelte physikalische Vorgänge, bei denen eine exponentielle Annäherung an den Endzustand stattfindet.

5.12 Eine ursprünglich reine Probe eines radioaktiven Isotops mit sehr langer Lebensdauer zerfällt mit einer im wesentlichen konstanten Rate d. Dabei entsteht ein radioaktives Produkt mit sehr kurzer Lebensdauer und einer Zerfallskonstante α. Wenn sich ein Gleichgewicht eingestellt hat, wird auch dieses Produkt mit der Rate d zerfallen. Zeigen Sie, daß die Anzahl n der kurzlebigen Kerne zur Zeit t durch

$$n = \frac{d}{\alpha}(1 - e^{-\alpha t})$$

gegeben ist.

5.13 Die Gleichung $N = N_0(1 + b)/(1 + b e^{-kt})$ wird manchmal benutzt, um das Wachstum von Organismen und Populationen zu beschreiben, deren Umgebung mit begrenzter Rate Nahrung zur Verfügung stellt. Der Wert von N ist anfangs N_0 und nähert sich dann asymptotisch $N_0(1 + b)$. Zeigen Sie, (a) daß das Wachstum bei genügend kleinem N näherungsweise exponentiell ist und (b) daß die Wachstumsrate maximal ist, wenn N die Hälfte seines Endwertes erreicht hat. Vergleichen Sie Abschnitt 2.5 und Abb. 2.6. Tragen Sie N gegen t auf.

6. Schwingungen

> Es scheint, als beschäftige sich der Mathematiker, mitgeschwemmt von einer Flut von Symbolen, mit rein formalen Wahrheiten; dennoch sind seine Ergebnisse zuweilen für unsere Beschreibung des physikalischen Universums von unendlicher Wichtigkeit.
>
> *Karl Pearson*

6.1 Analogien

Wir hoffen, daß Sie bei unserer bisherigen Beschäftigung mit Analogien in der Physik festgestellt haben, daß eine Analogie eine konsistente Ähnlichkeit zwischen Gleichungen und Strukturen in zwei oder mehr Wissensgebieten ist, und daß das Erkennen dieser Ähnlichkeiten es ermöglicht, Wissen über Strukturen und geeignete mathematische Methoden aus einem vertrauten Gebiet auf ein weniger bekanntes zu übertragen.

Analogrechner sind Geräte, die zur Problemlösung Analogien zwischen den untersuchten Größen und den im Gerät steuerbaren Größen ausnutzen. Der im siebzehnten Jahrhundert erfundene Rechenschieber war wahrscheinlich die erste weitverbreitete analoge Rechenhilfe. Andere Analogrechner für Spezialanwendungen sind das Planimeter, verschiedene Simulatoren und Skalenmodelle. Die Steuersysteme einer Ölraffinerie und der Autopilot eines Flugzeuges weisen viele Eigenschaften eines universellen Analogrechners auf.

Das Gebiet der Schwingungen ist besonders reich an Analogien. Wie wir noch zeigen werden, haben alle Oszillatoren, seien sie mechanisch, elektrisch, akustisch oder elektromagnetisch, bestimmte strukturelle Eigenschaften und Verhaltensmerkmale gemeinsam. Ziel dieses Kapitels ist es, diese Ähnlichkeiten herauszuarbeiten. Wenn Sie dann später einmal einen bestimmten Oszillator betrachten, zum Beispiel ein Pendel, werden Sie darin nicht nur eine spezielle mechanische Apparatur sehen, sondern auch ein Mitglied einer viel größeren und umfassenderen Familie, deren unzählige Vertreter von einem schwingenden zweiatomigen Molekül bis zu einem expandierenden und sich kontrahierenden Cephei-Stern reichen.

6.2 Ungedämpfte Schwingungen

Betrachten Sie einen einfachen Schwinger der Masse m an einer Feder, die an einem Haken an der Decke hängt. Sie ziehen die Masse ein kurzes Stück herunter und lassen sie dann los. Die Masse schwingt daraufhin lange Zeit auf und ab. Was charakterisiert diese Bewegung? Nun, die *Amplitude* der Schwingung können Sie bestimmen; sie hängt davon ab, wie weit Sie die Masse zu Anfang herunterziehen. Auf die *Frequenz* der Schwingung haben Sie dagegen keinen Einfluß. Die Masse zeigt sich eigenwillig entschlossen, mit ihrer eigenen Frequenz zu schwingen, die man daher die *Eigenfrequenz* f_e nennt.

Analysieren wir die Situation mathematisch. In Abb. 6.1 möge die Ruhelage der Masse bei $y = 0$ sein, mit der y-Achse in Richtung der Schwingung. Die Newtonsche Bewegungsgleichung besagt, daß die Summe der Kräfte, die auf die Masse wirken, zu jedem Zeitpunkt gleich der Masse mal der Beschleunigung ist. In diesem Fall wirkt auf die Masse die rücktreibende Kraft der Feder, $-ky$, wobei k die Federkonstante und y die vertikale Auslenkung der Masse aus ihrer Ruhelage ist. Die Federkonstante ist die Kraft, die man zur Ausdehnung oder Kompression der Feder um eine Längeneinheit braucht. Wir nehmen an, daß diese Konstante im Bereich der betrachteten Auslenkungen tatsächlich konstant ist. Das Minuszeichen zeigt an, daß die rücktreibende Kraft der Auslenkung entgegengesetzt ist. Da wir unseren Bezugspunkt bei $y = 0$ so gewählt haben, daß die Federkraft dort gerade die Schwerkraft ausgleicht, müssen wir die Schwerkraft im folgenden nicht berücksichtigen.

Die Bewegungsgleichung lautet

$$-ky = m\frac{\mathrm{d}^2 y}{\mathrm{d}t^2} \, .$$

Die Lösung dieser Differentialgleichung zweiter Ordnung ist

$$y = c_1 \, \mathrm{e}^{\mathrm{i}\sqrt{k/m}\,t} + c_2 \, \mathrm{e}^{-\mathrm{i}\sqrt{k/m}\,t} \, ,$$

mit $i = \sqrt{-1}$; c_1 und c_2 sind Integrationskonstanten. Daß diese Funktion tatsächlich die Bewegungsgleichung löst, kann durch zweifaches Ableiten und Einsetzen nachgeprüft werden. Mit $\mathrm{e}^{\mathrm{i}\phi} = \cos\phi + \mathrm{i}\sin\phi$ erhalten wir daraus

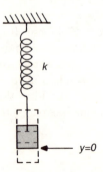

Abb. 6.1. Die Masse schwingt auf und ab.

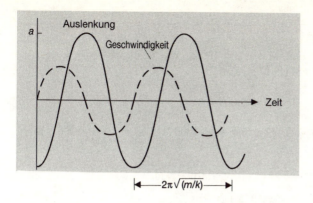

Abb. 6.2. Die Auslenkung eines mechanischen Oszillators (durchgezogene Kurve) eilt der Geschwindigkeit (gestrichelte Kurve) um eine Viertelperiode nach.

$$y = (c_1 + c_2)\cos(\sqrt{k/m}\,t) + (c_1 - c_2)\,i\sin(\sqrt{k/m}\,t)\,.$$

Wenn wir als Anfangsbedingung fordern, daß die Masse zur Zeit $t = 0$ in Ruhe ist ($dy/dt = 0$) und dann losgelassen wird, erhalten wir die spezielle Lösung

$$y = (c_1 + c_2)\cos(\sqrt{k/m}\,t)\,.$$

Das ist die Gleichung einer ungedämpften linearen harmonischen Schwingung mit Amplitude $c_1 + c_2$ und Eigenfrequenz $f_e = \sqrt{k/m}/2\pi$. Wenn wir $c_1 + c_2$ durch das für die Amplitude übliche Symbol a ersetzen, erhalten wir schließlich

$$\boxed{y = a\cos(\sqrt{k/m}\,t)\,.} \qquad (6.1)$$

Wie Sie sehen, wird die Eigenfrequenz durch die Konstanten des Systems bestimmt; die Amplitude a können Sie dagegen frei wählen. Die Auslenkung der Masse ist in Abb. 6.2 als Funktion der Zeit aufgetragen, beginnend mit dem Zeitpunkt $t = 0$, zu dem die Masse losgelassen wird (durchgezogene Kurve). Die Geschwindigkeit der Masse erhalten wir, indem wir den Ausdruck (6.1) für die Auslenkung ableiten:

$$\boxed{v = -a\sqrt{k/m}\,\sin(\sqrt{k/m}\,t)\,.} \qquad (6.2)$$

Die Geschwindigkeit ist als gestrichelte Kurve in Abb. 6.2 aufgetragen. Beachten Sie, daß die Auslenkung der Geschwindigkeit genau um eine Viertelperiode nacheilt. Bei maximaler Geschwindigkeit verschwindet die Auslenkung, und die Masse schwingt durch den Mittelpunkt ihrer Bewegung. Bei maximaler Auslenkung verschwindet die Geschwindigkeit, und die Masse ist am äußersten Punkt der Bewegung.

Beispiel 6.1. Eine Feder dehnt sich unter der Kraft 1000 N um 1 cm. Mit welcher Periode schwingt eine Masse von 100 kg, die an dieser Feder hängt?
Die Schwingungsperiode ist $1/f_e$, also

$$T = 2\pi\sqrt{m/k}\,.$$

In diesem Beispiel ist $m = 100\,\text{kg}$ und $k = 1000\,\text{N}/0.01\,\text{m} = 100\,000\,\text{N}\,\text{m}^{-1}$. Damit erhalten wir

$$\begin{aligned} T &= 2\pi\sqrt{100\,\text{kg}/100\,000\,\text{N}\,\text{m}^{-1}} \\ &= 2\pi\sqrt{0.001\,\text{s}^2} \\ &\simeq 0.20\,\text{s}\,. \end{aligned}$$

Diese Merkmale sind charakteristisch für harmonische Oszillatoren. Ein Oszillator ist ein Gerät oder System, dessen Verhalten sich zyklisch wiederholt. „Harmonisch" bedeutet, daß eine sinusförmige Zeitabhängigkeit vorliegt. Der aus Feder und Masse bestehende Schwinger ist offensichtlich solch ein System, ebenso wie eine vibrierende Stimmgabel, ein elektrischer Schwingkreis mit Kondensator und Spule, eine tönende Orgelpfeife, ein schwingendes zweiatomiges Molekül, ein Güterwaggon, der hin- und herwackelt, nachdem er über eine Unebenheit in den Gleisen gefahren ist, und ein mathematisches Pendel. Es gibt auch eine Menge oszillierende Bewegungen, die *nicht* harmonisch sind: die Bewegung eines Stockes, der an den Pfählen eines Holzzauns entlangklappert, die Bewegung einer Violinsaite, die eine sägezahnförmige Schallwelle aussendet, die Bewegung eines Elektronenstrahls, der das Raster eines Bildschirms überstreicht, die Bewegung der Hemmung einer mechanischen Uhr. Dies alles sind Beispiele *anharmonischer* Oszillationen.

In diesem Kapitel werden wir nur harmonische Schwingungen betrachten, da ihre mathematische Behandlung einfacher ist. Außerdem beinhalten sie die grundlegenden Prinzipien, auf denen alle Arten von Schwingungen beruhen.

Was bringt den Schwinger aus Masse und Feder nun dazu, seine Bewegung zyklisch zu wiederholen? Vom Tiefpunkt der Bewegung aus beschleunigt die Masse bis zur Ruhelage, weil die aufwärtsgerichtete Federkraft größer ist als die Gewichtskraft der Masse. Wenn die Masse durch die Ruhelage schwingt, ist die Federkraft genau gleich der Gewichtskraft, und die Beschleunigung zu diesem Zeitpunkt ist null. Die Masse hat jedoch einen Impuls, der sie über die Ruhelage hinausträgt. Oberhalb der Ruhelage übt die komprimierte Feder eine abwärtsgerichtete Kraft auf die Masse aus, so daß sie abgebremst wird und für einen Moment zum Stillstand kommt, bevor sie abwärts schwingt.

Zwei Elemente halten also die Schwingung dieses Systems in Gang: eine rücktreibende Kraft, die die Masse zur Ruhelage zurückbringen will, wenn sie ausgelenkt wird, und eine Masse, deren Impuls das Durchschwingen bewirkt.

Rücktreibende Kraft und Masse finden sich in allen oszillierenden mechanischen Systemen. Ihre analogen Entsprechungen, Steifigkeit und Trägheit, gibt es in allen nicht-mechanischen Oszillatoren. Tabelle 6.2 verdeutlicht diese Entsprechungen an Oszillatoren verschiedener Art: mechanischen, elektrischen und akustischen.

All diese Oszillatoren haben ähnliche Eigenschaften. Es bedarf einer anfänglichen Einwirkung, um sie in Gang zu bringen. Sie besitzen irgendeine Form von Steifigkeit, die das System immer wieder in die Ruhelage bringt, und irgendeine Form von Trägheit, die dazu führt, daß die Schwingung jedesmal wieder über die Ruhelage hinausführt. Außerdem enthält die Eigenfrequenz der Schwingung jedesmal die Wurzel aus dem Verhältnis von Steifigkeit zu Trägheit.

Eine Schwingung ist immer dann harmonisch, wenn die rücktreibende Kraft der Auslenkung des Systems proportional und zur Ruhelage hin gerichtet ist. Das kann man durch eine Untersuchung ähnlich der für den Schwinger aus Masse und Feder allgemein zeigen.

In all diesen Fällen wird das System mit einer Anfangsenergie versehen, wenn die Schwingung in Gang gesetzt wird. Diese Energie wechselt dann im Verlauf der Schwingung immer wieder zwischen potentiellen und kinetischen Formen. Im Falle eines mathematischen Pendels ist zum Beispiel die Energie vollständig potentiell, wenn die Masse am Endpunkt der Schwingung ist, und vollständig kinetisch, wenn die Masse durch die Ruhelage schwingt. Zu anderen Zeiten ist die Energie zum Teil potentiell und zum Teil kinetisch, und die Verteilung ändert sich ständig. Die *Gesamtenergie* des Systems ist jedoch konstant.

6.3 Gedämpfte Schwingungen

Im vorhergehenden Abschnitt haben wir die in den meisten oszillierenden Systemen auftretende Reibung vernachlässigt, die zu einem Abklingen der Amplitude führt. Bei einem wirklichen Pendel tritt Luftreibung auf, und möglicherweise in dem Faden, an dem die Masse hängt, Hysterese. Die Zinken einer Stimmgabel senden Schall aus, was zu Reibungsverlusten führt. Ein elektrischer Schwingkreis verliert Energie sowohl in den internen Widerständen als auch durch Abstrahlung. Nahezu die einzigen in der Natur vorkommenden Fälle völlig ungedämpfter Schwingung sind die Schwingungen mehratomiger Moleküle und die Schwingungen von Atomen in einem Medium, durch das Strahlung ohne Absorptionsverluste hindurchtritt.

Wir wollen nun den Einfluß von Reibung auf eine Schwingung genauer untersuchen. Wir kehren zu dem System von Masse und Feder zurück und nehmen an, daß die Masse sich in einem Gefäß mit einer Flüssigkeit befindet, deren Dichte und Viskosität der Bewegung Widerstand entgegensetzen. Zusätzlich zu dem Term, der die rücktreibende Kraft darstellt, muß die Bewegungsgleichung nun einen Term enthalten, der die Reibungskraft beschreibt. Nehmen wir an, daß die Reibungskraft zu jedem Zeitpunkt der Geschwindigkeit proportional ist. Dann ist der Reibungsterm

Tabelle 6.1. Vergleich einiger oszillierender Systeme

	Schwinger	Torsionspendel	Saite
Anregung	Masse herunterziehen und loslassen	Scheibe drehen und loslassen	Saite zupfen [a]
Eigenfrequenz	$\dfrac{1}{2\pi}\sqrt{\dfrac{k}{m}}$	$\dfrac{1}{2\pi}\sqrt{\dfrac{\tau}{I}}$	$\dfrac{1}{2l}\sqrt{\dfrac{Z}{\mu}}$ für die Grundschwingung
Steifigkeit	Federkonstante k	Torsionskonstante τ des Drahtes	Zugkraft Z in der Saite
Trägheit	Masse	Trägheitsmoment I der Scheibe	Längendichte μ der Saite

[a] Die Saite schwingt nach dem Anzupfen mit mehreren Frequenzen gleichzeitig. Die höheren Frequenzen klingen jedoch schneller ab, so daß die gezeigte Grundschwingung mit der Zeit überwiegt.

Tabelle 6.1. Fortsetzung

	Schwingkreis	Echokammer	Pendel
Anregung	Schalter schließen, dann öffnen. Ladung oszilliert durch die Spule zwischen den Platten des Kondensators.	Knallkörper in der Kammer explodieren lassen [b]	Masse auslenken und loslassen
Eigenfrequenz	$\dfrac{1}{2\pi}\sqrt{\dfrac{1/C}{L}}$	$\dfrac{1}{4l}\sqrt{\dfrac{E}{\rho}}$	$\dfrac{1}{2\pi}\sqrt{\dfrac{mg/l}{m}}$ $= \dfrac{1}{2\pi}\sqrt{\dfrac{g}{l}}$
Steifigkeit	Kehrwert der Kapazität, $1/C$	adiabatische Volumenelastizität E des Gases in der Kammer	Rücktreibende Kraft pro Auslenkung [c], mg/l
Trägheit	Induktivität L der Spule	Dichte ρ des Gases in der Kammer	Masse

[b] Die Explosion erzeugt ein breites Frequenzspektrum. Die Wände reflektieren jedoch nicht ideal, und wie bei der Saite klingen die höheren Frequenzen schneller ab, bis nur noch das Echo mit der tiefstmöglichen Frequenz übrigbleibt. Diese Methode, eine Oszillation in Gang zu setzen, bezeichnet man als Stoßanregung.

[c] Nur für kleine x läßt sich die rücktreibende Kraft $mg \sin\theta$ durch $(mg/l)x$ nähern.

$$-rv = -r\frac{dy}{dt},$$

wobei r eine Konstante ist, die von Dichte und Viskosität der Flüssigkeit, von Größe und Form der Masse sowie von der Nähe der Seitenwände des Gefäßes abhängt. Wir nehmen an, daß r im Bereich der auftretenden Geschwindigkeiten tatsächlich konstant ist. Die Bewegungsgleichung lautet dann

$$-ky - r\frac{dy}{dt} = m\frac{d^2y}{dt^2},$$

und die Lösung lautet

$$\begin{aligned} y &= c_1 \exp\left[\left(-\frac{r}{2m} + \sqrt{\frac{r^2}{4m^2} - \frac{k}{m}}\right)t\right] \\ &+ c_2 \exp\left[\left(-\frac{r}{2m} - \sqrt{\frac{r^2}{4m^2} - \frac{k}{m}}\right)t\right]. \end{aligned} \quad (6.3)$$

Wie zuvor kann die Lösung verifiziert werden, indem man die Ableitungen berechnet und sie in die Bewegungsgleichung einsetzt. Gleichung (6.3) kann zu drei verschiedenen Ergebnissen führen, je nachdem, ob der Ausdruck unter der Wurzel positiv, null oder negativ ist. Wir betrachten diese drei Fälle getrennt und interpretieren sie physikalisch.

Fall I: Die Flüssigkeit ist sehr viskos, r ist groß, und $r^2/4m^2$ ist größer als k/m. In diesem Fall ist der Ausdruck unter der Wurzel positiv, jedoch kleiner als $r^2/4m^2$. Die Wurzel selbst ist also positiv und kleiner als $r/2m$. Die Argumente der Exponentialfunktion sind also in beiden Termen von Gleichung (6.3) negativ, und die Lösung ist einfach die Summe zweier abklingender Exponentialfunktionen. Nachdem die Masse ausgelenkt und losgelassen wird, kehrt sie, durch die Viskosität der Flüssigkeit gebremst, schwerfällig in ihre Ruhelage zurück. Sie schwingt gar nicht über die Ruhelage hinaus. Die gestrichelte Linie in Abb. 6.3 zeigt dieses Verhalten, das man *überkritisch gedämpft* nennt.

Fall II: Reibung, Federkonstante und Masse sind so aufeinander abgestimmt, daß $r^2/4m^2$ genau gleich k/m ist. In diesem Fall verschwindet der Ausdruck unter der Wurzel in Gleichung (6.3), und die Lösung vereinfacht sich zu[1]

$$y = (c_1 + c_2)\, e^{-(r/2m)t}. \quad (6.4)$$

Die Lösung ist wieder eine abklingende Exponentialfunktion, jedoch mit einer kleineren Zeitkonstante als in Fall I. Wieder schwingt die Masse nicht, sondern

---

[1]Anmerkung des Übersetzers: Eine lineare Differentialgleichung zweiter Ordnung hat immer zwei linear unabhängige Lösungen. Hier fallen die beiden exponentiellen Lösungen zusammen; die zweite Lösung lautet in diesem Fall

$$y = c\, t\, e^{-(r/2m)t}$$

mit beliebiger Konstante c, wie man wiederum durch Ableiten und Einsetzen nachprüfen kann.

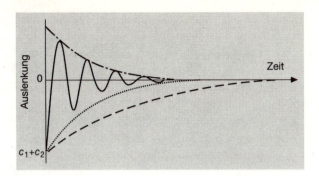

Abb. 6.3. Ob ein gedämpfter Oszillator über seine Ruhelage hinausschwingt, hängt von der Dämpfung ab. Gestrichelte Kurve: Überdämpfung (Fall I); punktierte Kurve: kritische Dämpfung (Fall II); durchgezogene Kurve: Unterdämpfung (Fall III); strichpunktierte Kurve: Einhüllende.

kehrt exponentiell in die Ruhelage zurück, wenn sie ausgelenkt und losgelassen wird. Fall II ergibt jedoch die schnellstmögliche Rückkehr ohne Überschwingen. Die punktierte Linie in Abb. 6.3 zeigt dieses Verhalten, das man als *kritisch gedämpft* bezeichnet.

Fall III: Die Flüssigkeit ist dünnflüssig, und $r^2/4m^2$ ist kleiner als k/m. Der Ausdruck unter der Wurzel ist negativ, die Wurzel selbst also imaginär. Aus der Lösung (6.3) wird dann

$$y = c_1 \exp\left[\left(-\frac{r}{2m} + i\sqrt{\frac{k}{m} - \frac{r^2}{4m^2}}\right)t\right] + c_2 \exp\left[\left(-\frac{r}{2m} - i\sqrt{\frac{k}{m} - \frac{r^2}{4m^2}}\right)t\right].$$

Mit $e^{i\phi} = \cos\phi + i\sin\phi$ wird daraus

$$\begin{aligned}
y &= c_1 e^{-(r/2m)t}\left\{\cos\left[\sqrt{\left(\frac{k}{m} - \frac{r^2}{4m^2}\right)}t\right] + i\sin\left[\sqrt{\left(\frac{k}{m} - \frac{r^2}{4m^2}\right)}t\right]\right\} \\
&+ c_2 e^{-(r/2m)t}\left\{\cos\left[\sqrt{\left(\frac{k}{m} - \frac{r^2}{4m^2}\right)}t\right] - i\sin\left[\sqrt{\left(\frac{k}{m} - \frac{r^2}{4m^2}\right)}t\right]\right\} \\
&= (c_1 + c_2) e^{-(r/2m)t}\cos\left[\sqrt{\left(\frac{k}{m} - \frac{r^2}{4m^2}\right)}t\right] \\
&+ i(c_1 + c_2) e^{-(r/2m)t}\sin\left[\sqrt{\left(\frac{k}{m} - \frac{r^2}{4m^2}\right)}t\right].
\end{aligned}$$

Wieder wollen wir eine spezielle Lösung suchen, die der Bedingung genügt, daß die Masse zur Zeit $t = 0$ in Ruhe ist und dann losgelassen wird. Die Situation kann dann durch die Gleichung

$$y = (c_1 + c_2) e^{-(r/2m)t}\cos\left[\sqrt{\left(\frac{k}{m} - \frac{r^2}{4m^2}\right)}t\right] \tag{6.5}$$

beschrieben werden. In diesem Fall schwingt die Masse über die Ruhelage hinaus, wenn sie ausgelenkt und losgelassen wird. Sie schwingt mit der anfänglichen Amplitude $c_1 + c_2$ und der Frequenz $(1/2\pi)\sqrt{k/m - r^2/4m^2}$. Die Amplitude klingt aber mit $e^{-(r/2m)t}$ exponentiell ab. Das resultierende Verhalten zeigt die durchgezogene Kurve in Abb. 6.3. Diese Schwingung bezeichnet man als *unterkritisch gedämpft*. Beachten Sie einen weiteren Effekt der Dämpfung: die Schwingungsfrequenz wird von $(1/2\pi)\sqrt{k/m}$ (ungedämpft) auf $(1/2\pi)\sqrt{k/m - r^2/4m^2}$ (gedämpft) verringert. Wenn die Dämpfung entfernt wird, wird die Lösung (6.5) identisch mit der Lösung (6.1) für den gleichen Schwinger ohne Dämpfung, was ja zu erwarten war.

In vielen praktischen Anwendungen von Oszillatoren ist Dämpfung unerwünscht, und bei der Entwicklung gibt man sich Mühe, sie zu vermeiden. Auf der anderen Seite gibt es einige Situationen, in denen man absichtlich Dämpfung herbeiführt. Betrachten wir zum Beispiel die Aufhängung der Karosserie eines Autos. Wenn die Karosserie durch eine Unebenheit in der Straße zu Schwingungen angeregt wird, wollen Sie nicht den nächsten halben Kilometer lang auf- und abhüpfen. Sie wollen, daß die Schwingungen schnell verschwinden, so daß Sie in Ruhe weiterfahren können. Deshalb benutzt man Stoßdämpfer, um die Energie der Schwingungen zu absorbieren und ihre Amplitude zu dämpfen. Etwas noblere Stoßdämpfer sind justierbar, so daß sie auf kritische Dämpfung des Autos, in das sie eingebaut werden, eingestellt werden können.

In Meßinstrumenten führt man ebenfalls absichtlich Dämpfung herbei. Man will nicht ewig warten, bis die Nadel eines Ampèremeters oder der Zeiger einer Waage sich für die endgültige Position entschieden hat. Durch kritische Dämpfung wird in den meisten solchen Instrumenten Überschwingen vermieden und schnelles Ablesen ermöglicht.

6.4 Logarithmisches Dekrement und Gütefaktor

Das logarithmische Dekrement ist eine Größe, die vor allem Ingenieure häufig benutzen, um die Abklingrate einer unterkritisch gedämpften Schwingung zu beschreiben. Es ist definiert als der natürliche Logarithmus des Quotienten der Amplituden zweier unmittelbar aufeinander folgender Schwingungen. Dieser Quotient ist gerade der Abklingfaktor $e^{-(r/2m)t}$, ausgewertet mit der Schwingungsdauer T. Der natürliche Logarithmus dieses Quotienten ist einfach der entsprechende Exponent:

$$\boxed{\delta = \frac{r}{2m}\frac{2\pi}{\sqrt{k/m - r^2/4m^2}} = \frac{2\pi}{\sqrt{(4km/r^2) - 1}}}. \qquad (6.6)$$

Der Gütefaktor Q ist eine weitere von Ingenieuren häufig gebrauchte Beschreibung der Abklingrate einer unterkritisch gedämpften Schwingung. Er ist definiert als die Anzahl Schwingungszyklen, nach denen die Amplitude der Schwingung um den Faktor $e^{-\pi}$ abnimmt. Da die Amplitude in jedem Zyklus um den Faktor $e^{-\delta}$ abnimmt, ist

$$Q = \frac{\pi}{\delta} = \frac{1}{2}\sqrt{\frac{4km}{r^2} - 1} \:. \tag{6.7}$$

Bei geringer Dämpfung ist der erste Term unter der Wurzel sehr viel größer als 1, und man kommt mit einigen algebraischen Umformungen auf

$$Q \simeq \frac{k}{2\pi r f_\mathrm{e}} \:. \tag{6.8}$$

Q ist auch ein Maß dafür, welcher Bruchteil der vorhandenen Energie pro Schwingungszyklus verlorengeht. Tabelle 6.2 zeigt Werte von Q für einige typische Oszillatoren. Dies sind nur grobe Richtwerte; in jeder der Kategorien kann Q über einen großen Bereich variieren.

Tabelle 6.2. Einige Werte von Q

Elektrischer Schwingkreis	100
Erde, für Erdbebenwellen	250–1400
Stimmgabel	$4.5 \cdot 10^4$
Gezupfte Violinsaite	10^3
Hohlraumresonator, für Mikrowellen	10^4
Quarzkristall	10^6
Angeregtes Atom	10^7

6.5 Gedämpfte Schwingung mit periodischer Triebkraft

In manchen praktischen Anwendungen braucht man Schwingungen, die eine konstante Amplitude beibehalten. Beispiele sind das Trägersignal eines Radiosenders, eine gehaltene Note auf einem Musikinstrument, das Pendel einer Uhr und ein Lichtstrahl von einer Lampe. Um die Schwingung trotz unausweichlicher Dämpfung aufrechtzuerhalten, muß dem System die verlorene Energie wieder zugeführt werden. Radiosender werden mit elektronischen Generatoren betrieben, gehaltene Noten werden auf Saiten durch beständiges Streichen erzeugt, Uhrpendel werden durch Hemmungen angetrieben, die Energie aus Gewichten oder Federn beziehen, und die Lichtemission einer Lampe wird durch die elektrische Leistung aufrechterhalten, die den Glühdraht heizt.

Wir haben bereits gezeigt, daß ein unterkritisch gedämpfter Oszillator in Abwesenheit äußerer Kräfte nach der ursprünglichen Auslenkung immer mit einer bestimmten Eigenfrequenz f_e schwingt, die durch die Konstanten der Steifigkeit und der Trägheit bestimmt wird. Solch ein Oszillator kann aber von äußeren Kräfte auch zu Schwingungen mit anderen Frequenzen gezwungen werden. Diese Schwingungen nennt man *erzwungene Schwingungen*.

Die Antwort des Oszillators auf die äußere Triebkraft hängt unter anderem von der Beziehung zwischen der Anregungsfrequenz und der Eigenfrequenz des Oszillators ab. Um diese Abhängigkeit zu bestimmen, kehren wir zu dem unterkritisch gedämpften Schwinger aus Abschnitt 6.3 zurück. Diesmal soll die Feder nicht fest aufgehängt sein; die Aufhängung soll vielmehr eine sinusförmige Bewegung mit der Frequenz f_s und konstanter Amplitude ausführen. Die periodische Bewegung der Aufhängung stellt den Antriebsmechanismus dar. Der Schwinger antwortet mit einer Überlagerung zweier verschiedener Bewegungen. Die eine Bewegung erfolgt mit der Eigenfrequenz des Oszillators; sie entsteht durch das Anschalten des Antriebsmechanismus. Diese Eigenschwingung klingt durch die Dämpfung mit $e^{-(r/2m)t}$ ab und verschwindet dann bald, wenn der Oszillator sich eingeschwungen hat. Die zweite Bewegung ist die erzwungene Schwingung mit der Frequenz der Triebkraft. Die erzwungene Schwingung beginnt, wenn der Antriebsmechanismus angeschaltet wird und hält an, solange der Antrieb anhält. Zunächst überlagern sich die Einschwingbewegung und die erzwungene Schwingung; die resultierende Bewegung ist manchmal verwirrend anzusehen. Wenn die Einschwingbewegung abgeklungen ist und nur die erzwungene Schwingung übrigbleibt, erreicht das System einen stationären Schwingungszustand, den wir jetzt untersuchen wollen.

Die vertikale Schwingung der Aufhängung führt zu einem dritten Kraftterm in der Bewegungsgleichung der Masse. Diese Kraft stellen wir als den Realteil von $F_s e^{2\pi i f_s t}$ dar, wobei F_s die Amplitude der periodischen Kraft ist, die durch die oszillierende Aufhängung ausgeübt wird. Die Bewegungsgleichung lautet dann

$$-ky - r\frac{dy}{dt} + F_s e^{2\pi i f_s t} = m\frac{d^2 y}{dt^2} \, . \tag{6.9}$$

Vielleicht erinnern Sie sich, daß sich die allgemeine Lösung einer solchen Differentialgleichung als Summe einer speziellen Lösung und der allgemeinen Lösung der Gleichung ohne den zusätzlichen Kraftterm darstellen läßt. Wir wissen aus der Erfahrung, daß eine spezielle Lösung der Bewegungsgleichung, die den stationären Zustand beschreibt, die Form

$$y_s = a_s e^{2\pi i f_s t}$$

hat, mit der gleichen Frequenz f_s wie die äußere Kraft, aber im allgemeinen mit anderer Phase und Amplitude. Ableiten dieses Ansatzes und Einsetzen in die Differentialgleichung ergibt[2]

---

[2]Während wir uns auf die Ableitung der Schwingungsamplitude a_s konzentrieren, sollten wir nicht vergessen, daß die *vollständige* Lösung der Bewegungsgleichung (6.9) die Überlagerung der allgemeinen Lösung (6.5) und der speziellen Lösung (6.10) ist, d.h.

$$y = (c_1 + c_2)e^{-(r/2m)t}\cos\left[\sqrt{\left(\frac{k}{m} - \frac{r^2}{4m^2}\right)}\, t\right] + a_s \cos(2\pi f_s t) \, .$$

Im folgenden interessieren wir uns jedoch nur für den stationären Zustand nach dem Einschwingen.

6.5 Gedämpfte Schwingung mit periodischer Triebkraft

$$-ka_s\,e^{2\pi i f_s t} - ra_s 2\pi i f_s\,e^{2\pi i f_s t} + F_s\,e^{2\pi i f_s t} = -ma_s 4\pi^2 f_s^2\,e^{2\pi i f_s t}$$

$$-ka_s - ra_s 2\pi i f_s + F_s = -ma_s 4\pi^2 f_s^2$$

$$a_s = \frac{F_s}{k - 4\pi^2 m f_s^2 + 2\pi i r f_s}$$

$$= \frac{F_s/m}{k/m - 4\pi^2 f_s^2 + 2\pi i r f_s/m}.$$

Nun ist aber $k/m = 4\pi^2 f_e^2$, und damit

$$\boxed{a_s = \frac{F_s/m}{4\pi^2(f_e^2 - f_s^2) + 2\pi i r f_s/m}.} \qquad (6.10)$$

Die rechte Seite von Gleichung (6.10) ist komplex, was zu einer komplexen Amplitude der erzwungenen Schwingung führt. Die physikalische Interpretation dieser Gleichung ist, daß die Amplitude der erzwungenen Schwingung sowohl einen Realteil hat, der in Phase mit der Triebkraft ist, als auch einen Imaginärteil, dessen Phase gegenüber der der Triebkraft um 90° gedreht ist. Um Real- und Imaginärteil von a_s zu trennen, multiplizieren wir Zähler und Nenner von (6.10) mit dem Konjugierten des Nenners und erhalten nach einigen vereinfachenden Umformungen schließlich

$$\text{Re}\{a_s\} = F_s \frac{f_e^2 - f_s^2}{4\pi^2 m(f_e^2 - f_s^2)^2 + r^2 f_s^2/m},$$

$$\text{Im}\{a_s\} = -F_s \frac{2\pi r f_s}{[4\pi^2 m(f_e^2 - f_s^2)]^2 + 4\pi^2 r^2 f_s^2}. \qquad (6.11)$$

Das Minuszeichen des Imaginärteils zeigt, daß die phasenverschobene Komponente der Auslenkung der Triebkraft nacheilt.

Eine Betrachtung dieser beiden Ausdrücke zeigt folgende Eigenschaften erzwungener Schwingungen: Bei tiefen Frequenzen, die wesentlich niedriger als die Eigenfrequenz f_e sind, dominiert der Realteil, und die Auslenkung ist in Phase mit der Triebkraft. Mit steigender Anregungsfrequenz nehmen beide Komponenten der komplexen Amplitude zu. Wenn die Anregungsfrequenz sich der Eigenfrequenz des Oszillators nähert, fällt die phasengleiche Komponente steil ab, während die phasenverschobene Komponente weiter zunimmt. Die Phase der Auslenkung eilt also der Phase der treibenden Kraft immer mehr nach. Bei der Eigenfrequenz verschwindet der Realteil und wird dann negativ; die Auslenkung eilt bei dieser Frequenz der treibenden Kraft um 90° nach. Bei noch höheren Frequenzen nehmen beide Komponenten vom Betrag her ab, wobei die phasengleiche Komponente überwiegt. Der Realteil ist jedoch jetzt negativ, so daß bei sehr hohen Frequenzen die Phase der Auslenkung gegenüber der treibenden Kraft um 180° verschoben ist.

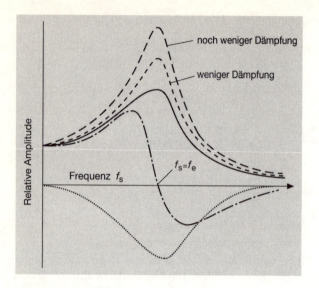

Abb. 6.4. Real- und Imaginärteil der komplexen Amplitude hängen von der Frequenz ab. Durchgezogene Kurve: Betrag; strichpunktierte Kurve: Realteil; punktierte Kurve: Imaginärteil der komplexen Amplitude. Die gestrichelten Kurven zeigen die Antwort des gleichen Oszillators bei geringeren Dämpfungen.

Diese Eigenschaften erzwungener Schwingungen zeigen sich in den Graphen von $\mathrm{Re}\{a_s\}$ und $\mathrm{Im}\{a_s\}$ in Abb. 6.4. Wir empfehlen Ihnen, den letzten Absatz noch einmal mit Bezug auf diese Abbildung zu lesen.

Die sicht- und meßbare Gesamtamplitude der erzwungenen Schwingung ist der Betrag der aus Realteil und Imaginärteil zusammengesetzten komplexen Amplitude: $|a_s| = \sqrt{\mathrm{Re}\{a_s\}^2 + \mathrm{Im}\{a_s\}^2}$. Diese Größe ist auch in Abb. 6.4 aufgetragen. Die Kurve zeigt, daß die stationäre Antwort eines unterkritisch gedämpften Oszillators auf eine periodische Triebkraft maximal ist, wenn die Anregungsfrequenz nahe der Eigenfrequenz des Oszillators liegt. Wenn diese Bedingung erfüllt ist, befindet sich der Oszillator in *Resonanz* mit der Anregung.

Die gestrichelten Kurven in Abb. 6.4 zeigen die Antwort des gleichen Oszillators als Funktion der Anregungsfrequenz bei geringeren Dämpfungen. Mit abnehmender Dämpfung steigt die Amplitude der Auslenkung.

6.6 Elektrischer Schwingkreis

Die Differentialgleichung (6.9) kann bei geeigneter Interpretation der Konstanten als allgemeine Bewegungsgleichung für *irgendeine* erzwungene harmonische Schwingung betrachtet werden. Wir wollen sehen, wie sie auf den Fall eines Stromkreises angewandt werden kann (Abb. 6.5). In der Sprache der Elektrizität entspricht die Induktivität L der mechanischen Trägheit, der Widerstand R der

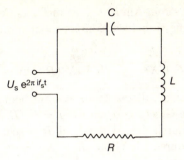

Abb. 6.5. Dieser elektrische Schwingkreis ist einem mechanischen Oszillator analog.

mechanischen Reibungskonstanten r, und $1/C$ der Steifigkeit. Für einen Stromkreis, in dem Induktivität, Widerstand und Kapazität in Reihe mit einer anregenden Wechselspannung geschaltet sind, lautet die Bewegungsgleichung dann

$$\frac{Q}{C} - R\frac{dQ}{dt} + U_s e^{2\pi i f_s t} = L\frac{d^2 Q}{dt^2}, \tag{6.12}$$

wobei Q die Ladung auf dem Kondensator ist; die Wechselspannung ist der Realteil von $U_s e^{2\pi i f_s t}$. Wir könnten Gleichung (6.12) ebenso lösen, wie wir Gleichung (6.9) gelöst haben, und so auf Real- und Imaginärteil der komplexen Amplitude der Ladungsänderung auf dem Kondensator kommen. Elektrotechniker sind aber gewohnt, mit Spannung und Stromstärke zu arbeiten, nicht mit Spannung und Ladung. Wir können Gleichung (6.12) leicht in eine Gleichung für Spannung und Stromstärke überführen, indem wir nach t ableiten und berücksichtigen, daß dQ/dt die Stromstärke I ist. Damit erhalten wir

$$-\frac{1}{C}I - R\frac{dI}{dt} + 2\pi i f_s U_s e^{2\pi i f_s t} = L\frac{d^2 I}{dt^2}.$$

Diese Gleichung lösen wir wie gehabt und erhalten für die Anteile der Stromstärke:

$$\begin{aligned}\text{Re}\{I\} &= \frac{U_s R}{R^2 + (2\pi L f_s - 1/2\pi C f_s)^2}, \\ \text{Im}\{I\} &= \frac{-U_s(2\pi L f_s - 1/2\pi C f_s)}{R^2 + (2\pi L f_s - 1/2\pi C f_s)^2}.\end{aligned} \tag{6.13}$$

Wenn wir die Größe $2\pi L f_s - 1/2\pi C f_s$ als *Blindwiderstand* definieren und das Symbol X dafür einführen, haben wir

$$\begin{aligned}\text{Re}\{I\} &= U_s \frac{R}{R^2 + X^2}, \\ \text{Im}\{I\} &= -U_s \frac{X}{R^2 + X^2}.\end{aligned} \tag{6.14}$$

6. Schwingungen

Die mit einem Wechselstrom-Ampèremeter meßbare Amplitude des Gesamtstromes setzt sich aus diesen beiden Komponenten zusammen:

$$I_{\text{total}} = U_s \frac{R - \mathrm{i}X}{R^2 + X^2} = U_s \frac{R - \mathrm{i}X}{(R + \mathrm{i}X)(R - \mathrm{i}X)} = \frac{U_s}{R + \mathrm{i}X}\,.$$

Beachten Sie die Ähnlichkeit dieses Ausdrucks mit dem für einen Gleichstrom, der durch das Ohmsche Gesetz gegeben ist: $I = U_s/R$. In einem Gleichstromkreis wird der Strom durch den Widerstand R beschränkt, in einem Wechselstromkreis dagegen durch die Größe $R + \mathrm{i}X$. Diese Größe nennt man die Impedanz Z.

Wir haben sie oben für einen elektrischen Stromkreis als Verhältnis von Spannung zu Stromstärke erhalten, aber das Konzept der Impedanz kann auf alle oszillierenden Systeme ausgedehnt werden. In der Mechanik wäre die Impedanz das Verhältnis der Triebkraft zur resultierenden Geschwindigkeit des angetriebenen Systems. In der Akustik ist die Impedanz eines Systems das Verhältnis des oszillierenden Druckes zur resultierenden oszillierenden Geschwindigkeit des angeregten Elementes: einer Membran, eines Kolbens oder eines Mediums. Tatsächlich sprechen Toningenieure von akustischem Ohm. Ganz allgemein kann man die Impedanz als Verhältnis der Ursache zur Wirkung sehen. Das Impedanzkonzept ist wichtig; wir werden es in Kapitel 12 weiterentwickeln.

Abbildung 6.6 zeigt Graphen der Real- und Imaginärteile der Stromstärke in einem elektrischen Schwingkreis mit typischen Werten von L, C und R. Die Ähnlichkeit mit den Graphen in Abb. 6.4 für den mechanischen Oszillator ist auffallend. Wenn Sie jedoch genauer hinsehen, werden Sie feststellen, daß die Rollen von Real- und Imaginärteil in den beiden Abbildungen vertauscht zu sein scheinen. Das liegt daran, daß wir uns im elektrischen Fall entschieden haben, die Bewegungsgleichung für die Stromstärke und nicht für die Ladung am Kondensator zu lösen. Die Stromstärke entspricht nicht der *Auslenkung*, sondern der *Geschwindigkeit*, das heißt der Zeitableitung der Auslenkung.

Beispiel 6.2. Bei welcher Anregungsfrequenz ist der elektrische Schwingkreis in Abb. 6.5 in Resonanz?

Der Schwingkreis ist in Resonanz, d.h. der Strom hat maximale Amplitude, wenn der Nenner der Real- und Imaginärteile in (6.13) minimal ist, also bei

$$2\pi L f_s - \frac{1}{2\pi C f_s} = 0\,,$$

oder

$$f_s = \frac{1}{2\pi}\sqrt{\frac{1}{LC}}\,.$$

Beachten Sie, daß bei dieser Resonanzfrequenz der Zähler des Imaginärteils der Stromamplitude verschwindet. Die Stromstärke ist daher bei Resonanz reell und in Phase mit der Spannung.

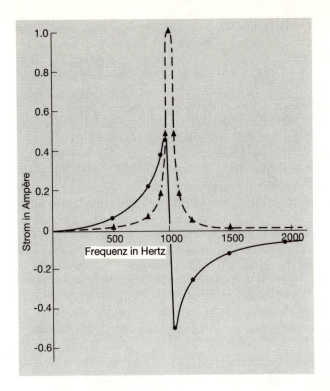

Abb. 6.6. Real- und Imaginärteil der Stromstärke hängen von der Frequenz ab. Durchgezogene Kurve: Imaginärteil; gestrichelte Kurve: Realteil.

Die Kurven in Abb. 6.6 zeigen die Eigenschaften des physikalischen Verhaltens des elektrischen Schwingkreises, die denen entsprechen, die wir vorher für den mechanischen Schwinger abgeleitet haben. Bei $f_s = 0$ fließt kein Strom; weder in Phase, noch phasenverschoben. Mit steigender Frequenz nehmen beide Komponenten zu, wobei die phasenverschobene Komponente überwiegt und positives Vorzeichen hat, was bedeutet, daß der Strom der Spannung vorauseilt. Bei Annäherung an die Eigenfrequenz durchläuft die phasenverschobene Komponente ein Maximum, fällt dann steil ab und wird bei noch höheren Frequenzen negativ.

Die Stromstärke wird maximal, wenn die Anregungsfrequenz der Eigenfrequenz des Kreises entspricht. Dann ist der Strom in Phase mit der Spannung, die phasenverschobene Komponente verschwindet. In Resonanz wird die maximale Leistung aus der Spannungsquelle absorbiert, denn nur gleichphasiger Strom liefert Leistung. Schließlich wird die Stromstärke immer kleiner, wenn die Anregungsfrequenz über die Resonanzfrequenz hinaus erhöht wird. In diesem Frequenzbereich überwiegt wieder die phasenverschobene Komponente, die aber jetzt negatives Vorzeichen trägt, so daß der Strom der Spannung nacheilt. Die Phasendifferenz nähert sich bei sehr hohen Frequenzen 90°.

Man kann tiefere Einsicht in das Verhalten dieses Schwingkreises erlangen, wenn man sich klarmacht, daß der Strom bei Frequenzen weit unterhalb der Resonanzfrequenz vor allem durch den Blindwiderstand des Kondensators beschränkt wird. Ein Kondensator leitet keinen Gleichstrom und nur kleinen, phasenverschobenen Strom bei tiefen Frequenzen. Bei Frequenzen weit oberhalb der Resonanzfrequenz wird der Strom dagegen durch den Blindwiderstand der Spule beschränkt, der mit steigender Frequenz zunimmt. Bei der Resonanzfrequenz gleichen sich die kapazitiven und induktiven Blindwiderstände aus, so daß der Blindwiderstand des Gesamtkreises verschwindet. In diesem Fall ist die Stromstärke reell und wird nur durch den ohmschen Widerstand beschränkt. Bei dieser einen Frequenz ist die Stromstärke durch $I = U_s/R$ gegeben, wie bei einem einfachen Gleichstromkreis ohne Kondensator und Spule.

An einem herkömmlichen Radioempfänger kann man am besten erkennen, wie diese Eigenschaften ausgenutzt werden. Die Antenne fängt sehr schwache elektrische Spannungen bei der Trägerfrequenz des Senders auf. Diese Spannungen stellen die Triebkraft für den Abstimmkreis dar, der aus einem Kondensator und einer Spule in Serie besteht. Wenn die Frequenz f_e des Abstimmkreises auf die Trägerfrequenz des gewünschten Senders eingestellt wird, resoniert der Abstimmkreis bei dieser Trägerfrequenz; der Strom in der Spule wird außergewöhnlich groß. Andere Trägerfrequenzen, die die Antenne auch empfängt, erzeugen nur schwache Ströme im Abstimmkreis, da keine Resonanz auftritt. Der Abstimmkreis zeigt also Selektivität und ist in der Lage, sich eine einzige Frequenz aus den vielen Radiofrequenzen herauszupicken, diese zu verstärken und alle anderen zu ignorieren. Das resonanzverstärkte Signal wird dann an den Rest des Empfängers zur weiteren Verarbeitung weitergegeben.

Bei dieser Selektion verhält sich der Abstimmkreis wie ein Bandpaßfrequenzfilter, das wir in Kapitel 11 genauer untersuchen werden.

Beispiel 6.3. Ein Amateurfunker erhält eine Lizenz für die Trägerfrequenz 20.55 MHz. Er baut seinen Sender mit einem Abstimmkreis wie in Abb. 6.5, mit einer Induktivität von 20.00 µH und vernachlässigbarem Widerstand. Welche Kapazität sollte er benutzen?

Aus Beispiel 6.2 haben wir

$$f = \frac{1}{2\pi}\sqrt{\frac{1}{LC}},$$
$$\sqrt{LC} = \frac{1}{2\pi f},$$
$$C = \frac{1}{4\pi^2 f^2 L}.$$

In diesem Beispiel ist $f = 20.55 \cdot 10^6$ Hz und $L = 20 \cdot 10^{-6}$ H, und damit

$$C = \frac{1}{4\pi^2 (20.55 \cdot 10^6 \,\mathrm{Hz})^2 (20 \cdot 10^{-6}\,\mathrm{H})},$$
$$\simeq 3.00 \cdot 10^{-12}\,\mathrm{F}.$$

Die Kapazität sollte also 3.00 pF betragen.

6.7 Selbstabstimmung

Bei vielen Anwendungen lange aufrechterhaltener Oszillationen sorgt man dafür, daß die Anregungsfrequenz durch die Eigenfrequenz des Oszillators gesteuert wird. So schwingt der Oszillator immer mit seiner Resonanzfrequenz. Die Steuerung erfolgt durch Rückkopplung, d.h. ein Teil der Antwort des Oszillators wird in das anregende System zurückgeführt und stimmt dessen Verhalten zeitlich ab. Unruhe und Hemmung einer mechanischen Uhr bieten ein hervorragendes Beispiel eines rückgekoppelten Oszillators. Die Bewegung der Unruhe bestimmt selbst den Zeitpunkt, zu dem sie gestoßen wird, so daß sie mit ihrer Eigenfrequenz oszilliert. Eine elektrische Türklingel, eine Kinderschaukel, eine gestrichene Violinsaite, eine tönende Orgelpfeife und der elektronische Oszillator eines Radiosenders sind weitere Beispiele ähnlicher Systeme, die ihre Anregungsfrequenz selbst bestimmen. Solche Systeme nennt man *selbstabstimmend*. Sie werden oft benutzt, wenn man ein bestimmtes Zeitverhalten braucht, zum Beispiel um eine Uhr zu betreiben, einen Klang aufrechtzuerhalten oder eine konstante Trägerfrequenz für einen Radiosender zu produzieren. Beachten Sie, daß in den meisten genannten Fällen der Oszillator selbst harmonisch ist, während die Anregungsenergie in periodischen, aber nicht harmonischen Pulsen zugeführt wird.

6.8 Die Welt ist voller Schwingungen

Wir hoffen, daß Sie aus diesem Kapitel viel über Oszillatoren gelernt haben. Noch mehr hoffen wir aber, daß Sie über die spezifischen Details der mechanischen und elektrischen Beispiele hinausgesehen haben und daß vor Ihrem geistigen Auge das ganze Spektrum der Oszillatoren vorübergezogen ist, vom hin- und herschwappenden Wasser in der Badewanne bis zu den vibrierenden Flügeldecken einer zirpenden Grille. All diese Oszillatoren ähneln sich, ob sie nun mechanisch, elektrisch, akustisch oder optisch sind. Sie alle weisen die gemeinsamen Bestandteile Trägheit und Steifigkeit auf, sie haben eine Eigenfrequenz und zeigen Resonanz. Die meisten weisen auch Dämpfung auf. Manche werden kontinuierlich angetrieben, andere werden einmal in Gang gesetzt und schwingen dann frei. Die Größe spielt bei diesen Ähnlichkeiten keine Rolle. Es gibt so winzige Oszillatoren wie die einzelnen Ionen eines Kristallgitters, durch das Licht fällt. Das rasch oszillierende elektrische Feld des Lichtes regt die Ionen zu erzwungenen Schwingungen an. Die Amplitude solcher Oszillationen liegt in der Größenordnung von 10^{-8} cm. Auf der anderen Seite gibt es riesige Oszillatoren, zum Beispiel veränderliche Cephei-Sterne, die durch die Trägheit ihrer äußeren Masse und die Steifigkeit des inneren Strahlungsdrucks expandieren und sich kontrahieren. Einer bestimmten Interpretation der Urknalltheorie zufolge könnte sogar das ganze Universum ein einziger gigantischer Oszillator mit einer Schwingungsdauer von mehreren zehntausend Millionen Jahren sein! Wo immer Sie sie finden und wie sie auch aussehen, die Oszillatoren gehören alle zu einer einzigen großen Familie.

Übungen

6.1 Warum sind annähernd lineare harmonische Schwingungen in der Natur so häufig? Geben Sie einige Beispiele! Warum sind reine lineare harmonische Schwingungen selten?

6.2 Unter welcher Bedingung ergibt die Überlagerung zweier linearer harmonischer Schwingungen wieder eine lineare harmonische Schwingung?

6.3 Bei der Bewegungsgleichung (6.1) des aus Masse und Feder bestehenden Schwingers haben wir die Masse der Feder vernachlässigt. Wie könnte sich die Lösung ändern, wenn die Masse der Feder nicht klein gegen die angehängte Masse ist?

6.4 Schätzen Sie den Gütefaktor (a) einer Schaukel, (b) eines mathematischen Pendels, (c) eines leeren Schaukelstuhls.

6.5 In Abb. 6.1 haben wir als Gleichgewichtslage ($y = 0$) die Position der Masse gewählt, an der die Federkraft gerade die Schwerkraft mg ausgleicht. Wir haben dann angenommen, daß die potentielle Energie des Systems nur von der Ausdehnung der Feder aus dieser Ruhelage herrührt. Nehmen Sie jetzt als Gleichgewichtslage $y' = 0$ das Ende der *ungedehnten* Feder, wenn keine Masse daran hängt. Das in Abb. 6.1 dargestellte System hat dann potentielle Gravitationsenergie, zu der weitere potentielle Energie hinzukommt, wenn die Feder weiter gedehnt wird. Zeigen Sie, daß sich auch mit dieser Betrachtungsweise eine lineare harmonische Schwingung ergibt.

6.6 Wie ändern sich (a) die gesamte mechanische Energie, (b) die maximale Geschwindigkeit und (c) die Schwingungsdauer eines linear harmonisch schwingenden Systems, wenn man die Amplitude verdoppelt?

6.7 Um das Schlingern eines Schiffes zu verringern, kann man einen teilweise mit Wasser gefüllten Tank einbauen (siehe Abb. 6.7). Die Abmessungen des Tanks werden so gewählt, daß das Wasser mit der gleichen Frequenz darin herumschwappt, mit der das Schiff schlingert. Warum verringert die Anwesenheit dieses Tanks das Schlingern des Schiffes, anstatt es zu verstärken?

6.8 Für eine Ausstellung zum Thema *Zeit* baut ein Mann Modelle verschiedener Geräte zum Messen von Zeit. Um sie auf beeindruckende Größe zu bringen, baut er vorhandene Chronometer im Maßstab 4:1 nach. Einige Stunden vor Eröffnung

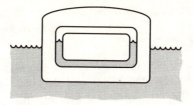

Abb. 6.7.

der Ausstellung werden alle Chronometer gestellt und in Gang gesetzt. Als jedoch der Vorhang aufgeht, muß der Aussteller peinlicherweise feststellen, daß sie verschiedene Zeiten anzeigen. Geben Sie für jedes der Instrumente an, wie die Vergrößerung die Zeitmessung beeinflußt haben könnte:

Pendeluhr,
Torsionspendeluhr,
Armbanduhr (Unruhe),
Armbanduhr (Stimmgabel),
brennende Kerze, mit Stunden markiert,
Armbanduhr (Quarzkristall mit Frequenzteiler),
Sanduhr,
Sonnenuhr,
Wasseruhr.

6.9 Die Kraft der Feder in Abb. 6.1 sei durch $F = -ay - by^3$ gegeben. Erwarten Sie, daß die Schwingungsdauer mit steigender Amplitude zu- oder abnimmt?

6.10 Wenn eine Taschenuhr an einem Faden aufgehängt wird, kann sie anfangen zu schaukeln, und ihre Zeitmessung ändert sich, manchmal um mehr als zehn Minuten pro Tag. Wie kommt es zu diesem Effekt? Warum gehen dann manche Uhren schneller, manche langsamer?

6.11 Ein Stab mit Querschnittsfläche A, Länge L und mittlerer Dichte ρ schwimmt *aufrecht* in einer Flüssigkeit der Dichte ρ_1. Berechnen Sie die Frequenz der Auf- und Abbewegung des Stabes.

6.12 Was ist der Gütefaktor der schwach gedämpften Oszillationen, die durch die Gleichung

$$L\frac{d^2Q}{dt^2} + R\frac{dQ}{dt} + \frac{1}{C}Q = 0$$

beschrieben werden? Q sei die Ladung auf dem Kondensator.

6.13 Für erzwungene Schwingungen eines ungedämpften Oszillators verschwindet der zweite Term in Gleichung (6.9), und die Gleichung kann umgeschrieben werden:

$$\frac{m}{k}\frac{d^2y}{dt^2} + y = \frac{F_0}{k}e^{2\pi i f_0 t},$$

$$\frac{d^2y}{dt^2} + \omega^2 y = \frac{F_0}{m}\cos\omega' t,$$

wobei F_0 der Maximalwert der Kraft ist, ω' die Kreisfrequenz der äußeren Kraft und $\omega^2 = k/m$. Zeigen Sie, daß der Oszillator im zeitlichen Mittel keine Leistung aufnimmt, wenn nicht $\omega' = \omega$ gilt.

6.14 Die Amplitude einer bestimmten Schwingungsbewegung nimmt mit der Zeit ab; sie beträgt 10.0 cm bei $t = 0$ und 0.10 cm bei $t = 100$ s. Auftragen der Amplitude gegen die Zeit ergibt auf halblogarithmischem Papier eine Gerade. (a) Geben Sie die Beziehung zwischen Amplitude a und Zeit t an. (b) Als Schwingungsdauer werden 15.71 s gemessen. Berechnen Sie die Schwingungsdauer, die das System ohne Dämpfung hätte.

6.15 Bei Auslenkungen auf der einen Seite der Gleichgewichtslage übt eine bestimmte Feder die Kraft $F = -k_1 x$ aus, bei Auslenkungen auf der anderen Seite dagegen die Kraft $F = -k_2 x$. Zeigen Sie, daß die Frequenz einer Masse m, die an die Feder gehängt und in eine Schwingung mit kleiner Amplitude versetzt wird, $\pi\sqrt{k_1 k_2}/(\sqrt{k_1} + \sqrt{k_2})\sqrt{m}$ beträgt.

6.16 Für einen RCL-Kreis gibt es zwei Anregungsfrequenzen, eine unter und eine über der Resonanzfrequenz f_0, bei denen die Leistung die Hälfte ihres Maximums und I^2 die Hälfte des Wertes bei der Resonanzfrequenz erreicht. Die Differenz Δf dieser beiden Frequenzen nennt man die *Bandbreite* des Schwingkreises. Der Gütefaktor Q wurde ursprünglich *definiert* durch $Q = 2\pi f_0 L/R$. Zeigen Sie, daß auch $Q = 2\pi f_0/\Delta f$ gilt, eine nützliche Beziehung für alle Arten von Resonatoren.

6.17 Betrachten Sie eine gedämpfte lineare harmonische Schwingung, bei der die Reibungskraft der Geschwindigkeit proportional ist, so daß die gesamte Kraft durch $F = -kx - \gamma v$ gegeben ist. Zeigen Sie, daß

$$x = a\,e^{-\alpha t} \sin(\omega t + \phi)$$

eine Lösung der Bewegungsgleichung ist, mit $\alpha = \gamma/2m$ und $\omega = \sqrt{k - \gamma^2/4m^2}$, wobei $\omega = 2\pi f$ die Kreisfrequenz ist.

6.18 In einem bestimmten zweiatomigen Molekül wird die Wechselwirkung zwischen den Atomen durch die Kraft $F = -a/r^2 + b/r^3$ beschrieben, wobei r der Abstand der Atomkerne und a und b positive Konstanten sind. (a) Wie groß ist der Gleichgewichtsabstand? (b) Was ist die effektive Federkonstante für kleine Auslenkungen aus dem Gleichgewicht? (c) Was ist die Schwingungsdauer?

7. Wellen

> Der Vernünftige paßt sich der Welt an; der
> Unvernünftige besteht auf dem Versuch, die
> Welt sich anzupassen. Deshalb ist der Fortschritt auf den Unvernünftigen angewiesen.
>
> *George Bernhard Shaw*
> Man and Superman, III

7.1 Die Wellengleichung

Das Erfreuliche an Wellen ist, daß sie sich alle im wesentlichen gleich verhalten, seien es nun Wellen transversaler Auslenkung auf einer gespannten Saite, Wellen elektrischer Spannung auf einer Übertragungsleitung, Wellen longitudinaler Auslenkung (Schallwellen) in der Luft, Kompressions- oder Scherwellen im Erdgestein, Torsionswellen in einem Metallstab, Wellen elektrischer oder magnetischer Feldstärke im Vakuum oder Wasserwellen auf der Oberfläche des Ozeans. Es ist Ziel dieses Kapitels, das Verhalten von Wellen in verschiedenen physikalischen Systemen zu untersuchen und zu zeigen, in welcher Hinsicht sich Wellen aller Art gleichen.

Wir nehmen an, daß Sie mit dem Thema genügend vertraut sind, um zu wissen, was eine Welle ist, und daß Sie die Beziehungen zwischen Schwingungsdauer, Frequenz und Wellengeschwindigkeit für periodische Wellen kennen. Sie sind also bereit für die profunderen Zusammenhänge. Fangen wir mit einer partiellen Differentialgleichung an, die Wellen aller Art beschreibt:

$$\boxed{\frac{\partial^2 P}{\partial x^2} = \frac{1}{v^2}\frac{\partial^2 P}{\partial t^2}} \ . \tag{7.1}$$

In dieser Gleichung ist x der Abstand entlang der Ausbreitungsrichtung der Welle, $1/v^2$ ist eine Proportionalitätskonstante, t die Zeit und P eine Größe, die die betrachtete Welle beschreibt. Wenn die Gleichung benutzt wird, um eine transversale Welle auf einer gespannten Saite zu beschreiben, ist P die momentane seitliche Auslenkung eines Teilchens der Saite. Wenn die Gleichung auf eine Schallwelle in Luft angewandt wird, ist P die momentane longitudinale Auslenkung einer Luftschicht, die die Welle durchläuft. Wenn es um eine elektromagnetische Welle geht, ist P die momentane Stärke des transversalen elektrischen oder magnetischen Feldes an einem Raumpunkt, den die Welle durchläuft.

Was besagt diese Gleichung? Betrachten wir zum Beispiel eine transversale Welle auf einer Saite. Der Ausdruck $\partial^2 P/\partial x^2$ beschreibt die *Krümmung* der *Form* der Welle an jedem Punkt. Der Ausdruck $\partial^2 P/\partial t^2$ gibt die transversale *Beschleunigung* eines Teilchens der Saite an diesem Punkt an. Die Wellengleichung sagt also in mathematischer Form aus, daß die Krümmung der Wellenform an jedem Ort und zu jedem Zeitpunkt der seitlichen Beschleunigung proportional ist. Wir werden im folgenden zeigen, daß die Proportionalitätskonstante $1/v^2$ der Kehrwert des Quadrats der Wellengeschwindigkeit ist. Gleichung (7.1) ist allgemein genug, um auf Wellen jeder Art angewandt zu werden. Wann immer Sie auf eine Gleichung stoßen, die wie Gleichung (7.1) aussieht, sollten Sie sagen können: „Ah, ich rieche eine Welle!" Es dürfte klar geworden sein, daß die Größe P sowohl vom Ort x als auch von der Zeit t abhängt. Die durch Gleichung (7.1) beschriebene Welle variiert also in Raum und Zeit, d.h. sie hat *Form* und *Bewegung*.

Es ist hier nicht unsere Absicht, Gleichung (7.1) herzuleiten. Die Herleitung hängt von der Art der Welle und des oszillierenden Mediums ab. Solche Herleitungen finden Sie in anderen Büchern über Wellen. Unser Ziel ist es, die Gemeinsamkeiten aller Arten von Wellen herauszuarbeiten. Auch werden wir uns nicht im Detail damit beschäftigen, Gleichung (7.1) für verschiedene Situationen zu lösen. Wir stellen einfach fest, daß die allgemeine Lösung die Form

$$P = f_1(x - vt) + f_2(x + vt) \tag{7.2}$$

hat. Der erste Term stellt eine Welle dar, die sich in positiver x-Richtung ausbreitet; der zweite beschreibt eine Welle, die sich in negativer x-Richtung fortpflanzt.[1] Die beiden Wellen können irgendwelche Formen haben, die durch die Funktionen f_1 und f_2 festgelegt werden. In manchen Fällen bewegt sich die Welle nur in einer Richtung, so daß nur einer der beiden Terme in Gleichung (7.2) relevant ist. Die Störung kann eine einzelne Welle oder ein Impuls sein, sie kann sich aber auch wiederholen, zum Beispiel in einem kontinuierlichen, periodischen Wellenzug.

Betrachten wir den Spezialfall einer Welle, die sich nur von links nach rechts in positiver x-Richtung ausbreitet, auf einer unendlich langen gespannten Saite. Gleichung (7.2) wird dann zu $P = f_1(x - vt)$. In diesem Fall ist P die momentane seitliche Auslenkung eines kurzen Abschnitts $\mathrm{d}l$ der Saite aus seiner Gleichgewichtslage. Wenn wir zur Zeit $t = 0$ eine Momentaufnahme dieser Welle machen, könnte sie beispielsweise wie die durchgezogene Kurve in Abb. 7.1 aussehen. Diese Kurve ist durch $f_1(x)$ gegeben und definiert die Form der Welle. In einer zweiten Momentaufnahme zu einem späteren Zeitpunkt $t = t_1$ sehen

---

[1] Eine Bemerkung zum Vorzeichen der Größe vt in Gleichung (7.2): Wenn wir bei der Ausbreitung der Welle einen Punkt konstanter Phase betrachten, ein Maximum zum Beispiel, muß P mit der Zeit konstant bleiben, damit die Wellenform erhalten bleibt. Wenn die Welle sich nach rechts bewegt, wird x immer größer. Das Produkt vt muß also in diesem Fall mit einem *negativen* Vorzeichen versehen werden. Die Größe $(x - vt)$ bleibt dann konstant, und durch Ableiten folgt $\mathrm{d}x/\mathrm{d}t - v = 0$. Es zeigt sich also, daß v die Geschwindigkeit eines Punktes konstanter Phase ist. Sie wird daher *Phasengeschwindigkeit* genannt.

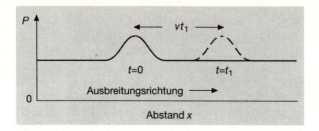

Abb. 7.1. Die Welle hat sowohl Form als auch Bewegung.

wir, daß sich die Welle um den Abstand vt_1 nach rechts bewegt hat, ohne ihre Form zu ändern.

Die Wellen, die für Ingenieure von Interesse sind, sind in der Regel kontinuierlich und periodisch. Die periodische Welle, mit der man gedanklich und mathematisch am einfachsten umgehen kann, ist eine Welle mit der Form einer Sinuskurve. Für solche sinusförmigen Wellen ist die Formfunktion f_1 die Sinusfunktion, und

$$P = a \sin\left[\frac{2\pi}{\lambda}(x - vt)\right] , \tag{7.3}$$

wobei a eine frei wählbare Konstante ist, die die Amplitude der Welle angibt. Der Faktor $2\pi/\lambda$ wurde eingeführt, um das Argument der Sinusfunktion dimensionslos zu machen; λ selbst hat die Dimension einer Länge. Eine Momentaufnahme dieser Welle zur Zeit $t = 0$ zeigt die durchgezogene Kurve in Abb. 7.2. Die Gleichung dieser Kurve lautet

$$P = a \sin\left(\frac{2\pi x}{\lambda}\right) .$$

Wenn wir t bei 0 festhalten und uns in positiver x-Richtung von $x = 0$ nach $x = \lambda$ bewegen, durchläuft die Sinusfunktion eine vollständige Periode. λ ist also die Länge, auf der sich die Welle wiederholt: die Wellenlänge. Eine zweite Momentaufnahme derselben Welle zu einer späteren Zeit t_1 würde ein Kurve ergeben, die durch

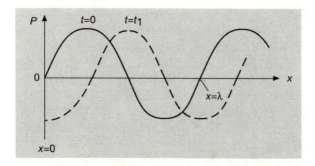

Abb. 7.2. Die Welle bewegt sich mit der Geschwindigkeit v nach rechts.

$$P = a\sin\left[\frac{2\pi}{\lambda}(x - vt_1)\right]$$
$$= a\left[\sin\left(\frac{2\pi x}{\lambda}\right)\cos\left(\frac{2\pi vt_1}{\lambda}\right) - \cos\left(\frac{2\pi x}{\lambda}\right)\sin\left(\frac{2\pi vt_1}{\lambda}\right)\right]$$

gegeben ist. Wenn wir für t_1 ein Viertel einer Periode wählen, also $t_1 = \lambda/4v$, vereinfacht sich diese Gleichung zu $P = -\cos(2\pi x/\lambda)$; das entspricht der gestrichelten Kurve in Abb. 7.2. Diese Kurve ist einfach eine Kopie der durchgezogenen Kurve, um eine Viertelwellenlänge im Raum und um eine Viertelperiode in der Zeit vorgerückt.

Um diese Welle besser zu verstehen, wollen wir nicht nur die Form der Welle betrachten, sondern auch die zeitliche Variation der Auslenkung P an einer festen Stelle x. Zum Beispiel ergibt sich für den Punkt $x = 0$ aus Gleichung (7.3) $P = -a\sin(2\pi vt/\lambda)$. Die Auslenkung hat also sowohl eine sinusförmige Oszillation in der Zeit als auch eine sinusförmige Variation entlang der Saite. Die Frequenz der Oszillation ist durch v/λ gegeben.

7.2 Ausbreitungsgeschwindigkeit

Die Wellengleichung (7.1) enthält eine Größe v, die wir als Ausbreitungsgeschwindigkeit der Welle identifiziert haben. Unsere Intuition sagt uns, daß diese Wellengeschwindigkeit sowohl von der Art der Welle (mechanisch, elektrisch, akustisch, etc.) abhängt, als auch von den physikalischen Eigenschaften des Mediums, in dem sie sich ausbreitet. So ist es auch. In der Ableitung der Wellengleichungen für verschiedene Wellensysteme hängt die Geschwindigkeit in der Tat von den Eigenschaften des Mediums ab. Als Geschwindigkeit einer Schallwelle in einem kompressiblen Gas ergibt sich beispielsweise

$$v = \sqrt{\frac{E}{\rho}}, \tag{7.4}$$

wobei E die adiabatische Volumenelastizität und ρ die Dichte des Gases ist. Die adiabatische Volumenelastizität ist definiert als das Verhältnis $-V\,\mathrm{d}p/\mathrm{d}V$, mit dem Druck p und dem Volumen V, wobei die Messungen zur Bestimmung dieser Größe so durchzuführen sind, daß das Testvolumen bei der Kompression weder Wärme aufnehmen noch abgeben kann.[2] Das Minuszeichen ist in der Definition enthalten, damit die Elastizität positiv ist, denn nach dem Boyle-Mariotteschen Gesetz ist $\mathrm{d}p/\mathrm{d}V$ negativ.

Die Geschwindigkeit einer Schallwelle ist also durch die Wurzel aus dem Verhältnis von Elastizität und Dichte des übertragenden Mediums gegeben. Gelten für andere Arten von Wellen ähnliche Beziehungen für die Wellengeschwindigkeit? Mal sehen. Wie sieht es bei einer longitudinalen Verdichtungswelle entlang einer Feder aus? Für diese Art Welle ergibt sich die Geschwindigkeit zu

---
[2]Vielleicht erkennen Sie in dieser Elastizität den Kehrwert der Kompressibilität, die als das Verhältnis der relativen Volumenänderung zur Druckänderung definiert ist.

$$v = \sqrt{\frac{\kappa}{\mu}}, \qquad (7.5)$$

mit der linearen Elastizität κ, gegeben durch das Verhältnis $l dF/dl$, wobei l die ungedehnte Länge der Feder ist und F die komprimierende oder dehnende Kraft. Die Längendichte μ der Feder ist die Masse pro Längeneinheit. Wenn wir nach der Geschwindigkeit einer longitudinalen Welle in einem Metallstab fragen, erhalten wir

$$v = \sqrt{\frac{Y}{\mu}}. \qquad (7.6)$$

Dabei ist Y der lineare Elastizitätsmodul und μ die Masse des Stabes pro Längeneinheit. Für eine Strom- und Spannungswelle in einer Zweidrahtleitung ist die Wellengeschwindigkeit

$$v = \sqrt{\frac{1/C}{L}}, \qquad (7.7)$$

wobei C die Kapazität zwischen den Drähten pro Längeneinheit und L die Induktivität pro Längeneinheit ist. Beim Vergleich elektrischer und mechanischer Systeme erinnern wir uns daran, daß der Masse die Induktivität entspricht, der Steifigkeit die inverse Kapazität.

Wenn wir es mit einer Torsionswelle in einem zylindrischen Stab zu tun haben, können wir zeigen, daß die Wellengeschwindigkeit

$$v = \sqrt{\frac{\tau}{I}} \qquad (7.8)$$

beträgt, wobei τ die Torsionskonstante des Stabes ist, also das Drehmoment, das pro Längeneinheit zur Drehung um 1 rad aufgewandt werden muß; I ist das Rotationsträgheitsmoment pro Längeneinheit. Für eine transversale Vibrationswelle auf einer gespannten Saite beträgt die Geschwindigkeit

$$v = \sqrt{\frac{Z}{\mu}}, \qquad (7.9)$$

wobei Z die Zugkraft in der Saite ist, ein Maß für ihre transversale Steifigkeit, und μ die Masse pro Längeneinheit.

Wenn wir all diese Ausdrücke für die Geschwindigkeiten untereinanderschreiben und nach Ähnlichkeiten suchen, kommen wir auf die folgende erstaunliche Sammlung:

$$v = \begin{cases} \sqrt{E/\rho} & \text{Schallwellen in einem Gas,} \\ \sqrt{\kappa/\mu} & \text{Verdichtungswellen in einer Feder,} \\ \sqrt{Y/\mu} & \text{longitudinale Wellen in einem Metallstab,} \\ \sqrt{\frac{1}{C}/L} & \text{elektrische Wellen auf einer Übertragungsleitung,} \\ \sqrt{\tau/I} & \text{Torsionswellen in einem Metallstab,} \\ \sqrt{Z/\mu} & \text{Transversalwellen auf einer Saite.} \end{cases} \quad (7.10)$$

In diesem Satz von Gleichungen unterscheiden sich die Symbole von einem Wellensystem zum anderen, aber, siehe da, in allen Fällen ist die Wellengeschwindigkeit die Wurzel des Verhältnisses einer Größe, die die Steifigkeit des Mediums beschreibt, zu einer Größe, die seine Trägheit beschreibt! Die Natur zeigt sich hier von einer erfreulich konsistenten Seite.

Beispiel 7.1. Ein flexibler Stahldraht mit einem Durchmesser von 0.80 mm und einer Dichte von $7.8\,\text{g}\,\text{cm}^{-3}$ trägt eine Last von 3.6 kg. Wie groß ist die Geschwindigkeit einer transversalen Welle in diesem Draht?

Nach Gleichung (7.9) ist

$$\begin{aligned} v &= \sqrt{\frac{Z}{\mu}} \\ &= \sqrt{\frac{mg}{\rho \pi r^2}}. \end{aligned}$$

In diesem Beispiel ist $m = 3600\,\text{g}$, $\rho = 7.8 \cdot 10^6\,\text{g}\,\text{m}^{-3}$, $r = 0.4 \cdot 10^{-3}\,\text{m}$ und $g = 9.81\,\text{m}\,\text{s}^{-2}$. Damit ist

$$\begin{aligned} v &= \sqrt{\frac{3600\,\text{g}\,\cdot 9.81\,\text{m}\,\text{s}^{-2}}{7.8 \cdot 10^6\,\text{g}\,\text{m}^{-3} \cdot \pi \cdot (0.4 \cdot 10^{-3}\,\text{m})^2}} \\ &\simeq 95\,\text{m}\,\text{s}^{-1}. \end{aligned}$$

7.3 Energietransport durch Wellen

Der Energietransport ist eine weitere Eigenschaft, die allen Wellen gemeinsam ist. Man benötigt Energie, um in einem anfangs gleichförmigen Medium eine Welle zu erzeugen. Diese Energie nimmt die Welle mit, und sie wird entweder auf dem Weg in Wärme umgewandelt oder an einen anderen Ort gebracht, wo sie absorbiert und genutzt oder auch zur Quelle reflektiert werden kann.

Wir wollen diese verschiedenen Vorgänge an einem Wechselstromgenerator betrachten, der Strom- und Spannungswellen auf einer Zweidrahtleitung erzeugt. Einen Generator kann man etwas naiv als Elektronenpumpe ansehen. Wir betrachten die Situation zu dem Zeitpunkt, zu dem der Generator angestellt worden ist und gerade angefangen hat, einen Schub Elektronen in das linke Ende des oberen Drahtes zu pumpen (Abb. 7.3), so daß dieser Bereich des Drahtes negativ geladen wird. Die Elektronen für diesen Vorgang bezieht der Generator aus dem linken Ende des unteren Drahtes, das also positiv geladen wird. Diese Trennung positiver und negativer Ladung erfordert Energie, die dem Generator zugeführt werden muß. Danach befindet sich die Energie im elektrischen Feld zwischen den Drähten.

Elektrische Ladung hat das Bestreben, aus stark geladenen Bereichen in neutrale Bereiche zu fließen. Die positiven und negativen Ladungen, die der Generator in die Drähte pumpt, bewegen sich daher nach rechts und tragen die Feldenergie mit sich.

Einen halben Zyklus später hat sich die Polarität des Generators umgekehrt, und die Elektronen werden aus dem linken Ende des *oberen* Drahtes in den Eingang des *unteren* Drahtes gepumpt (Abb. 7.4). Das elektrische Feld zwischen den beiden Drähten wechselt daher direkt neben dem Generator die Richtung. Diese neue Situation breitet sich dann ebenfalls nach rechts entlang der Drähte aus, eine halbe Wellenlänge hinter der zuvor beschriebenen Situation. Mit jedem Zyklus des Generators wiederholt sich die eben beschriebene Folge von Vorgängen; die entstehenden Wellen bewegen sich mit der Geschwindigkeit $v = \sqrt{1/LC}$ entlang der Übertragungsleitung.

Man darf nicht glauben, daß die *Elektronen* sich mit derselben Geschwindigkeit wie die Wellen durch die Drähte bewegen. Die Wellengeschwindigkeit auf einer typischen Übertragungsleitung beträgt etwa ein Zehntel der Vakuumlichtgeschwindigkeit; die Elektronen selbst bewegen sich mit Geschwindigkeiten in der Größenordnung von einigen Zentimetern in der Sekunde. Die Elektronen übertragen ihre Bewegung durch elektrostatische Abstoßung auf benachbarte Elektronen, so wie bei der Fortpflanzung einer Schallwelle die Moleküle in be-

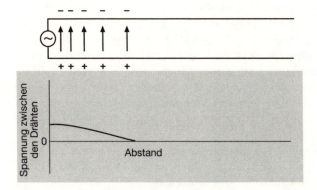

Abb. 7.3. Der Generator bringt Elektronen vom unteren Draht auf den oberen.

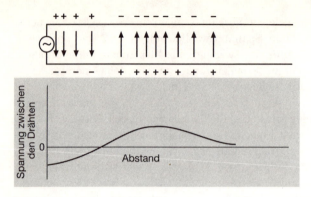

Abb. 7.4. Diese Situation folgt nach einer halben Periode auf die Situation in Abb. 7.3.

nachbarten Schichten des Gases den Druck von Schicht zu Schicht übertragen. In beiden Fällen übertrifft die Geschwindigkeit der Übertragung die Geschwindigkeit der sich bewegenden Teilchen bei weitem. Ähnlich ist es, wenn ein langer Güterzug anfährt: die Waggons werden vielleicht zunächst ruckartig auf eine Geschwindigkeit von 1 km/h gebracht, aber die Verdünnungswelle, die sich durch das Straffen der Kupplungen von der Lokomotive nach hinten ausbreitet, mag eine Geschwindigkeit von 200 km/h haben! In den Drähten der Übertragungsleitung oszillieren die Elektronen nur über kurze Abstände hin und her, während die Welle über sie hinwegläuft.

Die Elektronen, die sich in den Drähten hin- und herbewegen, bilden einen Wechselstrom. Der Strom erzeugt im Widerstand der Drähte Wärme, und die Energie, die diese Wärme darstellt, muß von der Energie der Wellen abgezogen werden. Das führt zu dem exponentiellen Abfall der Stromstärke und der Spannung, den wir in Kapitel 4 bereits eingehend beschrieben haben. Die dort entwickelte Argumentation bleibt auch für Wechselstromübertragung gültig.

Am anderen Ende der Leitung wird die Wellenenergie wahrscheinlich an eine Last abgegeben, an ein elektrisches Gerät, eine Lampe, einen Motor oder sonst etwas. Im allgemeinen wird diese Ausgangslast nur einen Teil der verfügbaren Wellenenergie absorbieren. In diesem Fall wird der ungenutzte Teil der Energie in Form von Wellen zum Generator zurückreflektiert. Diese Wellen haben dieselbe Frequenz, Geschwindigkeit und Wellenform wie die ursprünglichen Wellen, laufen aber in die entgegengesetzte Richtung; ihre Amplitude ist entsprechend der Energieabsorption durch die Abschlußlast vermindert. Diese reflektierten Wellen werden durch den zweiten Term in Gleichung (7.2) beschrieben, den wir bis jetzt außer acht gelassen haben. Wir werden das Phänomen der Wellenreflexion in Abschnitt 7.4 wiederaufnehmen.

Um Ihnen die Universalität der Betrachtungen, die wir eben für die Wellenenergie in einer Übertragungsleitung angestellt haben, deutlich vor Augen zu führen, erzählen wir die ganze Geschichte noch einmal für die analoge Situation einer Schallwelle, die sich im Innern eines Rohres fortpflanzt, das so zu einer akustischen Übertragungsleitung wird. Stellen Sie sich als Schallquelle einen Kolben am Eingang des Rohres vor, der irgendwie mechanisch angetrieben wird (Abb. 7.5). Die Schallwellen tragen die Energie, die den Verdichtungen und Verdünnungen der Luft entlang der Welle innewohnt. Diese Energie wurde den Wellen von der Bewegung des Kolbens aufgeprägt. Dieser wiederum bezieht seine Energie aus der Arbeit des antreibenden Mechanismus. Im einzelnen läuft das so: Betrachten wir einen Zeitpunkt, zu dem der Kolben sich nach rechts bewegt und die vor ihm liegenden Luftschichten verdichtet. Gleichzeitig erzeugt die rückwärtige Oberfläche des Kolbens ein partielles Vakuum, eine Verdünnung. Der Kolben leistet an der Luft Arbeit, indem er sich gegen den Druckunterschied nach rechts bewegt.

Sobald die Verdichtung entstanden ist, bewegt sie sich entlang des Rohres nach rechts. Dabei wird sie von einer Luftschicht zur nächsten weitergegeben. Die Verdichtungsenergie läuft mit der Verdichtung nach rechts. Einen halben Zyklus später bewegt sich der Kolben nach *links*. Er erzeugt einen Verdünnungsbereich am Eingang des Rohres und leistet dabei weitere Arbeit. Die Verdünnung folgt dann der vorhergehenden Verdichtung nach rechts. Die ganze Abfolge wiederholt sich Zyklus um Zyklus.

Bei der Übertragung der Schallwellen entlang des Rohres geht durch folgende Vorgänge Energie verloren: (a) Die verdichteten Luftschichten sind etwas wärmer als die benachbarten verdünnten Schichten. Es fließt daher ständig etwas Wärme aus den verdichteten in die verdünnten Bereiche. Wenn eine verdichtete Luftschicht Wärme abgibt, verringert sich ihr Druck, während die Wärme, die die verdünnten Luftschichten aufnehmen, dort den Druck etwas erhöht. Der Wärmefluß reduziert also beim Fortschreiten der Welle die Amplitude der Druckschwankungen, und damit auch die Energie der Welle. (b) Die Seitenwände des Rohres absorbieren etwas Wärme aus den verdichteten Bereichen und geben davon etwas an die verdünnten Bereiche ab, mit dem oben beschriebenen Ergebnis. (c) Die erhöhte Temperatur in den verdichteten Bereichen führt zu einer Zunahme der internen Rotations- und Schwingungsenergie der Gasmoleküle. Ein Teil dieser Energie bleibt einen halben Zyklus lang erhalten und wird während der darauffolgenden Verdünnungsphase als Wärme abgegeben, was wiederum die Amplitude reduziert. Die Verdichtungs- und Verdünnungsprozesse sind nicht vollständig adiabatisch.

Diese Vorgänge führen zum gleichen Resultat wie die Vorgänge, durch die bei der Ausbreitung von Strom- und Spannungswellen auf einer Übertragungs-

Abb. 7.5. Der oszillierende Kolben erzeugt in dem Rohr Verdichtungen und Verdünnungen, die sich wellenartig ausbreiten.

leitung elektrische Energie verlorengeht. Man könnte in der Tat sagen, daß sie zu einem akustischen Widerstand führen.

Am anderen Ende des Rohres wird die Wellenenergie wahrscheinlich von einem lauschenden Ohr teilweise absorbiert. Wenn das rechte Ende dagegen offen ist, entweicht ein Teil der Schallenergie in die umgebende Luft, und der Rest wird entlang des Rohres zum Generator zurückreflektiert. Wenn das rechte Ende durch eine feste, nicht absorbierende Abschirmung verschlossen ist, wird die ganze Energie in das Rohr reflektiert.

Wir hoffen, daß Sie noch etwas über die ähnlichen Eigenschaften elektrischer und akustischer Wellensysteme nachdenken werden, die wir in diesem Abschnitt beschrieben haben; sie sind typisch für alle Wellensysteme. Die gemeinsamen Merkmale sind folgende: (a) es erfordert Energie, eine Welle zu erzeugen; (b) die Welle trägt die Energie, von der sie erzeugt wird, mit sich; (c) diese Energie wird beim Fortschreiten der Welle durch irgendeinen Reibungsmechanismus aufgezehrt; und (d) die verbleibende Energie wird am Ende des Übertragungsweges durch einen Prozeß der Energieumwandlung ganz oder teilweise absorbiert, oder sie wird ganz oder teilweise reflektiert. Da Energie weder erzeugt, noch vernichtet werden kann, verteilt sich die ganze Energie, die der Welle am Anfang mitgegeben wurde, auf irgendeine Kombination dieser Vorgänge.

Gehen wir nun quantitativ vor. Die Energie eines kontinuierlichen Wellenzuges wird üblicherweise durch die Intensität I beschrieben, die als Energiefluß pro Sekunde durch eine zur Ausbreitungsrichtung senkrechte Flächeneinheit des Mediums definiert ist. Die Intensität eines Lichtstrahls, eines Schallstrahls oder eines Radiostrahls wird in SI-Einheiten in $W\,m^{-2}$ angegeben.

Versuchen wir, die Intensität eines Schallstrahls zu bestimmen. Die Energie eines solchen Strahls setzt sich zusammen aus der kinetischen Energie der Schichten des Mediums, das der Strahl durchläuft, und aus der potentiellen Energie der Verdichtung und Verdünnung derjenigen Schichten, die zu einem bestimmten Zeitpunkt solchen Störungen unterworfen sind. Wenn wir ein Volumenelement dV im Strahl betrachten, das so klein ist, daß die Phase der Welle darin im wesentlichen konstant ist, können wir als momentane kinetische Energie des Mediums in diesem Volumenelement

$$E_k = \frac{1}{2}\rho\,dV u^2$$

schreiben, wobei ρ die Dichte des Mediums und u die Geschwindigkeit der Bewegung in dem Volumenelement, nicht die Geschwindigkeit v der Welle ist.

Gleichung (7.3) ergibt für die Auslenkung P des Volumenelements aus der Ruhelage

$$P = a\sin\left[\frac{2\pi}{\lambda}(x - vt)\right].$$

Wir leiten P nach der Zeit ab und erhalten die Geschwindigkeit:

$$\frac{dP}{dt} = u = -a\frac{2\pi v}{\lambda}\cos\left[\frac{2\pi}{\lambda}(x - vt)\right].$$

Die kinetische Energie des Volumenelements ist also

$$E_k = 2\rho\, dV a^2 \pi^2 \frac{v^2}{\lambda^2} \cos^2\left[\frac{2\pi}{\lambda}(x - vt)\right] .$$

Wenn die kinetische Energie maximal wird, durchläuft das Volumenelement den Mittelpunkt seiner periodischen Bewegung, und seine gesamte Energie ist kinetisch. Zu diesen Zeiten ist der Kosinus 1, und damit

$$E_{k,\max} = E_{\text{tot}} = 2\rho\, dV a^2 \pi^2 v^2 \lambda^2 .$$

Die Gesamtenergie pro Volumeneinheit ist also

$$E_{\text{tot}} = 2\rho a^2 \pi^2 v^2 / \lambda^2 .$$

Für v/λ setzen wir die Frequenz f ein und erhalten

$$E_{\text{tot}} = 2\rho a^2 \pi^2 f^2 .$$

Schließlich ist der Energiefluß durch eine zum Strahl senkrechte Flächeneinheit das Produkt der Energie pro Volumeneinheit und der Wellengeschwindigkeit des Strahls, und damit

$$\boxed{I = 2\rho a^2 \pi^2 f^2 v .} \qquad (7.11)$$

Die Intensität des Schalls ist also dem *Quadrat* der Wellenamplitude proportional. Dies gilt ganz allgemein für alle Arten von Wellen. Zum Beispiel ist die Leistung, die eine Welle am Ende einer Übertragungsleitung an den Lastwiderstand abgibt, dem Quadrat der Effektivspannung oder der Effektivstromstärke proportional.

7.4 Reflexion

Wir haben die Reflexion von Wellen schon erwähnt, aber das Thema enthält eine ganze Goldmine voller Einsichten, so daß wir ihm einen eigenen Abschnitt widmen wollen. Wir definieren Reflexion als das Zurückwerfen einer Welle durch ein Hindernis auf ihrem Weg. Reflexion tritt nur bei einer abrupten Änderung in den Transmissionseigenschaften des Mediums auf. Umgekehrt tritt bei jeder solchen abrupten Änderung Reflexion auf. Die Reflexion kann je nach Art der Diskontinuität partiell oder total sein. Ein Lichtstrahl in Luft, der auf Glas trifft, wird an der Grenzfläche teilweise reflektiert, teilweise tritt er in das Glas ein. An der Grenze findet keine Energieabsorption statt. Derselbe Lichtstrahl wird fast vollständig reflektiert, wenn er auf eine spiegelnde Metalloberfläche trifft. Wenn er aber auf schlammiges Wasser fällt, wird er teilweise reflektiert und tritt teilweise in das Wasser ein; der eintretende Anteil wird aber beim Eindringen in das Wasser exponentiell absorbiert. Eine Spannungswelle auf einer Übertragungsleitung kann von einem arbeitenden Motor am Ende der Leitung vollständig absorbiert werden. Läuft der Motor jedoch im Leerlauf, so wird der größte Teil der Wellenenergie in die Leitung reflektiert. Wie Sie an diesen Beispielen sehen, ist die Reflexion eine schillernde Sache. Wir werden sie in Kapitel 12 eingehender betrachten.

Übungen

7.1 Welche Hinweise haben Sie aus Ihrer Erfahrung dafür, daß die Schallgeschwindigkeit für alle Frequenzen gleich ist?

7.2 Wie könnte man den Ursprung einer Störung lokalisieren, wenn diese sowohl longitudinale als auch transversale Wellen aussendet, die sich mit bekannten, verschiedenen Geschwindigkeiten im Medium ausbreiten? Beschreiben Sie, wie man diese Methode nutzen könnte, um die Quelle eines Erdbebens zu lokalisieren.

7.3 Wie könnten Sie durch ein Experiment nachweisen, daß mit einer Welle Energie assoziiert ist?

7.4 Eine Stimmgabel wird in Schwingungen versetzt und mit dem Griff an eine kleine offene Holzschachtel gehalten. Welchen Einfluß hat die Schachtel (a) auf die Lautstärke und (b) auf die Dauer des Tons?

7.5 Zeigen Sie, daß die Schallgeschwindigkeit in einem idealen Gas nicht vom Gasdruck abhängt.

7.6 Wie ändert sich die Geschwindigkeit von Wellen auf einer Saite, wenn Sie sowohl die Zugkraft verdoppeln als auch die Längendichte halbieren?

7.7 Zeigen Sie, warum bei sehr intensiven Schallwellen in der Luft die verdichteten Teile der Welle die verdünnten Teile überrennen.

7.8 Zeigen Sie, daß keine verfügbare Zugkraft dazu führt, daß sich in einem festen Stab die transversalen Wellen schneller ausbreiten als die longitudinalen.

7.9 Beschreiben Sie die folgenden beiden fortschreitenden Wellen durch Gleichungen: (a) Amplitude $0.20\,\text{cm}$, Periode $0.02\,\text{s}$, Wellenlänge $500\,\text{cm}$; (b) Amplitude $1.25 \cdot 10^{-7}\,\text{cm}$, Frequenz $256\,\text{Hz}$, Ausbreitungsgeschwindigkeit $330\,\text{m}\,\text{s}^{-1}$.

7.10 Die durchgezogene Kurve in Abb. 7.6 zeigt eine Sinuswelle, die sich zur Zeit $t = 0$ in einer Schnur nach rechts bewegt. Die gestrichelte Kurve zeigt die Form der Schnur zur Zeit $t = 0.12\,\text{s}$. Bestimmen Sie (a) die Wellenlänge, (b) die Amplitude, (c) die Geschwindigkeit, (d) die Frequenz und (e) die Periode dieser Welle.

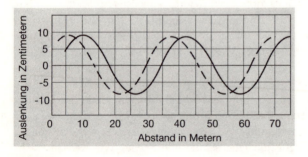

Abb. 7.6.

7.11 Zeigen Sie durch Ableiten und Einsetzen, daß Gleichung (7.2) eine Lösung der Wellengleichung ist.

7.12 Eine Welle wird durch die Gleichung $y = 0.20 \sin[0.40\pi(x - 60t)]$ beschrieben, wobei Abstände in Zentimetern und Zeiten in Sekunden gemessen werden. Bestimmen Sie (a) die Amplitude, (b) die Wellenlänge, (c) die Geschwindigkeit und (d) die Frequenz dieser Welle. (e) Wie groß ist die Auslenkung bei $x = 5.5$ und $t = 0.20$?

7.13 Berechnen Sie die Intensität einer Dichtewelle in Luft bei 0 °C und 760 mmHg, wenn ihre Frequenz 1056 Hz und ihre Amplitude 0.00120 cm beträgt. Die Geschwindigkeit der Welle in Luft ist $331\,\mathrm{m\,s^{-1}}$.

7.14 Zeigen Sie, daß bei einer Auslenkungsamplitude der Luftmoleküle von $1.50 \cdot 10^{-5}$ m die Energiedichte in einem 1000 Hz-Schallstrahl $0.0057\,\mathrm{J\,m^{-3}}$ beträgt.

7.15 Zeigen Sie, daß auch eine Welle der Form $p = a\cos^2(x - vt)$ die Wellengleichung löst.

8. Stehende Wellen und Resonanz

> Wir befassen uns hier mit einem der ältesten Zweige der Mathematik, der Theorie schwingender Saiten, die ihre Wurzeln in den Ideen des griechischen Mathematikers Pythagoras hat.
>
> *Norbert Wiener*

8.1 Bildung stehender Wellen

Im letzten Kapitel haben wir uns mit einigen universellen Eigenschaften fortschreitender Wellen beschäftigt. In diesem Kapitel werden wir zwei weitere Phänomene diskutieren, die in allen Wellensystemen auftreten: stehende Wellen und Resonanz.

Betrachten wir einen Wellenzug transversaler Auslenkung, der sich entlang einer Saite in positiver x-Richtung von links nach rechts ausbreitet. Das Ende der Saite sei bei $x = 0$ fest eingespannt, so daß es sich trotz der transversalen Kräfte, die die Wellen ausüben, nicht bewegen kann. An dieser Stelle kann daher keine Energie absorbiert werden, und die einlaufenden Wellen werden vollständig reflektiert. Vor dem Ende überlagern sich dadurch zwei Wellenzüge, die sich in entgegengesetzter Richtung ausbreiten: der ursprüngliche Wellenzug von links nach rechts, der reflektierte von rechts nach links. Diese Wellenzüge bewegen sich durcheinander hindurch. Sie haben gleiche Geschwindigkeit, Frequenz, Wellenlänge und Amplitude, aber verschiedene Ausbreitungsrichtungen.

Zur Beschreibung dieser Situation brauchen wir beide Terme der Gleichung (7.2):

$$P = f_1(x - vt) + f_2(x + vt) \,,$$

wobei die Formfunktion f_2 das Spiegelbild der Funktion f_1 darstellt. Wenn wir sinusförmige Wellen betrachten, sind die Funktionen f_1 und f_2 identisch, da die Sinusfunktion ihr eigenes Spiegelbild ist.[1] Damit ist

$$P = a\sin[2\pi(x - vt)/\lambda] + a\sin[2\pi(x + vt)/\lambda] \,.$$

Durch Anwendung der Additionstheoreme erhalten wir die Überlagerung dieser beiden Wellenzüge:

---

[1] Anmerkung des Übersetzers: Genaugenommen wird die Welle am *festen* Ende nicht nur gespiegelt, sondern auch invertiert: $f_2(x) = -f_1(-x)$. Für $f_1(x) = \sin(x)$ ergibt sich $f_2(x) = -\sin(-x) = \sin(x)$.

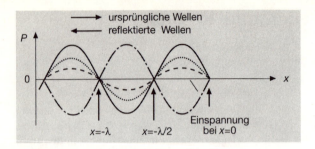

Abb. 8.1. Eine stehende Welle ist eine Funktion von Ort und Zeit. Die Form der Welle entspricht $\sin 2\pi x/\lambda$ und ist für drei Werte von t gezeigt. Durchgezogene Kurve: $t = 0$; punktierte Kurve: $t = t_1$; gestrichelte Kurve: $t = t_2$. Die Amplitude der Sinuswelle (strichpunktierte Kurve) variiert mit $\cos 2\pi vt/\lambda$.

$$\begin{aligned} P &= a\sin(2\pi x/\lambda)\cos(2\pi vt/\lambda) - a\cos(2\pi x/\lambda)\sin(2\pi vt/\lambda) \\ &+ a\sin(2\pi x/\lambda)\cos(2\pi vt/\lambda) + a\cos(2\pi x/\lambda)\sin(2\pi vt/\lambda) \,, \end{aligned}$$

$$\boxed{P = 2a\sin(2\pi x/\lambda)\cos(2\pi vt/\lambda)\,.} \tag{8.1}$$

Diese Gleichung besagt, daß das resultierende Wellenmuster zu jedem Zeitpunkt die Sinusform $\sin(2\pi x/\lambda)$ besitzt. Die Welle hat jetzt die doppelte Amplitude, die außerdem mit $\cos(2\pi vt/\lambda)$ zwischen $2a$ und $-2a$ oszilliert und dabei pro Periode zwei Nulldurchgänge hat. Obwohl dieses Wellenmuster aus fortschreitenden Wellen zusammengesetzt wurde, werden Sie kein Fortschreiten feststellen können, wenn Sie es beobachten. Verschiedene Abschnitte des Wellenmediums bewegen sich nur auf und ab und denken gar nicht daran, fortzuschreiten. Gleichung (8.1) beschreibt eine sogenannte stehende Welle. Abbildung 8.1 zeigt Graphen von Gleichung (8.1) zu drei verschiedenen Zeitpunkten.

Folgende Eigenschaften einer stehenden Welle verdienen Beachtung: Erstens stellen wir durch Einsetzen von $x = 0$ in Gleichung (8.1) fest, daß das eingespannte Ende zu allen Zeiten unausgelenkt bleibt. Das ist nicht sehr verwunderlich, denn gerade das sollte das Einspannen ja schließlich bewirken. Zweitens finden sich entlang der Saite weitere unausgelenkte Punkte. Diese „toten Stellen" nennt man *Knoten*. Sie befinden sich an den Punkten, an denen der Formfaktor $\sin(2\pi x/\lambda)$ verschwindet. Das sind die Punkte $x = \pm n\lambda/2$, wobei n eine ganze Zahl ist. Die Knoten treten somit in Abständen einer halben Wellenlänge auf, beginnend mit dem eingespannten Ende. Die Abschnitte zwischen den Knoten nennt man *Bäuche*. Vibriert die Saite mit einer Frequenz, der das Auge nicht folgen kann, so verschmelzen die einzelnen Formen der Saite zu einigen vibrierenden, durch Knoten getrennten Abschnitten. Drittens zeigt die Zeitabhängigkeit $\cos(2\pi vt/\lambda)$, daß die Amplitude der sinusförmigen Auslenkung der Saite mit der Frequenz v/λ der ursprünglichen Welle variiert. In den folgenden Vergleichen wird sich zeigen, daß diese Eigenschaften stehender Wellen allen Wellensystemen gemeinsam sind.

8.2 Zweidrahtleitung

Bei einer Übertragungsleitung für Wechselspannung entspricht dem Einspannen der Saite das Fehlen einer Abschlußlast. So wie das Einspannen die transversale Bewegung verhindert, verhindert das Fehlen einer Abschlußlast den Ladungsfluß zwischen den Drähten und führt so zur Reflexion der Strom- und Spannungswellen zum Generator. Die Amplitude der zurücklaufenden Wellen wird durch die Reflexion nicht vermindert, da ohne Abschlußlast keine Energieabsorption stattfindet. Die reflektierten Wellen haben außerdem die Frequenz des Generators und erfüllen damit die Bedingung für eine stehende Welle: zwei Wellenzüge pflanzen sich mit gleicher Amplitude und Frequenz in entgegengesetzter Richtung fort. Die stehende Stromwelle hat ihren ersten Knoten am offenen Ende der Leitung und weitere Knoten in Abständen der halben Wellenlänge bis zurück zum Eingang der Leitung.

Gleichzeitig ensteht eine stehende Spannungswelle, deren erster Knoten eine Viertelwellenlänge vom offenen Ende entfernt ist. Die weiteren Knoten haben wiederum Abstände einer halben Wellenlänge, so daß Strom- und Spannungsknoten sich jeweils abwechseln.

Beispiel 8.1. Die Ausbreitungsgeschwindigkeit von 400 Hz-Wellen auf einer bestimmten Zweidrahtleitung beträgt ein Zehntel der Vakuumlichtgeschwindigkeit. Bei einem Sturm fällt ein Baum auf die Leitung und unterbricht die Drähte. Ein Techniker inspiziert die Leitung, um den Schaden zu lokalisieren, und stellt mit einem Voltmeter fest, daß sich 26.2 Kilometer vom Kraftwerk entfernt ein Spannungsknoten befindet. Was kann er daraus über den Ort des Schadens schließen?

In diesem Beispiel ist $v = 30\,000\,\mathrm{km\,s^{-1}}$ und $f = 400\,\mathrm{Hz}$. Als Wellenlänge λ ergibt sich

$$\begin{aligned}\lambda &= \frac{v}{f} \\ &= \frac{30\,000\,\mathrm{km\,s^{-1}}}{400\,\mathrm{Hz}} \\ &= 75\,\mathrm{km}\,.\end{aligned}$$

An der Unterbrechung tritt ein Stromknoten auf, eine Viertelwellenlänge davon entfernt ein Spannungsknoten. Die weiteren Spannungsknoten liegen eine halbe Wellenlänge auseinander. Der Schaden befindet sich demnach 18.8, 56.3, 93.8, ... Kilometer vom Standort des Technikers entfernt, also insgesamt 45.0, 82.5, 120.0, ... Kilometer vom Kraftwerk entfernt.

8.3 Schallwellen in einem Rohr

Stellen Sie sich einen kontinuierlichen Schallwellenzug vor, der sich in einem einseitig mit einer festen Wand verschlossenen Rohr fortpflanzt. Ein solcher Abschluß entspricht dem Einspannen einer Saite, da die Wand die longitudinale Bewegung der angrenzenden Luftschicht verhindert. Der Schall wird vollständig reflektiert, und der reflektierte Wellenzug pflanzt sich in umgekehrter Richtung fort. Durch Überlagerung der beiden Wellenzüge bildet sich wiederum eine stehende Welle. Die Wand selbst wird ein Knoten der longitudinalen Bewegung, und wiederum befinden sich entlang des Rohres weitere Knoten in Abständen der halben Wellenlänge. Zwischen den Bewegungsknoten befinden sich Druckknoten, die ebenfalls eine halbe Wellenlänge voneinander und eine Viertelwellenlänge von den Bewegungsknoten entfernt sind.

8.4 Reflexion von Mikrowellen

Betrachten wir einen Mikrowellenzug, der senkrecht auf eine ideal reflektierende Metalloberfläche trifft. Beim Eintreten in die Oberfläche des Metalls trifft das elektrische Wechselfeld auf ein Meer freier Elektronen. Falls das elektrische Feld vertikal polarisiert ist, schwingen die Elektronen aufgrund der Beschleunigung durch das Feld auf und ab. Beschleunigte Ladungen geben aber elektromagnetische Strahlung ab. Die Oberflächenschicht des spiegelnden Metalls, die die oszillierenden Elektronen enthält, stellt also eine Antenne dar; sie strahlt die eingestrahlte Energie entlang der Einfallsrichtung zurück. Falls das Metall gut leitet, ist die Reflexion fast vollständig. Da die Elektronen mit der Frequenz der einlaufenden Wellen oszillieren, haben auch die auslaufenden Wellen diese Frequenz. Die Bedingung für eine stehende Welle ist erfüllt, und im Raum vor dem Spiegel bildet sich eine stehende elektromagnetische Welle.

Die freien Elektronen in der Metalloberfläche stellen für die Mikrowellen eine Art Kurzschluß dar. Wären sie völlig frei, so wäre die Reflexion vollständig. Die sich bewegenden Elektronen bilden jedoch einen Strom, und alle Metalle setzen elektrischem Strom einen Widerstand entgegen. Ein kleiner Anteil der einfallenden Wellenenergie wird daher in der Oberfläche des Spiegels in Joulesche Wärme umgewandelt, der Rest, vielleicht 98%, wird reflektiert.

Die stehende Welle vor dem Spiegel kann mit einem Detektor analysiert werden. Man findet dabei Spannungsknoten im Abstand einer halben Wellenlänge entlang der Achse des Strahls. Dazwischen befinden sich Knoten des Verschiebungsstroms, die jedoch mit einem üblichen Detektor nicht aufzufinden sind.

Diese konkreten Beispiele aus verschiedenen Bereichen von Physik und Technik sollen Sie in dem Eindruck bestärken, daß sich Wellen aller Art in der Tat ähnlich verhalten. Wenn Sie die Physik der Wellen in allgemeiner Form lernen können, so wie wir sie in diesem Buch zu entwickeln versucht haben, brauchen Sie nicht die Literatur nach einer speziellen Abhandlung über ein bestimmtes Wellensystem zu durchsuchen. Sie müssen nur eine allgemeine Lösung nehmen und sie mit den speziellen Symbolen versehen, die für das untersuchte Wellensystem relevant sind.

8.5 Resonanz in Wellensystemen

Um die Universalität der grundlegenden Welleneigenschaften noch deutlicher zu machen, wollen wir uns einem weiteren Aspekt des Wellenverhaltens zuwenden, der die ganze Wellenphysik durchzieht: der Resonanz.

In Kapitel 6 tauchte die Resonanz bereits bei der Beschreibung der Eigenschaften von Oszillatoren auf. Dort konnten wir zeigen, daß ein schwingungsfähiges System bei Anregung mit seiner Eigenfrequenz mit größerer Amplitude reagiert als bei allen anderen Frequenzen. So beschreibt zum Beispiel eine Kinderschaukel nur dann einen großen Bogen, wenn sie durch Stöße angeregt wird, die ihrer Eigenfrequenz entsprechen. Der Abstimmkreis eines Radioempfängers spricht nur auf Radiowellen mit der Frequenz an, mit der er von sich aus schwingen würde.

Ein Wellensystem ist auch ein Oszillator. Um diesen Gedanken zu verfolgen, wenden wir uns wieder der eingespannten Saite zu. In Abschnitt 8.1 haben wir Wellen betrachtet, die auf einer Saite entlanglaufen, reflektiert werden und eine stehende Welle bilden. Wir haben allerdings nichts darüber gesagt, wo diese Wellen herkamen und wie sie erzeugt wurden. Nehmen wir an, die Wellen werden von einer elektrisch betriebenen Stimmgabel erzeugt, an deren einer Zinke das zweite Ende der Saite befestigt ist. Wir müssen nun bedenken, daß die Stimmgabel nicht nur Wellen erzeugt, sondern auch zuvor erzeugte Wellen reflektiert, die schon die Reise zum eingespannten Ende und zurück hinter sich haben. Wenn wir uns auf einen einzelnen Wellenberg konzentrieren könnten, würden wir ihm von der Stimmgabel bis zum eingespannten Ende folgen, dort seine Reflexion beobachten und mit ihm zur Stimmgabel zurückkehren, wo er wiederum reflektiert würde, und so weiter. Der Wellenberg würde mehrfach an beiden Enden der Saite reflektiert werden und mehrere Hin- und Rückreisen zurücklegen, bevor er schließlich den verschiedenen energieabsorbierenden Prozessen erliegen würde, vor allem der Abstrahlung von Schall. Bei all diesen Reisen würde unser Berg natürlich unentwirrbar mit anderen Wellen durcheinandergeraten, die das gleiche tun und so die stehende Welle erzeugen. Gleichzeitig würde die Stimmgabel ständig neue Wellen erzeugen und auf die Reise schicken.

Nehmen wir nun an – und hier kommt die Resonanz ins Spiel –, daß die Saite gerade so lang ist, daß ein Wellenberg für Hin- und Rückreise genau ein ganzzahliges Vielfaches der Schwingungsdauer benötigt. Seine zweite Reise tritt er dann genau in dem Moment an, in dem die Stimmgabel einen neuen Wellenberg erzeugt. Die beiden Berge überlagern sich zu einem einzigen Berg mit fast der doppelten Amplitude. Nach einer weiteren Hin- und Rückreise werden sie von der Stimmgabel durch einen weiteren Wellenberg verstärkt. Die Amplitude nimmt also ständig zu, bis die Energieverluste, die mit der Amplitude steigen, pro Hin- und Rückreise gerade die Energie ausmachen, die die Stimmgabel pro

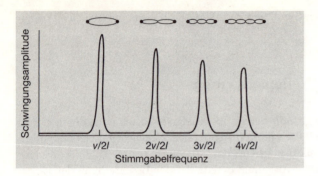

Abb. 8.2. Eine schwingende Saite zeigt verschiedene Resonanzen.

Schwingung in das System einspeist. Das Endresultat nach vielen Zyklen zum Erreichen eines stationären Zustands ist eine stehende Welle mit außergewöhnlich großer Amplitude.

Damit dieser Resonanzfall eintritt, muß die Erzeugung neuer Wellenberge genau mit dem Eintreffen der reflektierten Wellenberge zusammentreffen. Die Zeit, die ein Wellenberg für eine Hin- und Rückreise benötigt, muß also ein ganzzahliges Vielfaches der Schwingungsdauer sein, d.h. $2l/v = nT$, wobei l die Länge der Saite und T die Schwingungsdauer ist. Die Länge der Saite muß demnach ein ganzzahliges Vielfaches der halben Wellenlänge sein, $l = (1/2)n\lambda$, d.h. die Saite muß eine ganze Anzahl von Bäuchen aufweisen.

Die Anpassung der Eigenschaften des Wellenmediums an diese Bedingungen bezeichnet man als *Abstimmung*. Ein Wellensystem mit festen Eigenschaften kann aber auch in Resonanz gebracht werden, indem man die Frequenz der Quelle, und damit die Wellenlänge, gemäß der Bedingung $l = (1/2)n\lambda$ wählt.

Die Oszillatoren, die wir in Kapitel 6 betrachtet haben, hatten nur eine einzige Eigenfrequenz. Dagegen weisen Wellensysteme ein ganzes Spektrum verschiedener Eigenfrequenzen auf und können daher durch Einstellen der Generatorfrequenz bei verschiedenen Frequenzen in Resonanz gebracht werden.

Eine Saite kann zum Beispiel mit einem einzigen Bauch bei der Eigenfrequenz $v/2l$ schwingen. Sie hat aber auch Eigenschwingungen mit allen ganzzahligen Vielfachen $nv/2l$ dieser Grundfrequenz. Wenn man die Frequenz, mit der die Stimmgabel angeregt wird, langsam erhöhen könnte, würde man sehen, daß die stehende Welle auf der Saite jeweils beim Durchlaufen der Eigenfrequenzen wesentlich stärker wird. Abbildung 8.2 zeigt dieses Spektrum der Resonanzen, von denen jede mit der einzelnen Resonanzkurve des mechanischen Schwingers aus Masse und Feder verglichen werden kann. Elektrische Übertragungsleitungen, Orgelpfeifen, Blasinstrumente, Echokammern und schwingende Oberflächen zeigen alle ähnliche Resonanzspektren.

Praktisch kann das eben beschriebene Experiment nicht durchgeführt werden, denn eine Stimmgabel schwingt immer nur mit einer bestimmten Frequenz. Man kann jedoch ein äquivalentes Experiment durchführen, bei dem man nicht die Anregungsfrequenz, sondern die Geschwindigkeit der Wellen auf der Saite variiert, indem man die Zugkraft in der Saite ändert. Mit $f_n = nv/2l$ und $v = \sqrt{Z_n/\mu}$ ist

$$f_n = \frac{n}{2l}\sqrt{\frac{Z_n}{\mu}},$$

und daraus erhalten wir

$$\boxed{Z_n = \frac{f_n^2 4l^2 \mu}{n^2}.} \tag{8.2}$$

Mit einer elektrisch betriebenen Stimmgabel mit fester Frequenz f kann man also durch unterschiedliches Spannen der Saite verschiedene Resonanzen anregen (Abb. 8.3).

Übungen

8.1 Wasserwellen mit Wellenlänge λ und Geschwindigkeit v werden von einer glatten vertikalen Wand reflektiert und bilden eine stehende Welle. Finden Sie für eine Boje, die im Abstand x_b von der Wand schwimmt, (a) die vertikale Auslenkung und (b) die Vertikalgeschwindigkeit zu jedem Zeitpunkt.

8.2 Sie haben eine Stimmgabel in der linken Hand und eine Wand zur rechten. Das eine Ohr hört nichts, das andere ist an der Stelle, wo es den Schall am lautesten hört. Ihre Ohren sind 18 cm voneinander entfernt. Welche Frequenzen könnte die Stimmgabel haben?

8.3 Eine Welle der Form $P = a \sin^2[2\pi(x - vt)/\lambda]$ wird auf sich selbst zurückgeworfen. Zeigen Sie, daß die Wellenlänge der resultierenden stehenden

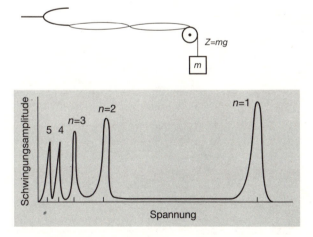

Abb. 8.3. Das Resonanzspektrum findet man, indem man die Zugkraft in einer schwingenden Saite variiert.

Welle halb so groß ist wie die, die sich bei Reflexion einer Welle der Form $P = a \sin[2\pi(x - vt)/\lambda]$ ergibt.

8.4 Auf einer gespannten Saite werden durch eine elektrisch angetriebene Stimmgabel Wellen erzeugt. Die Saite resoniert bei einer Zugkraft von 430, 242 und 155 N, jeweils mit einem Bauch mehr. Welche Zugkraft muß gewählt werden, damit die Saite mit nur einem Bauch schwingt?

8.5 Bestimmen Sie die Perioden T_n der Eigenschwingungen eines Zweileiterkabels der Länge 0.1 m mit beiderseitig offenen Enden in Wasser (Dielektrizitätskonstante $\epsilon = 80.1$)? Die Wellengeschwindigkeit in Wasser ist $c/\sqrt{\epsilon}$.

8.6 Durch Summen kann man auf einem Bildschirm horizontale Streifen erzeugen. Die Tonhöhe des Summens bestimmt, ob die Streifen auf oder ab laufen oder stehenbleiben. Wir erklären Sie sich diesen Zusammenhang zwischen Summen und Sehen?

8.7 Ein Schallstrahl mit definierter Frequenz fällt senkrecht auf eine harte, reflektierende Wand. Beschreiben Sie eine Methode, mit der Sie die Frequenz des Schalls messen könnten.

8.8 Eine Frau nähert sich mit einem Kurzwellenempfänger einem Gebäude mit einer Metallfassade. Dabei durchläuft der Empfang des Radios mehrere Maxima und Minima. Wie kommt das?

8.9 Wenn ein Knoten in einer schwingenden Saite nicht ausgelenkt wird, wie kommt dann die Energie vom Enstehungsort der Wellen hinter den Knoten, um dort Bäuche zu erzeugen?

8.10 In einem schlecht entworfenen Saal hört man auf einem bestimmten Sitz den Sprecher deutlich, zwei Reihen weiter hinten dagegen fast gar nicht. Woran kann das liegen?

9. Interferenz und Interferometrie

> In diesem Kapitel werden wir sehen, wie Klänge streiten, kämpfen, bei gleicher Stärke einander vernichten und der Stille weichen.
>
> *Sir Robert Stawell Ball*

9.1 Einleitung

Wir haben bereits einen Fall von Interferenz behandelt: Zwei Wellenzüge gleicher Amplitude und Frequenz, aber entgegengesetzter Ausbreitungsrichtung, überlagern sich zu stehenden Wellen. Wir haben gesehen, daß das Zusammenspiel der Wellenzüge, ihre Interferenz, an den Knoten dazu führt, daß die Auslenkung zu allen Zeiten verschwindet. Eine solche Auslöschung nennt man destruktive Interferenz. An den Bäuchen führt die Überlagerung der Wellenzüge zu einer Bewegung mit doppelter Amplitude. Diese Verstärkung nennt man konstruktive Interferenz. Interferenz tritt immer dann auf, wenn mehrere Wellen oder Wellenzüge aufeinandertreffen. Das Ergebnis ist interessant, oft auch nützlich. Interferometrie ist die Kunst, ein solches Zusammenspiel absichtlich hervorzurufen.

Die Welleninterferenz zeigt eine Regelmäßigkeit, die man formal mit dem Superpositionsprinzip beschreibt: Die aus der Interaktion zweier Wellen oder Wellenzüge resultierende Bewegung ist die Summe der Bewegungen, die die Wellen oder Wellenzüge einzeln bewirkt hätten. Dieses Prinzip wird an den stehenden Wellen deutlich, die wir in Kapitel 8 betrachtet haben. Wir wollen jetzt weitere Fälle von Interferenz betrachten und zeigen, wie Interferometrie bei der Durchführung von Präzisionsmessungen eingesetzt wird.

9.2 Schwebung

Eine einführende Behandlung des Phänomens der Schwebung beginnt üblicherweise mit der Beschreibung des Klangeindrucks, den zwei reine Sinustöne gleicher Amplitude und etwas unterschiedlicher Frequenzen f_1 und f_2 hervorrufen. Die Druckschwankungen der beiden Töne seien durch $P_1 = a\sin(2\pi f_1 t)$ und $P_2 = a\sin(2\pi f_2 t)$ gegeben. Nach dem Superpositionsprinzip ist der Gesamtdruck an Ihrem Trommelfell dann

$$P_1 + P_2 \;=\; a\left[\sin(2\pi f_1 t) + \sin(2\pi f_2 t)\right]$$

$$= 2a \sin\left[\frac{1}{2}(2\pi f_1 t + 2\pi f_2 t)\right] \cos\left[\frac{1}{2}(2\pi f_1 t - 2\pi f_2 t)\right].$$

Dies ist die Gleichung einer sinusförmigen Druckschwankung mit der maximalen Amplitude $2a$ und der Frequenz $\frac{1}{2}(f_1 + f_2)$, dem Mittelwert der beiden überlagerten Frequenzen. Die Amplitude variiert mit $\cos[\frac{1}{2}(2\pi f_1 t - 2\pi f_2 t)]$. Dieser Faktor kann auch als $\cos[2\pi(f_1 - f_2)t/2]$ geschrieben werden, was darauf hindeutet, daß die Frequenz der Amplitudenschwankung die *Hälfte* der Differenz der überlagerten Frequenzen ist. Das ist zwar richtig, aber der Kosinus hat pro Periode *zwei* Nulldurchgänge. Der Schall kommt daher in Schüben mit der Frequenz $f_1 - f_2$, nicht $\frac{1}{2}(f_1 - f_2)$. Abbildung 9.1 zeigt eine solche modulierte Schwingung. Wenn die überlagerten Frequenzen sich um weniger als 8-10 Hz unterscheiden, wird die Modulation vom Ohr leicht als Amplitudenschwankung des Schalls wahrgenommen. Solche Amplitudenschwankungen nennt man *Schwebungen*.

Eine interessante Methode zur Erzeugung visueller Schwebungen stammt von Moiré: Man erzeugt photographisch zwei Gittermuster aus äquidistanten schwarzen und durchsichtigen Linien. Das eine Muster enthalte f_1 Linien pro Zentimeter, das zweite f_2 Linien pro Zentimeter. Wenn man nun beide Muster auf weißem Papier übereinanderlegt und die Linien parallel ausrichtet, sieht man ein gröberes Muster abwechselnder Helligkeit und Dunkelheit mit $f_1 - f_2$ Wechseln pro Zentimeter. Dieses Muster nennt man Moirémuster. Es ist ein Schwebungsphänomen, genau wie die Schwebung zweier Töne.

Moiréstreifen kann man auch erzeugen, indem man zwei Moirégitter mit gleichen Linienabständen um einem kleinen Winkel gegeneinander verdreht. In diesem Fall laufen allerdings die Streifen *senkrecht* zur Richtung der Linien in den überlagerten Gittern. Schöne und faszinierende Streifenbilder erhält man mit anderen Mustern. Wenn man zum Beispiel zwei identische Muster, deren Linien wie die Speichen eines Rades radial angeordnet sind, mit leicht versetzten Mittelpunkten überlagert, ähnelt das entstehende Interferenzmuster dem Muster der Feldlinien im Feld eines magnetischen Dipols.

Die Erzeugung von Schwebungen hat auch praktische Bedeutung. Beim Stimmen eines Klavieres achtet man zum Beispiel auf die Schwebung, die eine Klaviernote mit einem Ton bestimmter Frequenz, zum Beispiel von einer Stimmgabel, bildet. Man erhöht oder verringert die Spannung in der Klaviersaite, bis man keine Schwebung mehr hört. Die Frequenz der Saite ist dann die des Referenztons. In den meisten Radio- und Fernsehempfängern wird dem Eingangssignal mit einer Frequenz zwischen einigen hundert Kilohertz und einigen

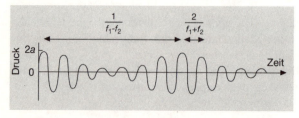

Abb. 9.1. Die Amplitude der Schwebung variiert mit der Differenz der Frequenzen.

Megahertz ein im Empfänger produziertes Signal mit fester Frequenz überlagert. Dadurch erhält man eine tiefere Frequenz, die im Empfänger einfacher zu verarbeiten ist. Die so erzeugte Zwischenfrequenz (ZF) ermöglicht schärfere Abstimmung und größere Selektivität als der einfache Resonanzkreis-Tuner aus Abb. 6.5.

Moiréstreifen benutzt man zur Überprüfung der Abstände in periodischen Strukturen. Lord Rayleigh benutzte zum Beispiel die Moiréinterferometrie bei der Untersuchung von Unregelmäßigkeiten in Beugungsgittern. Ähnliche Methoden werden in der Textilindustrie, beim Gravieren und bei Verformungsmessungen, bei denen man nicht die hohe Präzision der optischen Welleninterferometrie benötigt, angewandt.

Manchmal sind Schwebungen aber auch unerwünscht. Treffen zwei Noten zusammen, deren verschiedene Frequenzen nicht in einem einfachen Verhältnis zueinander stehen, so entsteht eine Dissonanz. Solche Kombinationen vermeiden Komponisten und Musiker, die möchten, daß ihre Musik beruhigend wirkt. Bei Flugzeugen und Schiffen mit zwei Triebwerken oder Propellern kann es zu einer Schwebung kommen, wenn diese nicht synchronisiert werden. Wenn die Schwebungsfrequenz mit einer der Eigenschwingungen des Gebildes zusammenfällt, kommt es zu Resonanz mit möglicherweise katastrophalen Folgen. Die Synchronisierung kann zwar nicht vollständig gewährleistet werden, aber sie kann so gut sein, daß die Schwebungsfrequenz zu tief ist, um Resonanzen anzuregen.

9.3 Interferometrie mit Wegunterschieden

Es leuchtet ein, daß man zur Interferometrie mindestens zwei Quellen von Wellen braucht. Bei der Erzeugung stehender Wellen stellt das Hindernis, das die Wellen zurückwirft, die zweite Quelle dar. Bei der Erzeugung von Schwebungen hat man zwei getrennte Quellen mit unterschiedlichen Frequenzen. Man kann daher eine Schwebung als Beispiel für Interferometrie mit Frequenzunterschieden betrachten. Es gibt aber noch eine weitere Art der Interferometrie, bei der die beiden Quellen physikalisch getrennt sind und dieselbe Frequenz haben, sich aber in verschiedenen Abständen zum Detektor befinden. Man könnte sie als Interferometrie mit Wegunterschieden bezeichnen.

Das vielleicht einfachste Beispiel für Interferometrie mit Wegunterschieden ist in Abb. 9.2 gezeigt. Zwei ebene Glasplatten werden so zusammengebracht, daß zwischen ihnen eine keilförmige Luftschicht entsteht. Auf diese Luftschicht fällt von oben monochromatisches Licht von einer großflächigen Quelle, das vorher an einer dritten Glasplatte im Winkel von 45° reflektiert wird. Zwei Lichtstrahlen, die von den beiden inneren Grenzflächen zwischen Luft und Glas reflektiert werden, überlagern sich im Auge konstruktiv oder destruktiv, abhängig von der Dicke des Luftfilms und dem Unterschied in der optischen Weglänge der beiden Strahlen.

Nehmen wir an, daß zwei Strahlen, die durch Reflexion im Bereich um A entstehen, konstruktiv interferieren und einen hellen Lichtstreifen erzeugen.

Strahlen, die in einem angrenzenden Bereich B entstehen, wo der Luftfilm um eine Viertelwellenlänge dünner ist, interferieren destruktiv und erzeugen einen dunklen Streifen. Man wird also in dem Luftfilm eine Reihe alternierender dunkler und heller Streifen beobachten. Die Dicke des Luftfilms an jedem Punkt kann aus der Anzahl der Streifen und der Wellenlänge des Lichtes bestimmt werden. Mit jedem hellen Streifen steigt die Dicke um eine halbe Wellenlänge. In diesem Experiment sind die beiden für die Interferenz benötigten Lichtquellen die beiden Reflexionen an den oberen und unteren Grenzflächen des Luftfilms.

Beispiel 9.1. Zur Messung der Dicke eines Zellophanfilms benutzt ein Mann eine ähnliche Anordnung wie in Abb. 9.2. Die Glasplatten sind jedoch an einem Ende durch eine Zellophanschicht getrennt, am anderen durch zwei. Er zählt 64 helle Streifen von Natriumlicht ($\lambda = 589.3$ nm) entlang der Platten. Wie dick ist das Zellophan?

Jeder Streifen bedeutet für die Dicke des Luftfilms eine halbe Wellenlänge. Der Unterschied der Dicke zwischen den beiden Enden, der gerade die Dicke einer Zellophanschicht ausmacht, ist also

$$64 \cdot \frac{0.00005893}{2} \, \text{cm} \simeq 0.00189 \, \text{cm} \, .$$

Interferenzstreifen dieser Art werden zur Überprüfung der Vollkommenheit optischer Oberflächen benutzt. Die Oberfläche einer zu überprüfenden Linse wird in Kontakt mit der perfekten Oberfläche einer komplementären Linse gebracht. Wenn die Krümmung der Testlinse von der der Vergleichslinse abweicht, taucht in dem Luftfilm zwischen den Linsen ein ringförmiges Interferenzmuster auf. Andere Defekte in der zu überprüfenden Oberfläche führen zu Unregelmäßigkeiten in der Ringform der Streifen. Wenn die beiden Oberflächen perfekt zusammenpassen, sieht man gar keine Streifen; der Luft-

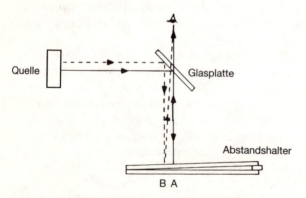

Abb. 9.2. Bei Reflexion an den Grenzflächen eines keilförmigen Luftfilms tritt Interferenz auf.

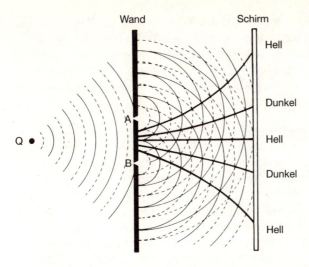

Abb. 9.3. Das Interferenzmuster hinter einem Doppelspalt besteht aus sich abwechselnden hellen und dunklen Streifen.

film ist gleichmäßig hell (oder dunkel). Abweichungen von einem Zwanzigstel der Wellenlänge können mit dieser interferometrischen Methode aufgespürt werden.

Abbildung 9.3 zeigt eine Anordnung, in der die interferierenden Strahlen nicht durch Reflexion entstehen. Monochromatisches Licht fällt von einer Quelle Q gleichzeitig auf zwei Spalte A und B in einer Wand. Nach dem Huygensschen Prinzip der Wellenfortpflanzung stellt dann jeder Spalt eine neue Quelle dar und sendet hinter der Wand Sekundärwellen gleicher Frequenz in alle Raumrichtungen aus. Diese Sekundärwellen fallen dann auf einen Schirm, auf dem wir das Interferenzmuster betrachten, das durch die Überlagerung der Wellen von den beiden Spalten entsteht.

In Abb. 9.3 sind zu einem bestimmten Zeitpunkt die Wellenberge mit durchgezogenen Kreisbögen gezeigt; die Spalte liegen in den Mittelpunkten dieser Bögen. Die Wellentäler zum gleichen Zeitpunkt sind mit gestrichelten Bögen gezeigt. Bei sorgfältiger Betrachtung dieses Musters bemerkt man bestimmte Richtungen, in denen die Wellenberge vom einen Spalt immer auf Wellentäler vom anderen Spalt treffen. Zwei der breiten Linien in Abb. 9.3 entsprechen solchen Richtungen. Entlang dieser Linien kommt es zu destruktiver Interferenz; wo sie den Schirm schneiden, bleibt er dunkel. Diese Linien destruktiver Interferenz nennt man Knotenlinien. Wenn ein analoges Experiment mit Oberflächenwellen in einem Wassertank durchgeführt wird, kann man die Knotenlinien auf der Oberfläche deutlich erkennen.

Zwischen den Knotenlinien gibt es Linien, an denen konstruktive Interferenz auftritt, weil die Wellenberge von beiden Spalten aufeinandertreffen. Die Beleuchtung des Schirms wird in diesen Richtungen verstärkt. Auf dem Schirm entsteht also ein Muster aus abwechselnd hellen und dunklen Streifen. Ein heller Streifen entsteht, wenn die Differenz der beiden optischen Wege von den Spalten zum Schirm ein ganzzahliges Vielfaches der Wellenlänge ist; ein dunkler Streifen tritt auf, wenn der Wegunterschied eine ungerade Anzahl halber Wellenlängen ist. Aus dem Abstand der Spalte voneinander, dem Abstand der Streifen auf dem Schirm und dem Abstand der Wand zum Schirm kann man die Wellenlänge des Lichtes bestimmen.

Beispiel 9.2. Der Abstand zwischen dem Schirm und dem Doppelspalt in Abb. 9.3 beträgt 1 m; die beiden Spalte sind 0.2 mm voneinander entfernt. Welche Wellenlänge hat das Licht der Quelle, wenn auf dem Schirm helle Streifen in Abständen von 2 mm auftreten?

Der mittlere Streifen ist hell, denn er hat von beiden Spalten denselben Abstand. Wenn wir in Abb. 9.3 geradlinige Strahlen von A und B zu einem der äußeren hellen Streifen einzeichnen, ergibt sich als Bedingung dafür, daß die Wegdifferenz zwischen diesen beiden Strahlen genau eine Wellenlänge beträgt:

$$\frac{\lambda}{\mathrm{AB}} = \frac{2\,\mathrm{mm}}{1\,\mathrm{m}},$$

$$\lambda = 0.02\,\mathrm{cm}\,\frac{0.2\,\mathrm{cm}}{100\,\mathrm{cm}} = 0.00004\,\mathrm{cm} = 400\,\mathrm{nm}.$$

Im Jahre 1801 führte Thomas Young ein solches Experiment durch und entschied damit einen jahrhundertealten Disput zwischen denjenigen, die Licht für ein Wellenphänomen hielten, und anderen, wie z.B. Isaac Newton, die in einem Lichtstrahl eine Art Teilchenstrom sahen. Letztere gaben zu, daß Teilchen schwerlich Interferenzstreifen produzieren können, und die Frage wurde zugunsten der Wellenvorstellung entschieden. Bis zum Aufkommen der Quantentheorie im zwanzigsten Jahrhundert blieb die Wellentheorie des Lichts unangefochten; sie ist noch immer ein wesentlicher Teil der modernen Vorstellung vom Welle–Teilchen-Dualismus.

Sie fragen sich vielleicht, was denn aus der Energie wird, die normalerweise in den dunklen Streifen landen würde. Wenn die Wand mit den beiden Spalten nicht da wäre, würde ja der ganze Schirm gleichmäßig beleuchtet werden. Des Rätsels Lösung ist, daß die in den dunklen Streifen fehlende Energie in den hellen Streifen zusätzlich auftritt. Durch die Überlagerung ist die Amplitude in der Mitte eines hellen Streifens doppelt so groß, wie sie bei nur einem Spalt wäre; die Intensität ist also dort *viermal* so groß wie bei einem einzigen Spalt. Die Gesamtenergie, integriert über das ganze Interferenzmuster, ist genau zweimal so groß, wie sie bei nur einem Spalt wäre, aber sie ist auf Kosten der dunklen Streifen ungleichmäßig verteilt.

Eine geniale Alternative zum Doppelspaltinterferometer ist der in Abb. 9.4 gezeigte Lloyd-Spiegel. Lichtstrahlen von der Quelle Q erreichen den Schirm sowohl direkt als auch durch Reflexion am Spiegel. Der reflektierte Strahl scheint von einer Quelle Q' zu kommen, die auf einer senkrechten Linie so weit hinter dem Spiegel liegt, wie Q davor. Damit haben wir zwei Quellen mit gleicher Frequenz und Phase und nahezu gleicher Intensität. Auf dem Schirm wird also ein Interferenzmuster erscheinen. Helle Streifen erwarten wir an den Stellen, an denen die Strahlwege von Q und Q' sich um eine ganze Anzahl Wellenlängen unterscheiden; entsprechend erwarten wir dunkle Streifen dort, wo der Wegunterschied eine ungerade Anzahl halber Wellenlängen ist. Bei der Durchführung dieses Experiments stellt man jedoch fest, daß helle und dunkle Streifen vertauscht sind. Das liegt daran, daß der scheinbar von Q' kommende Strahl bei der Reflexion einen Phasensprung um eine halbe Periode erleidet.

Dieses Experiment wurde ursprünglich für sichtbares Licht erdacht und durchgeführt; es eignet sich aber besonders zur Durchführung mit Mikrowellen. Den Spiegel erhält man, indem man Alufolie an einer Wand befestigt. Wird ein Mikrowellenempfänger an dem Schirm in Abb. 9.4 entlangbewegt, so durchläuft die empfangene Intensität Maxima und Minima, deren Positionen bequem zu lokalisieren und einfach zu messen sind.

Das Rayleigh-Interferometer ist ein weiteres Instrument vom Doppelspalttyp. Es ist zusätzlich mit einer Sammellinse im Strahlengang ausgestattet. Dieses Interferometer (Abb. 9.5) hat zwei Spalte S_1 und S_2, die einige Millimeter breit und etwa einen Zentimeter voneinander entfernt sind. Strahlen monochromatischen Lichts von einer Punktquelle Q werden von der Linse L_1 parallel ausgerichtet. Sie durchlaufen die Spalte und die Kammern p_1 und p_2 und werden von einer zweiten Linse L_2 gebündelt. Das Interferenzmuster kann auf einem Schirm in der Brennebene oder durch ein Okular hinter dem Brennpunkt beobachtet werden. Dieses Instrument wird zur Messung der Brechungsindizes von Flüssigkeiten und Gasen benutzt.

Die Position des mittleren hellen Streifens im Interferenzmuster wird bei leeren Kammern notiert. Dann wird die eine Kammer mit dem zu untersuchenden Stoff gefüllt, die andere mit einem Stoff mit bekanntem Brechungsindex. Sind die Brechungsindizes der beiden Stoffe verschieden, so verschieben sich die Interferenzstreifen. Die Größe der Verschiebung ist ein Maß für die Differenz der Brechungsindizes. So können Unterschiede im Brechungsindex von nur 10^{-8} bestimmt werden.

Das Fabry–Perot-Interferometer stellt einen weiteren Schritt in der Evolution von Präzisionsmeßinstrumenten dar. Das Prinzip dieses Mehrstrahlinterferometers ist in Abb. 9.6 angedeutet. Zwei ebene Glas- oder Quarzplatten

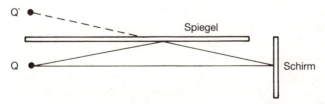

Abb. 9.4. Der Lloyd-Spiegel ist eine Modifikation des Doppelspaltinterferometers.

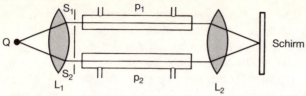

Abb. 9.5. In einem Rayleigh-Interferometer wird der Lichtweg durch Linsen bestimmt.

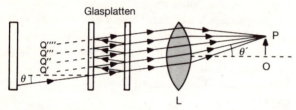

Abb. 9.6. In einem Fabry–Perot-Interferometer wird ein Strahl mehrfach reflektiert.

werden exakt parallel aufgebaut. Die einander zugewandten Oberflächen werden mit einem teildurchlässigen Film relativ hoher Reflektivität beschichtet. Licht von einer großflächigen Quelle Q wird zwischen den Platten hin- und herreflektiert. Bei jeder Reflexion an der rechten Platte entweicht ein Teil des Lichts und fällt durch eine Linse L; es kann entweder auf einem Schirm in der Brennebene oder durch ein Okular hinter der Brennebene beobachtet werden. Der geometrische Ort aller Punkte P, in denen Strahlen konvergieren, die unter einem bestimmten Winkel θ in das Reflektorsystem eintreten, ist ein Kreis mit Radius OP. Abhängig vom Abstand der beiden Spiegel gibt es bestimmte Winkel θ, bei denen die Wegdifferenz zwischen den Strahlen aus aufeinanderfolgenden Reflexionen ein ganzzahliges Vielfaches der Wellenlänge ist. Bei diesen Radien erscheinen helle Ringe. Wenn die Platten sehr langsam auseinandergezogen werden, wandern die Ringe nach außen, und in der Mitte entstehen neue.

Das Fabry–Perot-Interferometer hat den Vorteil, daß es statt nur zweier interferierender Quellen viele benutzt, die in Abb. 9.6 durch Q', Q'' usw. angedeutet sind. Die effektive Anzahl solcher Sekundärquellen hängt von der Reflektivität der Spiegelflächen ab. Durch diese Vervielfachung und dadurch, daß Wegunterschiede mehrerer zehntausend Wellenlängen mit sinnvollen Plattenabständen erreichbar sind, ergeben sich Ringe, die, verglichen mit den Abständen zwischen ihnen, sehr scharf sind. Diese Eigenschaft ist bei der Untersuchung der Feinstruktur von Spektrallinien sehr nützlich. Viele Spektrallinien sind nicht wirklich monochromatisch, sondern bestehen aus mehreren Linien mit geringfügig verschiedenen Wellenlängen. In einem typischen Laborspektroskop sieht man eine solche Gruppe von Linien als eine Linie, da das Auflösungsvermögen nicht ausreicht, um die einzelnen Komponenten zu trennen. Mit der hohen Auflösung des Fabry–Perot-Interferometers kann man die genaue Struk-

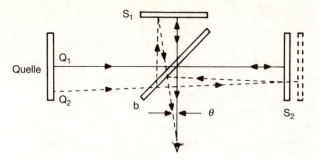

Abb. 9.7. Im Michelson-Interferometer treten große Wegunterschiede auf.

tur solcher Multipletts untersuchen. Solche Untersuchungen sind wichtig, weil man dadurch viel über die Vorgänge in Atomen und Molekülen lernen kann.

Ein Michelson-Interferometer erreicht auf andere Weise große Wegunterschiede. Seine wesentlichen Bestandteile sind in Abb. 9.7 gezeigt. Ein Lichtstrahl vom Punkt Q_1 einer großflächigen monochromatischen Quelle fällt entlang der durchgezogenen Linie auf eine Glasplatte b, die halbdurchlässig verspiegelt ist. Diese Platte steht im Winkel von 45° zur Richtung des Lichtstrahls. An der halbdurchlässigen Oberfläche wird der Strahl aufgeteilt. Die eine Hälfte fällt auf den Spiegel S_1, die andere auf den Spiegel S_2, und beide Teilstrahlen werden auf sich selbst zurückgeworfen. Sie treffen sich wieder an der halbdurchlässigen Oberfläche und gelangen zum Auge – der eine durch Transmission, der andere durch Reflexion. Wenn die Spiegel S_1 und S_2 genau im gleichen Abstand zur halbdurchlässigen Oberfläche stehen, treffen die beiden Teilstrahlen gleichphasig im Auge ein, und das Blickfeld erscheint hell. Wenn ihre optischen Wege sich dagegen um eine halbe Wellenlänge unterscheiden, bleibt das Blickfeld dunkel.

Nehmen wir nun an, daß der Spiegel S_2 um etwa tausend Wellenlängen nach rechts bewegt wird. Die optischen Weglängen über S_1 und S_2 sind jetzt nicht mehr gleich. Solange jedoch die Differenz ein ganzzahliges Vielfaches der Wellenlänge ist, überlagern sich die in Abb. 9.7 durchgezogenen Strahlen wieder konstruktiv, und die Mitte des Blickfelds erscheint hell. Diesmal ist jedoch dieser helle Fleck von konzentrischen, abwechselnd dunklen und hellen Ringen umgeben.

Um zu verstehen, wie diese Ringe zustande kommen, wenn die optischen Weglängen über S_1 und S_2 sich um eine große Zahl von Wellenlängen unterscheiden, betrachten wir einen anderen Strahl, der vom Punkt Q_2 der großflächigen Quelle ausgeht und über die beiden in Abb. 9.7 gestrichelten optischen Pfade im Winkel θ zum Zentralstrahl in das Auge fällt. Wegen dieser Neigung haben die beiden gestrichelten Strahlen nicht dieselbe optische Weglängendifferenz wie die Zentralstrahlen und können z.B. um eine halbe Periode phasenverschoben im Auge eintreffen. In diesem Fall erscheint unter diesem Winkel ein dunkler Ring. Dieser ist wiederum von einem hellen Ring unter dem Winkel 2θ umgeben, und so weiter. Das Blickfeld ist mit diesen konzentrischen hellen und dunklen Ringen gefüllt.

Wenn einer der Spiegel ein wenig um eine vertikale Achse gedreht wird, kann das Zentrum des Ringsystems aus dem Blickfeld verschwinden. Man sieht dann Ringsegmente als vertikale helle und dunkle Streifen. Wenn der Spiegel S_2 mit einer geeichten Schraube vor- und zurückgefahren werden kann, kann man dieses Interferometer zu Präzisionsmessungen von Wellenlängen verwenden. Umgekehrt kann man damit Abstände mit Hilfe bekannter Wellenlängen ausmessen. Jede Verschiebung von S_2 um eine halbe Wellenlänge verschiebt das Interferenzmuster um einen Ring.

Wenn die Quelle polychromes Licht emittiert, produziert jede Wellenlänge ihr eigenes Interferenzmuster. Dieses Instrument kann daher auch zur Untersuchung der Feinstruktur zusammengesetzter Spektrallinien verwendet werden. Bei weißem Licht kann man im allgemeinen keine Streifen sehen, da die Interferenzmuster der verschiedenen Wellenlängen sich überlappen und das Blickfeld gleichmäßig ausleuchten. Wenn aber der Spiegel S_2 so positioniert wird, daß die Strahlen über S_1 und S_2 gleiche Wege zurücklegen, sieht man ein halbes Dutzend Streifen zu beiden Seiten des nullten Streifens. Diese Streifen werden mit der Entfernung vom nullten Streifen farbiger und sind dann schließlich aufgrund der Überlappung nicht mehr zu unterscheiden.

Im Jahre 1887 benutzte Michelson die seinem Interferometer zugrunde liegende Idee der Strahlenteilung beim Bau des Apparats, den er und Edward W. Morley für ihre berühmte Versuchsreihe über den Ätherwind verwendeten. Ziel dieses sorgfältig durchgeführten Projekts war es, zu entscheiden, ob die gemessene Lichtgeschwindigkeit in irgendeiner Weise von der Bewegung der Erde relativ zu einem hypothetischen Äther beeinflußt wird, den man sich als absolut ruhendes Ausbreitungsmedium des Lichtes vorstellte. Das Ergebnis war negativ. Man schloß daraus, daß ein Beobachter, ganz gleich wie schnell und in welche Richtung er sich bewegt, immer die gleiche Lichtgeschwindigkeit messen wird. Diese Schlußfolgerung widersprach den Erwartungen der Zeit und den Ergebnissen ähnlicher Experimente mit Schall in bewegten Medien. Das Michelson-Morley-Experiment erschütterte das Gebäude der Physik. Es dauerte einige Jahrzehnte, bis die Physiker dieses Resultat verdaut hatten. Selbst nach der Veröffentlichung von Einsteins spezieller Relativitätstheorie im Jahre 1905 wurde man das Gefühl nicht los, daß sich die Natur danebenbenahm. In den folgenden Jahren wurde das Ätherwindexperiment mehrmals wiederholt, und alle Zweifel wurden beseitigt. 1955 akzeptierte man dann endgültig, daß es nicht möglich ist, in einem optischen Experiment irgendeine „absolute" Bewegung der Erde auszumachen.

Ein weiteres klassisches Beispiel führt uns die Nützlichkeit des Michelson-Interferometers vor Augen. 1893 bestimmte Michelson die Länge des Urmeters in Einheiten der Wellenlänge der starken roten Linie im Cadmiumspektrum. 1960 nahm man eine monochromatischere Quelle, die gelb-orangene Linie des Krypton-86-Spektrums, und definierte den Meter als 1 650 763.73 dieser Wellenlängen.

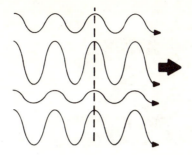

Abb. 9.8. In einem kohärenten Strahl sind die einzelnen Wellenzüge miteinander in Phase.

Sie haben vielleicht bemerkt, daß in den beschriebenen Interferometern die interferierenden Strahlen immer von einer einzigen Primärquelle kamen, entweder direkt oder durch Spiegelung. Vielleicht fragen Sie jetzt: „Warum der Aufwand mit den Spiegelungen? Warum benutzt man nicht zwei verschiedene Quellen?" Die Antwort ist, daß keine stationären Interferenzmuster entstehen, wenn die beiden effektiven Quellen nicht über viele Tausende oder Zehntausende Perioden hinweg eine konstante Phasenbeziehung beibehalten. Diese Bedingung kann unmöglich von unabhängigen Quellen erfüllt werden, in denen jeweils viele Atome mit zufälligen Phasen strahlen. Die Strahlung eines Spiegelbildes hat dagegen immer eine ganz bestimmte Phasenbeziehung zur Primärstrahlung und zu anderen Reflexionen. Die interferierenden Strahlen bezeichnet man unter dieser Bedingung als *kohärent*.

9.4 Holographie

Ein Spezialfall der Interferometrie mit Wegunterschieden ist der holographische Prozeß zur Erzeugung von Bildern. Dabei nimmt man ein Interferenzmuster auf einer photographischen Platte auf und rekonstruiert dann aus diesem Muster das Bild des Objekts. Zur Produktion eines Hologramms braucht man eine kohärente Lichtquelle, also eine Quelle, in deren Licht die einzelnen Wellenzüge miteinander in Phase sind (Abb. 9.8).

Abbildung 9.9a zeigt den Aufbau zur Herstellung eines Hologramms. Licht von einer kohärenten Quelle, einem Laser, wird von einer Streulinse aufgeweitet, so daß es das Objekt vollständig ausleuchtet. Der Strahl wird mit einem halbdurchlässigen Spiegel aufgeteilt. Der eine Teilstrahl fällt auf das aufzunehmende Objekt. Das Licht wird an allen Teilen des Objekts gestreut und reflektiert und fällt auf alle Teile einer photographischen Platte. Der andere Teilstrahl fällt direkt auf die photographische Platte und interferiert dort zum Teil konstruktiv, zum Teil destruktiv mit den vom Objekt kommenden Strahlen. Die so belichtete Platte wird entwickelt. Wir betonen, daß auf der Platte nicht ein *Bild*, sondern

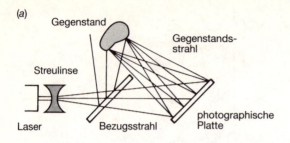

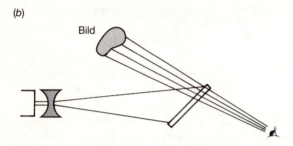

Abb. 9.9. (a) Ein Hologramm wird hergestellt. (b) Das Bild wird betrachtet.

ein *Interferenzmuster* festgehalten wird. Dieses Muster hat keine Ähnlichkeit mit dem Objekt, von dem es stammt.

Wenn die entwickelte holographische Platte danach mit kohärentem Licht derselben Wellenlänge beleuchtet und von der anderen Seite aus betrachtet wird, erscheint ein dreidimensionales virtuelles Bild des ursprünglichen Objekts, und zwar an genau der Position, die das Objekt bei der Aufnahme innehatte (Abb. 9.9b). Dieses holographische Bild hat eine außergewöhnliche Eigenschaft: auch wenn die photographische Platte zerbrochen und nur ein kleines Stück aufgehoben wird, enthält dieses kleine Stück noch die gesamte Information, die man braucht, um das *ganze* Bild zu erzeugen. Diese Eigenschaft steht in krassem Gegensatz zu einem normalen Photo – wenn Sie ein Familienphoto halbieren und die Hälfte wegwerfen, dann fehlt die Hälfte der Familie für immer.

9.5 Abschließende Bemerkungen

Wir haben in diesem Kapitel das Gebiet der Interferometrie auch nicht annähernd erschöpft. Wir haben jedoch genügend Beispiele gegeben, um die enorme Vielseitigkeit interferometrischer Methoden zu illustrieren und die zugrundeliegenden physikalischen Prozesse zu beschreiben. Wenn Sie tiefer in dieses Thema einsteigen möchten, hilft Ihnen vielleicht die Liste der weiterführenden Literatur. Sie werden weitere optische Interferometer kennenlernen, die von Mach und Zehnder, von Tyman und Green, von Lummer und Gehrcke, von Kosters und von Jamin entwickelt wurden. Sie werden auf interferometrische Methoden stoßen, mit denen man die Durchmesser von Sternen bestimmt, winzige Verformungen ausmißt und die Muster von Flüssigkeitsströmungen untersucht. Sie werden vielleicht etwas über Schallholographie zur Abbildung innerer Organe erfahren, und eventuell entdecken Sie, daß interferometrische Methoden bei der Erzeugung hochaufgelöster Bilder in der Radioastronomie Anwendung finden. Blinde Menschen lernen mit der Zeit, akustische Interferometrie zur Bestimmung von Richtung, Abstand, Größe und Form von Hindernissen einzusetzen. Mit der Laserinterferometrie mißt man leichte Verformungen der Erdkruste, die Hinweise auf Erdbeben geben können. Insgesamt ist das ein recht eindrucksvolles Anwendungsspektrum.

Übungen

9.1 Ein Lokomotivingenieur erzeugt ein Signal mit einer Frequenz von 200 Hz, während sein Zug auf ein großes Gebäude zufährt. Er hört eine Schwebung mit 8 Hz, als sich das Signal mit dem zurückgeworfenen Echo überlagert. Bestimmen Sie mit Hilfe des Doppler-Prinzips die Geschwindigkeit des Zuges.

9.2 Hereinrollende Ozeanwellen passieren 500 m vor dem Strand zwei vertikale Säulen. Am Strand bilden die Wellen Interferenzstreifen in Abständen von 22.5 m. Zeigen Sie, daß die Säulen 33 m voneinander entfernt sind, wenn die Wellenlänge 1.5 m beträgt.

9.3 Der mittlere Interferenzstreifen verschiebt sich um das 2.2fache des Abstands zwischen zwei Streifen, wenn man einen der beiden Spalte in Abb. 9.3 mit einem Film aus durchsichtigem Material bedeckt. Der Brechungsindex des Materials beträgt 1.4, die Wellenlänge der Quelle ist $5 \cdot 10^{-5}$ cm. Zeigen Sie, daß der Film 0.000275 cm dick ist.

9.4 Mit einer Mikrowellenquelle der Wellenlänge 1 cm, die 20 cm über dem Tisch angebracht ist, wird ein Lloydsches Spiegelexperiment durchgeführt. Als Spiegel dient eine flach auf dem Tisch liegende Metallplatte. Ein 3 m entfernter Mikrowellenempfänger wird langsam von der Tischhöhe um 50 cm angehoben. Wieviele Maxima durchläuft die empfangene Intensität?

9.5 Eine 2 cm lange Kammer mit durchsichtigen Enden wird in einen der optischen Wege eines Michelson-Interferometers gebracht. Wenn die Luft aus der Kammer entfernt und ein dichteres Gas eingebracht wird, verschiebt sich das Interferenzmuster um 60 Streifen. Es wird Quecksilberbogenlicht mit einer Wellenlänge von $4.93 \cdot 10^{-5}$ cm verwendet. Bestimmen Sie den Brechungsindex des Gases im Verhältnis zu Luft.

9.6 Ein Ölfilm der Dicke $5 \cdot 10^{-5}$ cm mit dem Brechungsindex 1.45 wird gleichmäßig auf eine Glasplatte mit dem Brechungsindex 1.55 aufgebracht. Bei welchen Wellenlängen des sichtbaren Lichts führt die Interferenz in dem Ölfilm zu einem Maximum an reflektierter Helligkeit, wenn man senkrecht auf die Platte schaut?

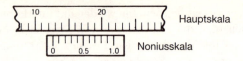

Abb. 9.10. Mit einem Nonius kann man sehr feine Unterteilungen einer Skala ablesen.

9.7 Sie fahren mit 15 km/h an zwei parallelen Holzzäunen vorbei und beobachten ein Moirémuster. Latten und Zwischenräume des vorderen Zaunes sind jeweils 10.0 cm breit, die des hinteren 10.2 cm. Wie häufig können Sie *nicht* durch die beiden Zäune hindurchsehen?

9.8 Eine Klavierstimmerin hört drei Schwebungen pro Sekunde, wenn sie gleichzeitig ihre Stimmgabel und eine bestimmte Klaviersaite anschlägt. Sie spannt die Saite ein klein wenig mehr und hört dann fünf Schwebungen pro Sekunde. Was wird sie als nächstes tun?

9.9 Der Aufbau eines Doppelspaltexperiments wird vollständig in Wasser getaucht. Was ändert sich an dem Interferenzmuster auf dem Schirm?

9.10 Eine Noniusskala ist eine kurze Hilfsskala, die an der Hauptskala eines Meßinstruments angebracht wird und es ermöglicht, Bruchteile der feinsten Unterteilung der Hauptskala abzulesen. Die Noniusskala hat zehn Striche auf der Länge, auf der die Hauptskala neun hat (daher der Name). Die Nummer des Striches auf der Noniusskala, der genau mit einem Strich der Hauptskala zusammenfällt, gibt die Position der Nullmarkierung der Noniusskala in Zehnteln der Hauptunterteilungen an. (a) Benutzen Sie die Vorstellung einer „Schwebung", um die Ablesung 12.7 auf der Skala in Abb. 9.10 zu begründen. (b) Zeigen Sie, daß man auf einer ähnlichen Skala, deren Strichabstände 11/12 bzw. 29/30 von denen einer kreisförmigen Hauptskala mit Einteilungen von 0.5° betragen, Winkel mit einer Genauigkeit von 5 bzw. 2 Bogenminuten ablesen kann.

9.11 Ein Nebelhorn soll in weitem Winkel nach vorne tönen, aber wenig Energie nach oben verschwenden. Sollte die rechteckige Öffnung des Horns in vertikaler oder in horizontaler Richtung größer sein? Warum?

10. Strahlenbündel

> Ich habe da einen Artikel im Umlauf mit einer elektromagnetischen Theorie des Lichts, und bis ich vom Gegenteil überzeugt werde, halte ich große Stücke darauf.
>
> *James Clerk Maxwell (1865)*

10.1 Einleitung

Wir beginnen dieses Kapitel mit einigen Definitionen. Die meisten von uns meinen zu wissen, was ein Strahlenbündel ist, aber wir wollen es trotzdem definieren: Ein Strahlenbündel ist eine Gruppe einzelner Strahlen, die konvergieren, divergieren oder parallel verlaufen können. Daraus ergibt sich die Notwendigkeit, einen Strahl zu definieren. Ein Strahl ist der Weg, den ein sehr kleiner Abschnitt einer Wellenfront bei der Wellenausbreitung durchläuft. Eine Wellenfront wiederum ist der geometrische Ort aller Punkte gleicher Phase in einer fortschreitenden Welle. Ein Wellenberg ist zum Beispiel eine Wellenfront. Abbildung 10.1 zeigt ein Strahlenbündel, das sich von einer kleinflächigen, idealisiert als punktförmig zu betrachtenden Quelle nach rechts ausbreitet. Die Ränder des Bündels werden durch eine Blende festgelegt. Das Strahlenbündel besteht aus einzelnen Strahlen, die überall senkrecht auf den Wellenfronten stehen. Bei einem divergierenden Strahlenbündel, wie es hier gezeigt ist, sind die Wellenfronten Teile von Kugeloberflächen, die sich mit der Ausbreitungsgeschwindigkeit der Wellen ausdehnen.

Eine Blende erscheint als ein sehr einfaches Gerät zur Bildung von Strahlenbündeln. Tatsächlich werden Blenden in vielen Anwendungen zur Erzeugung von Strahlenbündeln verwendet. Das Strahlenbündel in Abb. 10.1 divergiert. Für Taschenlampen und Autoscheinwerfer ist das ganz in Ordnung. Für Suchscheinwerfer, Bühnenscheinwerfer und für die Kommunikation über Mikrowellen sollten die Strahlen des Bündels jedoch so parallel sein, wie es irgend geht. Die Parallelität der Strahlen eines durch eine Blende begrenzten Strahlenbündels verbessert sich, wenn man einfach die Blende verkleinert und so die divergenteren Strahlen eliminiert.[1] Das resultierende Strahlenbündel nennt man geometrisch kollimiert.

---

[1] Wenn die Blende zu sehr verengt wird, so daß sie nur noch einige Wellenlängen breit ist, divergieren die Strahlen wieder aufgrund der Streuung an der Blende (siehe Abschnitt 10.3).

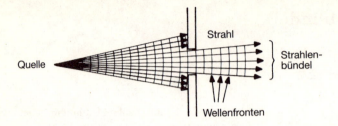

Abb. 10.1. Ein Strahlenbündel besteht aus einzelnen Strahlen.

10.2 Linsen

Die geometrische Kollimation hat den Nachteil niedriger Intensität des resultierenden Strahlenbündels. Je enger die Blende, desto besser wird das Bündel kollimiert, d.h. desto paralleler sind die Strahlen. Mit der Weite der Blende sinkt aber gleichzeitig die Gesamtenergie des Bündels.

In einem Linsensystem zur Bildung von Strahlenbündeln wird die Blende absichtlich groß gewählt und mit einer Sammellinse versehen. Wenn die Brennweite der Linse genau dem Abstand zwischen der Quelle und der Linse entspricht, werden alle von der Quelle kommenden Lichtstrahlen in der Linse annähernd parallel ausgerichtet.

Es ist aufschlußreich, die Wirkung einer Linse vom Standpunkt der Energieverteilung auf einem weit enfernten Objekt zu betrachten (Abb. 10.2). Bei der Erzeugung eines Parallelstrahlenbündels sammelt die Linse Strahlen, die von der Quelle Q aus divergieren, und macht sie parallel. Auf das weit entfernte Objekt treffen die Strahlen dann im wesentlichen mit derselben Energie pro Flächeneinheit, die sie beim Austritt aus der Linse hatten. Nach dem Durchgang durch die Linse verteilt sich die Energie in dem Strahlenbündel nicht mehr nach dem $1/r^2$-Gesetz; sie verliert daher bei der Fortpflanzung nicht mehr an Intensität. Dadurch ist die Strahlungsintensität am Objekt viel größer, als sie ohne Linse gewesen wäre.

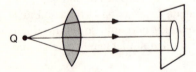

Abb. 10.2. In einem Parallelstrahlenbündel nimmt die Intensität nicht mit dem Abstand ab.

Beispiel 10.1. Die Linse eines Suchscheinwerfers hat einen Durchmesser von 0.5 m. Sie bildet 0.5 m hinter der Quelle aus deren Licht ein Parallelstrahlenbündel. Wieviel intensiver ist das Licht auf einem 1 km entfernten Objekt, als es ohne die Linse wäre?

Ohne Linse würde sich das Licht, das durch die Linsenöffnung fällt, nach einem Kilometer auf das $(1000/0.5)^2$fache der Linsenfläche verteilen. Wenn die Linse den Strahl perfekt kollimiert und in der Luft weder Absorption noch Streuung auftritt, wird diese ganze Strahlung am Objekt auf eine Fläche von der Größe der Linse konzentriert. Die Intensität ist dort also durch die Linse $(1000/0.5)^2 = 4 \cdot 10^6$ mal größer.

Indem man die Linse in etwas größerem Abstand von der Quelle plaziert als zur Erzeugung eines Parallelstrahlenbündels, kann man die Strahlen zur Konvergenz bringen, so daß sie auf eine kleine Fläche gebündelt werden. In diesem Fall ist die Intensität, die Strahlungsleistung pro Fläche, noch größer. Das Strahlenmuster in dieser intensiv bestrahlten Fläche ist ein Abbild der Quelle. Wenn wir diese Anordnung unter dem Gesichtspunkt der Maximierung des Energietransfers von der Quelle zum Bild betrachten, können wir die Linse als Anpassungstransformator ansehen (siehe Abschnitt 12.3).

Die Wirkung einer Linse beruht darauf, daß der Brechungsindex des Linsenmaterials (üblicherweise Glas oder Plastik) größer als eins und die Lichtgeschwindigkeit in dem Material kleiner als im Vakuum ist. Der Teil einer Wellenfront, der durch die Mitte einer Linse fällt, erfährt eine größere Verzögerung als der Teil, der die äußeren, dünneren Bereiche durchläuft. Dadurch weist die Wellenfront nach dem Durchgang durch die Linse eine geringere Krümmung auf als vorher (Abb. 10.3). Wird die Krümmung auf Null reduziert wird, so entsteht ein Parallelstrahlenbündel; wird sie umgekehrt, so entsteht ein konvergentes Strahlenbündel. Die Krümmungsänderung hängt nicht davon ab, ob das Strahlenbündel die Linse von links nach rechts durchläuft, wie in Abb. 10.3, oder von rechts nach links. Das Prinzip der Reversibilität trägt der Tatsache Rechnung, daß ein Strahl einen Weg in einem optischen System in beiden Richtungen durchlaufen kann. Wenn die parallelen Strahlen in Abb. 10.3 also die Richtung wechseln könnten, würden sie wieder denselben Weg durch die Linse nehmen und sich im Brennpunkt Q treffen. Die Bildung von Strahlenbündeln und das Abbilden von Gegenständen sind reziproke Vorgänge.

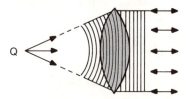

Abb. 10.3. Eine Sammellinse verringert die Krümmung der Wellenfronten.

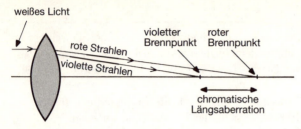

Abb. 10.4. Chromatische Aberration kommt zustande, weil der Brechungsindex von der Frequenz abhängt, so daß die verschiedenen im weißen Licht enthaltenen Farben verschiedene Brennpunkte haben. (Aus McKelvey and Grotch, *Physics for Science and Engineering*, McGraw-Hill, New York, NY 1978.)

10.3 Linsendefekte

Man könnte eine ideale Linse als eine Linse beschreiben, die helle, scharfe, verzerrungsfreie Bilder entwirft. Wegen unausweichlicher optischer Aberrationen erfüllt kein wirkliches Linsensystem dieses Ideal vollständig. Manche Aberrationen enstehen durch Dispersion des Lichtes in der Linse, andere aufgrund der Geometrie an Kugeloberflächen reflektierter Strahlen und wieder andere durch die Wellennatur des Lichtes.

Einer der schwerwiegendsten Mängel von Linsen ist die chromatische Aberration, die in allen optischen Linsen zu einem gewissen Grad vorhanden ist und bei Mikrowellenlinsen zu einem limitierenden Faktor wird. Der Brechungsindex aller Linsenmaterialien variiert mit der Wellenlänge. Diese Eigenschaft nennt man Dispersion (siehe Kapitel 13). In den Prismen von Spektroskopen ist sie willkommen, nicht aber in Linsen. Da die Brennweite einer Linse vom Brechungsindex des Linsenmaterials abhängt, liegen die Brennpunkte verschiedener Wellenlängen in verschiedenen Abständen von der Linse (Abb. 10.4). Die chromatische Aberration kann auf ein erträgliches Maß reduziert werden, indem man Linsen aus zwei verschiedenen Materialien herstellt, wie in Abb. 10.5 gezeigt. Linsen mit hoher Qualität – Teleskop- und Fernglaslinsen, Kameralinsen, Objektive von Mikroskopen – werden in Form solcher Doppellinsen hergestellt.

Die meisten Linsen haben kugelförmige Oberflächen, weil diese relativ einfach zu schleifen und zu polieren sind. Asphärische Oberflächen sind wesentlich schwieriger herzustellen. Selbst bei monochromatischem Licht tritt bei Linsen mit kugelförmigen Oberflächen sphärische Aberration auf: Strahlen, die von einem Objekt auf der optischen Achse ausgehen, schneiden die optische Achse nach dem Durchgang durch die Linse nicht alle im gleichen Punkt; umgekehrt vereinigen sich aus dem Unendlichen kommende parallele Strahlen nicht im Brennpunkt (Abb. 10.6). Der gleiche Effekt tritt bei einem Spiegel mit kugelförmiger Oberfläche auf. Am einfachsten minimiert man die sphärische Aberration, indem man mit geringer Öffnung arbeitet. Wenn der Wegunterschied zwischen Zentralstrahlen und Randstrahlen reduziert wird, nimmt die durch

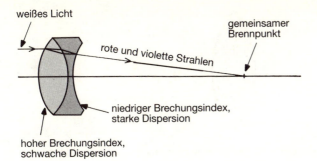

Abb. 10.5. In dieser achromatischen Doppellinse gleicht die konkave Streulinse die Dispersion der Sammellinse aus, macht aber die Sammlung nicht vollständig rückgängig. (Aus McKelvey and Grotch, *Physics for Science and Engineering*, McGraw-Hill, New York, NY 1978.)

die Aberration verursachte Unschärfe ab. In besonderen Fällen benutzt man parabolische Oberflächen, um die sphärische Aberration zu vermeiden.

Andere Aberrationen (Astigmatismus und Koma) rühren daher, daß parallele Strahlen, die mit der optischen Achse einen Winkel bilden, sich nach dem Durchgang durch die Linse nicht in einem Bildpunkt treffen. Astigmatismus und Koma wirken sich besonders negativ bei Weitwinkelobjektiven aus, mit denen ein großer Teil des Bildes unter großen Winkeln aufgenommen wir. Diese Aberrationen können stark reduziert werden, indem man zwei oder mehrere achromatische Doppellinsen hintereinander benutzt. Solche Linsensysteme sind wegen der zusätzlichen optischen Oberflächen teurer herzustellen als einfache Linsen.

Selbst wenn man eine Linse produzieren könnte, die keinen der genannten Defekte aufwiese, gäbe es noch ein weiteres Problem, das nichts mit der Linse selbst zu tun hat, sondern nur von der Größe ihrer Öffnung und der Wellenlänge der Strahlung abhängt. Es geht um die Streuung. Sie ist unvermeidbar und findet in *allen* optischen Systemen statt. Sie hängt mit der Wellennatur der Strahlung zusammen. Selbst ein Strahlenbündel, dessen Strahlen nach der geometrischen Optik exakt parallel wären, hat einen wellenoptischen Divergenzwinkel von ungefähr λ/D, wobei D der Durchmesser der Linse ist.

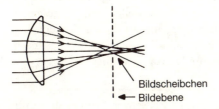

Abb. 10.6. Nach dem Durchgang durch eine einfache Linse schneiden sich die Strahlen nicht alle in einem Brennpunkt.

Abb. 10.7. Diese Phasenverzögerungslinse ist eine dreidimensionale Anordnung von Sekundärstrahlern.

Um ein Strahlenbündel mit einer Divergenz von nur einem Grad zu erzeugen, muß der Durchmesser der Linse mindestens 60 Wellenlängen betragen. Bei der Abbildung mit Kameralinsen ist die Linsenstreuung nicht besonders störend; der Durchmesser einer typischen Kameralinse beträgt einige zehntausend Wellenlängen sichtbaren Lichts. Die Streuung begrenzt aber durchaus das Auflösungsvermögen von Teleskopen und Mikroskopen. Im Frequenzbereich der Mikrowellen liegen die Wellenlängen in der Größenordnung von Zentimetern, und zur Erzeugung halbwegs paralleler Strahlenbündel braucht man Linsen mit Durchmessern von mehreren Metern. Glas- und Plastiklinsen könnten zwar zur Bündelung von Mikrowellen benutzt werden, aber Größe, Gewicht und Kosten dieser Materialien verhindern ihren Einsatz in der Praxis. Mikrowelleningenieure benutzen andere Arten der Strahlenbündelung.

10.4 Mikrowellenlinsen

Um die Nachteile großer massiver Linsen in der Mikrowellentechnik zu vermeiden, benutzt man stattdessen linsenförmige Styroporstrukturen mit regelmäßigen dreidimensionalen Anordnungen von Metallkugeln oder -stäben (Abb. 10.7). Die Metallteile werden vom Wechselfeld der Strahlung zu erzwungenen elektrischen Schwingungen angeregt. Sie strahlen daraufhin selbst in alle Richtungen, und die so entstandenen Sekundärwellen überlagern sich mit den Primärwellen. Effektiv wird dabei die Phase der Wellen beim Durchgang durch die Linse verzögert. Die Metallteile verhalten sich also bei Mikrowellenfrequenzen genau wie die Moleküle im Glas bei normaler Brechung im sichtbaren Frequenzbereich (siehe Kapitel 13). Auf diese Weise kann man Phasenverzögerungslinsen herstellen, deren effektiver Brechungsindex für Mikrowellen über 10 liegt.

Beispiel 10.2. Eine symmetrische bikonvexe Phasenverzögerungslinse für Mikrowellen hat einen effektiven Brechungsindex von 12. Eine Mikrowellenquelle soll 2.0 m von der Linse entfernt auf deren optischer Achse aufgestellt werden. Wie groß muß der Krümmungsradius der Linsenoberfläche sein, damit ein Parallelstrahlenbündel entsteht?

Die Linsengleichung lautet

$$\frac{1}{f} = (n-1)\left(\frac{1}{r_1} - \frac{1}{r_2}\right),$$

wobei f die Brennweite der Linse ist, n ihr Brechungsindex und r_1 und r_2 die Krümmungsradien ihrer Oberflächen. Wenn wir ausnutzen, daß die Radien vom Betrag her gleich sind und verschiedenes Vorzeichen haben, erhalten wir durch Einsetzen

$$\frac{1}{2\,\mathrm{m}} = (12-1)\left(\frac{1}{r} + \frac{1}{r}\right),$$

also $r = 44\,\mathrm{m}$.

Abb. 10.8. Diese Mikrowellenrasterlinse besteht aus parallelen Metallplatten.

Eine Alternative stellt die Rasterlinse dar (Abb. 10.8), eine Anordnung flacher, paralleler, äquidistanter Metallplatten, die parallel zum Zentralstrahl und parallel zum elektrischen Feld der Mikrowellen stehen. Die Platten sind so geformt, daß sich als einhüllende Fläche die Form einer *konkaven* Linse ergibt. Eine Glaslinse dieser Form würde ein Lichtstrahlenbündel zerstreuen, aber die Rasterlinse wirkt auf Mikrowellen *sammelnd*.

Um das zu verstehen, müssen wir das Verhalten eines elektromagnetischen Wellenzuges zwischen zwei parallelen Metallplatten betrachten, deren Abstand etwas mehr als eine halbe Wellenlänge beträgt. Abbildung 10.9 zeigt diese Situation von oben betrachtet. Das elektrische Feld der Strahlung steht senkrecht zur Bildebene.

Beim Eintritt in die Gasse zwischen den Platten teilt sich die ursprüngliche Welle in zwei Wellenzüge A und B auf, die sich durch mehrfache Reflexion an den Platten mit normaler Geschwindigkeit entlang der Gasse fortpflanzen. Der

Winkel zwischen diesen Wellenzügen stellt sich so ein, daß sich an den Plattenoberflächen die elektrischen Felder der beiden Wellenzüge gegenseitig aufheben; tangential zu einer Metalloberfläche kann es kein elektrisches Feld geben. Dies ist in Abb. 10.9 angedeutet; die durchgezogenen Linien stellen Wellenberge dar, die gestrichelten Linien Wellentäler. An den Plattenoberflächen werden die Berge von Wellenzug A durch die Täler von Wellenzug B neutralisiert. Das elektrische Wechselfeld ist in der Mitte zwischen den Platten am stärksten; auf den Oberflächen der Platten verschwindet es.

Richten Sie nun Ihre Aufmerksamkeit auf die mit X markierten Punkte in Abb. 10.9. Sie stellen zusammengesetzte Wellenberge dar, die durch die Überlagerung der Berge beider Wellenzüge enstehen. Während sich die beiden Wellenzüge A und B im Zickzack ausbreiten, bewegen sich diese Doppelberge geradewegs nach rechts. Ihre Abstände voneinander sind jedoch größer als die Wellenlänge der ursprünglichen Welle. Da die Doppelberge offenbar die gleiche Frequenz haben müssen wie die ursprüngliche Welle, bedeutet das, daß ihre *Geschwindigkeit größer* als die Geschwindigkeit der Wellen im freien Raum ist! Diese größere Geschwindigkeit bezeichnet man als *Phasengeschwindigkeit*; die Doppelberge sind die Berge von Phasenwellen.

„Wie", werden Sie jetzt vielleicht fragen, „können denn diese Phasenwellen schneller sein als Licht? Ist denn die Vakuumlichtgeschwindigkeit nicht die größtmögliche Geschwindigkeit?" Eines der Postulate der Relativitätstheorie besagt, daß kein materielles Objekt relativ zu irgendeinem Bezugssystem eine größere Geschwindigkeit als die Vakuumlichtgeschwindigkeit haben kann. Aber die Doppelberge in Abb. 10.9 sind keine materiellen Objekte; es sind *Zustände*, die nicht der Geschwindigkeitsbegrenzung der Relativitätstheorie unterliegen (Abb. 10.10).

Betrachten Sie zur Verdeutlichung zwei Wellenberge, die sich mit normaler Wellengeschwindigkeit in Richtung der Pfeile in Abb. 10.11 bewegen. Es ist klar, daß bei der Ausbreitung dieser Wellenberge der Ort ihrer Überlagerung, X, sich mit einer Phasengeschwindigkeit weit über der normalen Wellengeschwindigkeit nach rechts bewegt.

Wenn die Phasenwellen das Ende der Gasse zwischen den Metallplatten erreichen, bilden sie wieder einen ebenen Wellenzug, der sich mit normaler Geschwindigkeit nach rechts ausbreitet. Da die Phasengeschwindigkeit in einer Rasterlinse größer als die Vakuumlichtgeschwindigkeit ist, verhält sie sich wie eine Linse mit einem Brechungindex *kleiner* als eins. Die konkave Linse in Abb. 10.8 bewirkt also das Gegenteil dessen, was eine Linse der gleichen Form mit Brechungsindex größer als eins bewirken würde. Die Randstrahlen des einfallenden

Abb. 10.9. Wellen zwischen parallelen Metallplatten bilden zusammengesetzte Wellenberge (X).

Strahlenbündels durchlaufen eine längere Strecke zwischen den Platten, und ihre Phase wird daher weiter vorgerückt als die der Zentralstrahlen. Das Ergebnis ist ein Strahlenbündel, dessen Wellenfronten abgeflacht wurden und dessen Strahlen daher parallel verlaufen.

Beim Vergleich der Funktionsweise konvexer Glaslinsen und konkaver Rasterlinsen stellen wir fest, daß die Glaslinse die Krümmung der Wellenfronten verringert, indem sie die Zentralstrahlen im Vergleich zu den Randstrahlen *verzögert*, während die Rasterlinse denselben Effekt erreicht, indem sie die Randstrahlen im Vergleich zu den Zentralstrahlen *beschleunigt*.

Bei sorgfältiger Betrachtung von Abb. 10.9 fällt auf, daß der Winkel zwischen den Strahlwegen A und B und den Wänden des Rasters von der Wellenlänge der Strahlung abhängt. Auch die Phasengeschwindigkeit der Phasenwellen hängt also von der Wellenlänge ab, und damit auch der effektive Brechungsindex der Linse. Die Linse ist daher stark chromatisch; sie hat verschiedene Brennweiten für verschiedene Frequenzen. Sie kann nicht zur Erzeugung von Parallelstrahlenbündeln benutzt werden, die ein weites Frequenzspektrum beinhalten.

10.5 Zonenplatten

Eine Zonenplatte nutzt zur Erzeugung und Fokussierung von Strahlenbündeln die konstruktive und destruktive Interferenz verschiedener Strahlen aus. Eine Zonenplatte für 3-cm-Mikrowellen ist in Abb. 10.12 gezeigt. Sie besteht aus einer Reihe konzentrischer Kreiszonen, deren Radien den Wurzeln der positiven ganzen Zahlen proportional sind. Jede zweite Zone ist durchlässig für Mikrowellen, während die dazwischenliegenden Zonen durch Metall verstellt sind. Die offenen Zonen sind so angeordnet, daß der Strahlenweg von der Quelle sich jeweils von einer offenen Zone zur nächsten um eine Wellenlänge erhöht. Die Teile einer einfallenden Kugelwelle, die durch die offenen Zonen treten, sind daher in Phase und überlagern sich auf der anderen Seite der Zonenplatte zu ebenen Wellenfronten. Es ensteht also ein Parallelstrahlenbündel.

Abb. 10.10. Für Phasen ist die Geschwindigkeitsbegrenzung der Relativitätstheorie aufgehoben.

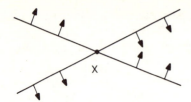

Abb. 10.11. Bei der Ausbreitung der Wellen verschiebt sich der Überlagerungspunkt (X) mit höherer Geschwindigkeit nach rechts.

Abb. 10.12. Eine Zonenplatte bildet Strahlenbündel.

Beispiel 10.3. Die radialen Abstände vom Mittelpunkt der mittleren offenen Zone zu den inneren Rändern der nächsten beiden offenen Zonen betragen 14.1 und 20.0 cm. Welche Brennweite hat die Zonenplatte für 1-cm-Mikrowellen?

Der diagonale Abstand von der ersten offenen Zone zum Brennpunkt auf der Achse ist $\sqrt{f^2 + (14.1\,\text{cm})^2}$. Dieser Abstand ist um eine Wellenlänge länger als der Abstand vom Mittelpunkt der Zonenplatte zum Brennpunkt. Damit ist $\sqrt{f^2 + (14.1\,\text{cm})^2} = f + (1\,\text{cm})$, also $f = 99\,\text{cm}$. Mit der zweiten Zone ergibt sich $\sqrt{f^2 + (20.0\,\text{cm})^2} = f + (2\,\text{cm})$, also wieder $f = 99\,\text{cm}$.

Die Zonenplatte in Abb. 10.12 mißt etwa einen Meter im Quadrat. Zonenplatten für sichtbares Licht sind um einige Größenordnungen kleiner. Mit einer solchen optischen Zonenplatte mit nur zwölf Zonen wurde das beachtliche Bild einer Glühwendel in Abb. 10.13 gemacht. Die in Abb. 10.12 gezeigte Zonenplatte kann auch zur Bündelung von Schallstrahlen mit Frequenzen über 10 kHz benutzt werden.

Wie bei den meisten Bündelungsgeräten hängt auch bei Zonenplatten die Brennweite von der Wellenlänge der Strahlung ab. Sie können nicht sinnvoll

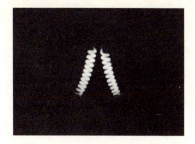

Abb. 10.13. Dieses Photo einer Glühwendel wurde mit einer Zonenplatte gemacht.

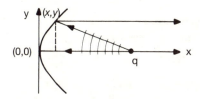

Abb. 10.14. Durch Reflexion an einem Parabolspiegel bildet sich ein Parallelstrahlenbündel.

eingesetzt werden, wenn ein breites Frequenzband vorliegt, z.B. bei weißem Licht, Mikrowellen mit verschiedenen Wellenlängen oder Sprache.

10.6 Spiegel

Diese Nachteile aller bereits beschriebenen Geräte zur Bildung von Strahlenbündeln haben zu dem weitverbreiteten Gebrauch von Spiegeln zur Erzeugung und Fokussierung von Strahlenbündeln in Optik, Mikrowellentechnik und Akustik geführt.

Betrachten wir die in Abb. 10.14 gezeigte Spiegeloberfläche. Wir möchten, daß Strahlen, die sich von einer Punktquelle q nach links ausbreiten, nach der Reflexion am Spiegel ein Parallelstrahlenbündel bilden. Dafür suchen wir die geeignete Form der reflektierenden Oberfläche. Eine Kugelwellenfront um q wird durch die Reflexion zu einer ebenen Wellenfront, wenn der Abstand von q zu jedem Punkt (x, y) der Spiegeloberfläche $q + x$ beträgt. Wir verlangen also $\sqrt{(q-x)^2 + y^2} = q + x$, und daraus ergibt sich

$$\boxed{y^2 = 4qx} \ . \tag{10.1}$$

Dies ist die Gleichung einer Parabel, deren Scheitel bei (0,0) liegt, deren Achse mit der x-Achse zusammenfällt und deren Brennpunkt die Quelle q bildet. Diese Betrachtung gilt für jeden Schnitt durch den Spiegel, der seine Achse

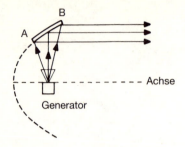

Abb. 10.15. Diesen außeraxialen Reflektor bezeichnet man als Hornantenne.

enthält; die vollständige Spiegeloberfläche muß also ein Rotationsparaboloid sein. Ein solcher Spiegel macht aus der Strahlung der Punktquelle q ein Parallelstrahlenbündel. Umgekehrt bildet er ein von rechts einfallendes Parallelstrahlenbündel im Brennpunkt q ab.

Das von einem Parabolspiegel entworfene Bild ist von einigen der für Linsen beschriebenen Aberrationen betroffen; es ist aber frei von chromatischer Aberration. Die Brennweite q hängt nicht von der Wellenlänge der Strahlung ab; der Spiegel kann daher in Breitbandanwendungen der Optik, der Akustik oder der Mikrowellentechnik benutzt werden.

Die meisten großen Teleskopobjektive sind Spiegel. Sie haben gegenüber Linsen den Vorteil, daß nur eine Oberfläche geschliffen, geformt und poliert werden muß, während eine achromatische Doppellinse vier Oberflächen aufweist. Außerdem muß man bei der Herstellung des Spiegelrohlings nicht wie bei den Linsen akribisch darauf achten, daß der Brechungsindex überall gleich ist. Mit Parabolspiegeln werden die kurzwelligen Strahlenbündel erzeugt, auf denen Sprache, Musik und digitale Daten über weite Strecken hinweg übertragen werden können.

Ein Parabolspiegel hat den Nachteil, daß die Quelle und ihre Befestigung einen Teil der reflektierten Strahlen absorbieren. Eine Verbesserung des Parabolspiegels zeigt Abb. 10.15. Die Quelle befindet sich im Brennpunkt auf der optischen Achse und bestrahlt einen außeraxialen Teil AB des Paraboloids. Diesen Reflektor bezeichnet man als Hornantenne.

10.7 Richtantennen

Zur Strahlenbündelung bei Radiofrequenzen ist keins der bisher betrachteten Geräte zu gebrauchen. Dabei geht es um Wellenlängen zwischen zehn und Tausenden von Metern. Bündelnde Geräte von solchen Ausmaßen kommen offensichtlich nicht in Frage. Dennoch kann man unter Ausnutzung von konstruktiver und destruktiver Interferenz Sendeantennen mit Richtungspräferenzen bauen. Abbildung 10.16 zeigt zum Beispiel zwei von oben betrachtete Antennentürme. Nehmen wir an, die beiden Türme seien eine halbe Wellenlänge voneinander

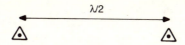

Abb. 10.16. Je nach ihrer Phasendifferenz strahlen diese Antennen in eine bevorzugte Richtung.

entfernt. Wenn die Antennen vom gleichen Oszillator mit derselben Phase angetrieben werden, wird entlang der Verbindungslinie keine Strahlung emittiert. Das Antennenpaar strahlt dann am stärksten senkrecht zur Verbindungslinie. Wenn die Antennen aber mit einer Phasenverschiebung von 180° betrieben werden, konzentriert sich die ausgestrahlte Energie in Richtung der Verbindungslinie. Ein Radiosender auf einem Hügel über einer Stadt kann damit ein gewisses Maß an Richtungsselektivität aufweisen. Antennenanordnungen aus drei oder vier Antennen in einer Reihe sind noch selektiver und können durch geeignete Phasenwahl dazu gebracht werden, hauptsächlich senkrecht zur oder in Richtung der Verbindungslinie zu strahlen. Leider strahlen diese linearen Anordnungen mit Abständen einer halben Wellenlänge nach hinten ebenso stark wie nach vorne in die gewünschte Richtung. Um diese Vergeudung zu minimieren, benutzt man weitere Interferenzschemata. Betrachten wir zum Beispiel das Antennenpaar in Abb. 10.17. Die Antennen stehen im Abstand einer Viertelwellenlänge, und die rechte Antenne eilt der linken um eine Viertelperiode nach. Mit etwas Überlegung kommt man zu dem Schluß, daß dieses Paar am stärksten nach rechts und überhaupt nicht nach links strahlt. Senkrecht zur Verbindungslinie strahlt es jedoch auch recht stark. Um diese Seitenabstrahlung zu unterdrücken, stellt man zwei solche Paare im Abstand einer halben Wellenlänge nebeneinander und betreibt sie in Phase. Die Strahlung konzentriert sich dann nach rechts, nach links wird gar keine Strahlung abgegeben, und die Verluste senkrecht zur Verbindungslinie sind klein (Abb. 10.18).

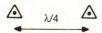

Abb. 10.17. Die rechte Antenne eilt der linken um eine Viertelperiode nach.

10.8 Schallbündelung

Wahrscheinlich haben Sie noch nie wirklich gebündelten Schall gehört. Wenn Sie versuchen, ein Schallbündel zum Beispiel durch eine offene Tür zu kollimieren, werden Sie feststellen, daß Sie den Schall auf der anderen Seite der Tür fast gleich gut hören, ob Sie nun in der geometrisch definierten „Sichtlinie" stehen oder nicht. Daran ändert sich auch nichts, wenn Sie die Reflexion an den Wänden oder anderen Objekten unterbinden. Der Grund dafür ist, daß

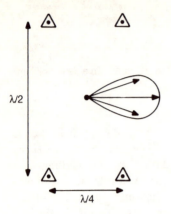

Abb. 10.18. Diese Anordnung von vier Antennen strahlt vor allem nach rechts.

die Wellenlängen gewöhnlicher Sprache mit den Maßen der Türöffnung vergleichbar sind und daß, wie in Abschnitt 10.3 besprochen, der Schall sich durch die Streuung an der Türöffnung im Raum verteilt. Wenn Sie das Experiment mit Schall bei Frequenzen über 10 kHz wiederholen, können Sie tatsächlich ein Schallbündel mit einer Divergenz von einigen Grad erzeugen.

Licht wird beim Durchgang durch einen kugelförmigen Wasserbehälter grob kollimiert. Ebenso entsteht ein grob kollimiertes Schallbündel, wenn Schall einen kugelförmigen Gummiballon durchläuft, der mit einem Gas gefüllt ist, in dem die Schallgeschwindigkeit niedriger ist als in Luft, z.B. CO_2. Eine bessere Kollimation erreicht man, wenn man den Gasbehälter linsenförmiger macht. Auch hier führt die Streuung zu einer Divergenz des Strahlenbündels, ganz gleich, wie gut es geometrisch kollimiert ist. Um bei den Frequenzen der menschlichen Sprache wirksam zu sein, müßte eine solche Linse mehrere Meter groß sein.

Vogelgezwitscher kann jedoch aufgrund seiner hohen Frequenz mit kleinen Parabolreflektoren gesammelt werden. Zur Aufnahme von Vogelgeräuschen sollten Sie sich mit einem Mikrophon im Brennpunkt einer tragbaren Schüssel mit ungefähr einem halben Meter Durchmesser ausrüsten.

Bei sehr hohen Frequenzen ist das Bündeln von Schall mit Linsen und Spiegeln im Labor Routinearbeit. Ultraschall kann durch die Vibration einer piezoelektrischen Platte erzeugt werden, die von einem elektrischen Oszillator angetrieben wird (Abb. 10.19). Die ganze Oberfläche der Platte vibriert gleichphasig, und das resultierende Schallbündel ist bereits recht gut kollimiert. Dieses Schallbündel kann dann mit Linsen und Spiegeln fokussiert werden.

In der Medizin untersucht man innere Organe des Körpers mit Ultraschall, der ungefährlicher als Röntgenstrahlung ist und für weicheres Gewebe einen besseren Kontrast liefert. In Flüssigkeiten kann man Ultraschall mit Frequenzen im Megahertzbereich erzeugen; die entsprechenden Wellenlängen sind vergleichbar mit denen des sichtbaren Lichts. Es wurde ein akustisches Mikroskop

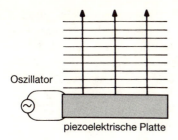

Abb. 10.19. Durch die Vibrationen eines Quarzplattengenerators entsteht ein Ultraschall-Parallelstrahlenbündel.

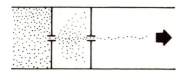

Abb. 10.20. Ein Molekülstrahl wird durch zwei Öffnungen geometrisch kollimiert.

entwickelt[2], das mit Ultraschall „sieht" und die Details in ungefärbten Blutzellen mit besserem Kontrast auflöst als ein Lichtmikroskop.

10.9 Teilchenstrahlen

Die heutige Technologie benutzt nicht nur wellenartige Strahlung, sondern auch Teilchenstrahlen[3]. In riesigen Teilchenbeschleunigern werden Ionen, Elektronen oder Atomkerne für Kollisionsexperimente auf hohe Geschwindigkeiten gebracht. In den meisten Bildschirmen wird das Bild von einem Elektronenstrahl erzeugt, der auf eine fluoreszierende Schicht trifft.

In Molekülstrahlexperimenten ist die einzige Möglichkeit, einen Strahl von Teilchen mit parallelen Bahnen zu erzeugen, die geometrische Kollimation. In der in Abb. 10.20 gezeigten Anordnung fungiert die erste Öffnung als Quelle, und die zweite schließt alle Moleküle aus, deren Bahnen nicht in die gewünschte Richtung verlaufen. Der Raum zwischen den beiden Öffnungen wird ständig leergepumpt, um sicherzustellen, daß sich dort nicht die Moleküle ansammeln, die von der zweiten Öffnung ausgesondert wurden. Dadurch entsteht ein Strahl von Molekülen, deren Bahnen annähernd parallel sind.

---

[2]G. Wade: Acoustic imaging with holography and lenses, IEEE Trans. Sonics and Ultrasonics **SU22** (6) 385 (1975)

[3]Anmerkung des Übersetzers: Teilchenstrahlen heißen im Englischen „particle beams". Da zu Anfang des Kapitels streng zwischen „beam" (Strahlenbündel) und „ray" (Strahl) unterschieden wird, müßte es hier genauer „Teilchenstrahlenbündel" heißen; diese Bezeichnung ist aber im Deutschen nicht üblich.

Bei solchen geometrisch kollimierten Teilchenstrahlen besteht das gleiche Problem wie bei geometrisch kollimierten Wellen: je besser die Kollimation, desto kleiner die Öffnungen und desto kleiner der Teilchenstrom. Bei geladenen Teilchen kann man dieses Problem jedoch umgehen, indem man größere Öffnungen verwendet und den enstehenden divergenten Strahl elektrostatisch oder magnetisch fokussiert. Abbildung 10.21 zeigt die Funktionsweise einer elektrostatischen Linse. Ein divergenter Elektronenstrahl wird von einer Quellkathode Q emittiert und durchläuft nacheinander kreisförmige Öffnungen in zwei Metallplatten. Die erste Platte ist gegenüber der Kathode positiv geladen und zieht daher die Elektronen in Richtung der Öffnungen. Die zweite Platte ist gegenüber der ersten stark positiv geladen. Die Pfeile zwischen den Platten zeigen die Konfiguration des elektrischen Feldes, dessen Kraftlinien in den Raum zwischen den Öffnungen hineinreichen. Ein Elektron, das sich entlang der Achse der Öffnungen bewegt, wird nicht abgelenkt. Ein Elektron, das sich auf einer divergenten Bahn befindet, wird dagegen hinter der ersten Öffnung im Bereich A durch die Radialkomponente des Feldes zur Achse hin abgelenkt. Im Bereich B wird es von der Achse weg beschleunigt. Im Bereich B bewegt sich das Elektron aber schneller, so daß diese zweite Ablenkung geringer ist als die erste. Insgesamt wird das Elektron also zur Achse hin abgelenkt und trifft sich mit allen anderen Elektronen, die die Platten erfolgreich umschifft haben, in einem leuchtenden Punkt auf dem Schirm.

Obwohl wir es jetzt mit Teilchen und nicht mit Wellen zu tun haben, sind optische Systeme für Teilchen ebenso der Streuung an Öffnungen unterworfen wie wellenoptische Systeme. Alle Teilchen lassen sich durch Materiewellen, die De Broglie-Wellen, beschreiben, deren Wellenlänge $\lambda = h/p$ beträgt, wobei h das Plancksche Wirkungsquantum und p der Impuls des Teilchens ist. Diese Materiewellen werden an der den Strahl begrenzenden Öffnung gestreut, so daß sogar in dem bestmöglich kollimierten Teilchenstrahl noch Divergenz und im schärfsten mit Teilchen erzeugten Bild noch Unschärfe auftritt.

Die Welleneigenschaften des Elektrons werden im Elektronenmikroskop ausgenutzt. Dieses Instrument bildet Objekte mit Teilchenstrahlen anstatt mit Lichtstrahlen ab. In einem Mikroskop erhält man kein gutes Bild eines Objekts, das kleiner als die Wellenlänge der zur Beleuchtung verwendeten Strahlung ist. In Hochspannungen beschleunigte Elektronen haben um Größenordnungen klei-

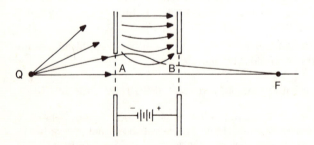

Abb. 10.21. Koaxiale Löcher in geladenen Metallplatten bilden eine Elektronenlinse.

nere Wellenlängen als sichtbares Licht. Elektronenmikroskope können daher Details um Größenordnungen feiner auflösen als Lichtmikroskope (Abbildungen 10.22 und 10.23). Mit manchen Elektronenmikroskopen lassen sich einzelne Atome ausmachen, was mit Lichtmikroskopen völlig undenkbar ist.

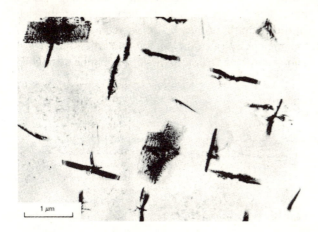

Abb. 10.22. Dieses Elektronenmikrogramm zeigt Vanadiumkarbidausfällungen in einer Vanadiumprobe mit 0.9 Atomprozent Kohlenstoff. Die Probe wurde strahlungsgekühlt und zwei Stunden lang bei 350 °C gehärtet. (Mit freundlicher Genehmigung von Professor Peter A. Thrower, Pennsylvania State University.)

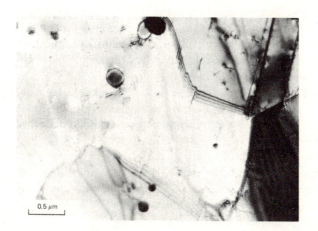

Abb. 10.23. Struktur einer dünnen Folie aus rostfreiem Stahl. Die parallelen Ränder entstehen durch Korngrenzen, die schräg zur Folie verlaufen. Die kurzen Riffeln sind Versetzungen, die ebenfalls durch die Folie verlaufen; die Enden entsprechen den Schnittpunkten mit den Oberflächen der Folie. Die runden schwarzen Bereiche sind Kohlenstoffausfällungen. (Mit freundlicher Genehmigung von Professor Peter A. Thrower, Pennsylvania State University.)

Bei der magnetischen Fokussierung wirkt über die ganze Länge des Elektronenstrahls ein magnetisches Feld, dessen Richtung entlang der Achse des Strahls liegt. Ein Elektron, das die Quelle nicht entlang der Achse verläßt, besitzt eine Geschwindigkeitskomponente senkrecht zu diesem Feld. Ein Elektron, das sich senkrecht zu einem magnetischen Feld bewegt, verfolgt eine kreisförmige Bahn. Zusammen mit der achsenparallelen Geschwindigkeitskomponente ergibt sich daraus eine Spiralbahn. Auf dieser Spirale gelangt das Elektron wieder auf die Achse, sobald es eine Umdrehung der Spirale durchlaufen hat. Abbildung 10.24 stellt einige solche Bahnen in einem magnetisch fokussierten Strahl perspektivisch dar.

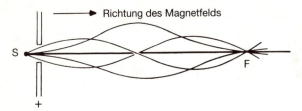

Abb. 10.24. Die Bahnen von Elektronen in einem longitudinalen Magnetfeld sind Spiralen.

10.10 Zusammenfassung

Können wir in diesem Kapitel über Strahlenbündelung einen roten Faden erkennen? Für die Bündelung von Wellenstrahlung ist der rote Faden die Erzeugung von Wellenfronten mit annähernd verschwindender Krümmung. Dies kann man erreichen, indem man (a) die Wellen von vornherein mit ebenen Wellenfronten erzeugt, (b) ein Bündel radial divergierender Strahlen durch eine Struktur schickt, die entweder die Zentralstrahlen verzögert oder die Randstrahlen beschleunigt, oder (c) ein Bündel radial divergierender Strahlen an einem geeignet geformten Spiegel reflektiert. Für Teilchenstrahlen muß man zu anderen Methoden greifen, von einfacher geometrischer Kollimation bis zu elektrostatischer und magnetischer Fokussierung.

Sowohl für Wellen als auch für Teilchenstrahlen, wie gut sie auch vom geometrischen Standpunkt kollimiert sein mögen, ist der erreichbaren Parallelität der Strahlen bzw. Teilchenbahnen durch das Verhältnis der Wellenlänge zur begrenzenden Öffnung eine prinzipielle Grenze gesetzt.

Übungen

10.1 Wird nicht das $1/r^2$-Gesetz verletzt, wenn das Licht des Suchscheinwerfers in Abb. 10.2 mit dem Abstand nur unwesentlich an Intensität verliert? Erläutern Sie!

10.2 Überlegen Sie, ob die Linsengleichung

$$\frac{l_0}{l_1} = \frac{d_0}{d_1}$$

auch für Zonenplatten gilt. Dabei bezieht sich l auf die Länge eines Objekts oder Bildes, d auf seinen Abstand von der Linse.

10.3 Eine Sammellinse verringert die Krümmung der Wellenfronten, weil die Zentralstrahlen stärker verzögert werden als die Randstrahlen. Bei einer Zonenplatte werden aber offensichtlich die Randstrahlen, die längere optische Wege durchlaufen, stärker verzögert als die Zentralstrahlen. Dennoch ist das Ergebnis eine Wellenfront mit verringerter Krümmung. Wie kann das sein?

10.4 Alle Linsendefekte, die wir in Abschnitt 10.3 für Glaslinsen besprochen haben, haben Entsprechungen bei den elektrostatischen und magnetischen Linsen in Elektronenmikroskopen. (a) Erklären Sie, was „chromatische Aberration" für eine Elektronenlinse bedeutet. (b) In einem Lichtmikroskop verwendet man eine zusammengesetzte Linse als Objektiv, um die sphärische Aberration zu minimieren; für ein Elektronenmikroskop verwendet man dagegen eine einfache Linse. Warum ist sphärische Aberration in einem Elektronenmikroskop normalerweise kein Problem? *Hinweis:* Das Objektiv mag eine Brennweite von 2 mm und eine Öffnung von $2 \cdot 10^{-3}$ cm haben.

10.5 Ist es möglich, ein Mikroskop zu bauen, das zur Beleuchtung des Objekts Protonen verwendet? Was wären die Vor- und Nachteile eines Protonenmikroskops im Vergleich zu einem Elektronenmikroskop?

10.6 Ein parabolischer Mikrowellenreflektor hat einen Durchmesser von 5.0 m. Wie groß ist ungefähr der Divergenzwinkel des bestkollimierten Strahlenbündels, das dieser Reflektor mit 6-cm-Mikrowellen erzeugen kann?

10.7 Das riesige Arecibo-Radioteleskop hat einen Durchmesser von 300 m. Bei welcher Winkeldifferenz können am Himmel zwei Radioquellen mit der 21-cm-Strahlung des Wasserstoffs gerade noch unterschieden werden?

10.8 Eine Plankonvexlinse besteht aus dichtem Glas mit den Brechungsindizes 1.643 und 1.674 für rotes und violettes Licht. Der Durchmesser der Linse beträgt 5.0 cm, ihr Krümmungsradius 10.0 cm. Wie groß ist der Durchmesser des Unschärfekreises durch chromatische Aberration bei Verwendung von weißem Licht?

10.9 Zeigen Sie, daß die Zonenplatte aus Beispiel 10.3 zusätzlich zu der Brennweite von 99 cm weitere Brennweiten von 49 cm, 32 cm, ... hat.

10.10 Der Abstand der Platten in einer Mikrowellenrasterlinse sei so gewählt, daß die in Abb. 10.9 dargestellten sekundären Wellenzüge A und B die Plattenoberflächen im Winkel von 45°, einander also im rechten Winkel schneiden. Zeigen Sie, daß die Phasengeschwindigkeit der Wellen in der Linse $\sqrt{2}\,c$ und der effektive Brechungsindex der Linse $1/\sqrt{2}$ beträgt.

10.11 Zeigen Sie, daß die De Broglie-Wellenlänge eines Elektrons, das in einem Elektronenmikroskop mit einer Spannung U (in Volt) beschleunigt wurde, durch

$$\lambda = \frac{1.23}{\sqrt{U}}\,\text{nm}$$

gegeben ist.

11. Filter

> Das Universum ist nicht nur seltsamer als wir
> es uns vorstellen, sondern sogar seltsamer als
> wir es uns vorstellen können.
>
> *J.B.S. Haldane*

11.1 Beispiele

In diesem Kapitel behandeln wir einen weiteren Aspekt der Wellenphysik: die Veränderung des Frequenzspektrums einer Wellenquelle oder eines Transmissionsmediums mit Hilfe von Filtern.

In der Natur findet man viele Beispiele von Filtern, in technischen Geräten sind sie noch häufiger. Die untergehende Sonne erscheint zum Beispiel rot, obwohl ihr Licht eigentlich weiß ist; das knallende Krachen eines nahen Blitzes hört man in einigen Kilometer Entfernung nur noch als rumpelndes Rumoren; an guten Radioempfängern kann der Hörer Höhen und Bässe unabhängig voneinander regeln; der Fahrer eines Autos, das schnell über eine unebene Straße fährt, wird durch Federung und Dämpfung von hochfrequenten Schwingungen abgeschirmt; und Ihre Stimme klingt anders, wenn Sie in einen Eimer anstatt direkt in die Luft sprechen.

In den vorhergehenden Kapiteln haben wir uns der Einfachheit halber mit Quellen beschäftigt, die bei ein oder zwei diskreten Frequenzen meist sinusförmige Wellen erzeugen. Viele Quellen emittieren jedoch gleichzeitig Wellen vieler Frequenzen in einem kontinuierlichen Frequenzband, das man als Spektrum bezeichnet. Ein Symphonieorchester, ein plätschernder Bach, ein Wasserfall und gewöhnliche Straßengeräusche sind Beispiele aus dem akustischen Bereich. In der Optik gibt es das „weiße" Licht einer Glühlampe und die thermische Strahlung eines heißen Bügeleisens. Auf einer Telephonleitung wird ein ganzes Spektrum von Signalen übertragen. Die Vibrationen bei einem Erdbeben und die Schwingungen eines Autos, das über zufällige Unebenheiten fährt, sind Beispiele kontinuierlicher Spektren aus der Mechanik.

In Physik und Technik möchte man oft dem Spektrum einer Breitbandquelle eine andere Form geben, manche Frequenzen hervorheben, andere abschwächen oder ganz unterdrücken. Diese Veränderungen des Spektrums erreicht man mit Filtern. Ein praktisches Beispiel für Filterung ist die Erzeugung eines blauen Lichtstrahls aus dem weißen Licht eines Glühdrahtes, das man durch ein blaues Filter schickt, welches die grünen, gelben und roten Teile des Spektrums ab-

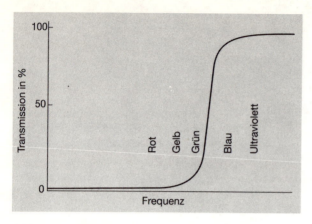

Abb. 11.1. Die Transmission eines Farbfilters hängt von der Frequenz ab.

sorbiert (Abb. 11.1). Frequenzfilter findet man auch in elektrischen, akustischen und mechanischen Systemen. Ihre Funktionsweise und ihre Anwendungen sind Thema der folgenden Abschnitte.

11.2 Elektrische Filter

Jeder mit Wechselspannung betriebene Fernseh- oder Radioempfänger enthält einen oder mehrere Filter. Die 50-Hz-Netzspannung läuft über einen Gleichrichter, der den Wechselstrom in einen unidirektionalen, aber pulsierenden Strom mit 100 Hz verwandelt. Das Ausgangssignal des Gleichrichters kann man als Überlagerung einer Gleichstromkomponente (gestrichelte Linie in Abb. 11.2) und eines 100-Hz-Netzbrummens ansehen; außerdem treten Oberschwingungen

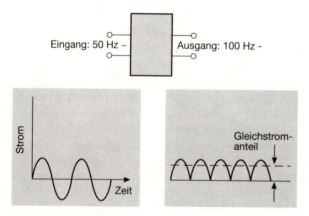

Abb. 11.2. Das Ausgangssignal eines 50-Hz-Gleichrichters enthält einen starken Wechselstromanteil mit 100 Hz.

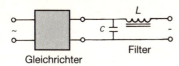

Abb. 11.3. Dieses einstufige Filter bewirkt etwas Glättung.

mit Vielfachen von 100 Hz auf, weil das Ausgangssignal des Gleichrichters nicht sinusförmig ist. Dieser pulsierende Strom muß geglättet werden, bevor man damit die Röhren oder Transistoren eines Empfängers betreiben kann. Dazu schickt man das Ausgangssignal des Gleichrichters durch ein elektrisches Filter, das Gleichstrom und niederfrequenten Wechselstrom durchläßt, nicht aber Wechselstrom bei 100 Hz und höheren Frequenzen.

Wie baut man nun so ein elektrisches Filter? Ein erster Versuch wäre, eine Spule mit hoher Induktivität in den Ausgangskreis zu setzen. Eine Induktivität weist bei tiefen Frequenzen eine niedrige, bei hohen Frequenzen dagegen eine hohe Impedanz auf. Eine solche Spule würde möglichst den Gleichstrom des Ausgangssignals durchlassen, das Netzbrummen aber stark reduzieren. In der Praxis wäre aber eine Spule, die ein 100-Hz-Brummen auf ein erträgliches Maß reduzieren würde, viel zu groß und schwer. Außerdem hätten die Wicklungen solch einer Spule einen sehr hohen Gleichstromwiderstand.

Wie können wir nun das Verhalten unseres primitiven Filters mit relativ kleinen, leichten und billigen Elementen verbessern? Eine Möglichkeit ergibt sich aus der Beobachtung, daß ein Kondensator bei hohen Frequenzen eine niedrige Impedanz hat, bei tiefen Frequenzen dagegen eine hohe Impedanz. Wenn man also einen Kondensator *parallel* zum Ausgang des Gleichrichters legt, während man die Spule *in Reihe* schaltet, könnte man das Netzbrummen teilweise kurzschließen, bevor es die Spule erreicht. Ein einstufiges LC-Filter dieser Bauart (Abb. 11.3) reduziert das Netzbrummen besser als eine Spule mit einem Mehrfachen der verwendeten Induktivität.

Eine weitere Reduktion des unerwünschten Brummens erreicht man durch Hintereinanderschalten von zwei oder drei LC-Stufen (Abb. 11.4). Auf diese Weise kann das Netzbrummen in einem guten Radioempfänger auf weniger als ein Millionstel der Leistung, die der Empfänger verarbeiten soll, reduziert werden. Die Spulen und Kondensatoren brauchen dabei nicht besonders groß, schwer oder teuer zu sein.

Wir wollen in diesem Kapitel nicht die mathematische Seite der Filtertheorie darlegen, sondern zeigen, daß Filterung ein weitverbreitetes Phänomen ist, das

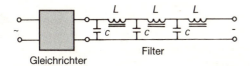

Abb. 11.4. Dieses mehrstufige Filter entfernt das Netzbrummen.

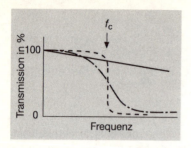

Abb. 11.5. Mit zunehmender Stufenzahl wird die Frequenzgrenze schärfer. Durchgezogene Kurve: nur Induktivität; strichpunktierte Kurve: eine LC-Stufe; gestrichelte Kurve: mehrere Stufen.

in Elektrizitätslehre, Akustik, Optik und Mechanik überall auftritt, wo es um Schwingungen und Wellen geht. Bei der theoretischen Analyse eines Mehrstufenfilters wie in Abb. 11.4 ergibt sich jedoch ein für uns interessantes Resultat: Unterhalb einer bestimmten kritischen Grenzfrequenz f_c ist die Transmission beinahe vollständig, während sie bei Frequenzen oberhalb der Grenzfrequenz steil abnimmt (Abb. 11.5). Die Schärfe der Frequenzgrenze nimmt mit der Anzahl der Stufen zu. Da dieses Filter Gleichstrom und Wechselstrom bei tiefen Frequenzen durchläßt, bezeichnet man es als Tiefpaßfilter. Die kritische Grenzfrequenz ist $f_c = 1/(\pi\sqrt{LC})$. Ein Filter aus mehreren Stufen mit $L = 10\,\text{H}$ und $C = 10\,\mu\text{F}$ hätte also eine Grenzfrequenz um 30 Hz und wäre damit gut geeignet, ein 100-Hz-Netzbrummen zu eliminieren.

Man kann die Grenzfrequenz durch eine beliebige Kombination von L und C festlegen, die $LC = 1/(\pi^2 f_c^2)$ genügt. Bei der Wahl von L und C für eine bestimmte Grenzfrequenz ist es sinnvoll, kleinere Werte für L und größere Werte für C zu wählen, da eine große Kapazität einfacher zu erreichen ist als eine große Induktivität; außerdem hat eine handhabbare Spule mit großer Induktivität unausweichlich einen hohen ohmschen Windungswiderstand.

Durch Vertauschen der Spulen und Kondensatoren erhält man ein Filter, das mit geringer Abschwächung alle Frequenzen *über* einer bestimmten kritischen Frequenz durchläßt und alle tieferen Frequenzen unterdrückt. Ein solches Filter bezeichnet man als Hochpaßfilter. Kompliziertere Netzwerke aus Spulen und Kondensatoren ermöglichen die Transmission eines bestimmten Frequenzbandes bei gleichzeitiger Unterdrückung aller anderen Frequenzen; man bezeichnet sie als Bandpaßfilter. Schließlich gibt es wieder andere Anordnungen von Spulen und Kondensatoren, die alle Frequenzen *außerhalb* eines bestimmten Bandes durchlassen.

Diese etwas esoterischeren Filter haben durchaus praktische Anwendungen. Als man mit Aufnahmen auf Schellackplatten begann, erwies sich das Kratzen der Nadel in der Rille als äußerst störend; oft übertönte es leisere Passagen der Musik. Es zeigte sich, daß dieses Kratzen größtenteils in einem relativ schmalen Frequenzband am oberen Ende des hörbaren Spektrums konzentriert war. Dieses Band konnte mit einem Bandsperrfilter unterdrückt werden, ohne daß die Qualität der Musik allzu stark darunter litt.

Wenn man ein sehr schwaches Radiosignal aus einem großen Spektrum anderer Signale herausgreifen möchte, kann man in den Empfänger ein Bandpaßfilter einbauen, das den Empfang des gewünschten Signals unter Ausschluß aller störenden Signale bei höheren und tieferen Frequenzen erlaubt. Tatsächlich führen einige Stufen eines Zwischenfrequenzempfängers eine solche Filterung durch, um Radiosignale bei anderen als der gewünschten Frequenz zu unterdrücken.

Breite Anwendung finden Bandpaßfilter auch in der Telekommunikation bei der Trennung verschiedener Sprachkanäle, die auf gemeinsamen Mikrowellenbündeln oder Koaxialkabeln übertragen werden.

Eine interessante Anwendung der Filtertheorie ist die Bespulung von Telephonleitungen. Eine Telephonleitung besteht aus mehr als nur zwei parallelen Leitern. Jeder Leiter hat einen Eigenwiderstand und eine Induktivität, und zwischen den Leitern bestehen Isolierungsleitung und Querkapazität. Das Zusammenspiel dieser Elemente führt zu einem Tiefpaßverhalten der Übertragungsleitung. Aufgrund des Eigenwiderstandes und der Querkapazität ist die Grenzfrequenz nicht scharf definiert; die Leitung hat eine verschmierte Frequenzcharakteristik mit immer stärkerer Abschwächung bei hohen Frequenzen. Diese Art Frequenzgang führt zu einer Verzerrung der übertragenen Signale, die bei Trägerfrequenzen von einigen zehn Kilohertz besonders störend wird. Man gibt daher der Leitung absichtlich eine höhere Induktivität und erreicht damit sowhl eine schärfere Grenzfrequenz als auch eine flachere Frequenzcharakteristik unterhalb der Grenzfrequenz. Das Ergebnis ist eine verzerrungsfreie Übertragung im nutzbaren Frequenzbereich. Für die zusätzliche Induktivität sorgen Spulen, die ungefähr jeden Kilometer mit den Leitern in Reihe geschaltet werden.

11.3 Mechanische Filter

In der Mechanik trifft man oft auf das Problem, ein empfindliches Gerät vor den Erschütterungen des Gebäudes zu schützen. Wenn wir uns erinnern, daß Federn und Massen die mechanischen Entspechungen zu Kondensatoren und Spulen sind (Tabelle 6.2), können wir ein einstufiges mechanisches Tiefpaßfilter konstruieren, indem wir eine Masse an eine Feder hängen und unser Gerät auf die Masse stellen. Beim Entwurf dieser Lagerung wählen wir Masse und Federkonstante so, daß die Eigenfrequenz des Systems weit unterhalb der tiefsten Vibrationsfrequenz zu liegen kommt, vor der das Gerät geschützt werden soll.

Wie wir in Kapitel 6 ausgeführt haben, ist dieses System ein Oszillator. Die Antwort der Masse auf die Erschütterungen am oberen Ende der Feder würden zu kleinen, aber endlichen Vibrationen des Gerätes führen. Um diese verbleibenden Vibrationen weiter abzuschwächen, könnte man eine zweite Filterstufe

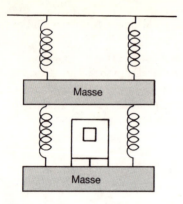

Abb. 11.6. Dieses mechanische Filter bietet erschütterungsfreie Lagerung.

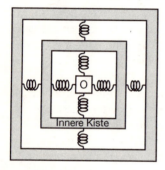

Abb. 11.7. Der verpackte Gegenstand ist vor hochfrequenten Erschütterungen geschützt.

benutzen. In der Praxis bestehen erschütterungsfreie Galvanometerlagerungen gewöhnlich aus zwei Stufen, wie in Abb. 11.6 gezeigt.

Manchmal wird ein empfindlicher Gegenstand zum Transport in Styropor gepackt und in eine erste Kiste mit erheblicher Masse gelegt. Diese Kiste wird wiederum mit weiterer Polsterung in eine äußere Kiste gepackt. Die Verpackung stellt insgesamt ein zweistufiges Filter dar und schützt den Gegenstand vor den besonders schädlichen hochfrequenten Erschütterungen (Abb. 11.7).

Der Fahrer eines Autos ist durch ein dreistufiges Tiefpaßfilter vor Erschütterungen geschützt. In Abb. 11.8 stellen die Reifen und die Achsen mitsamt Rädern Feder und Masse der ersten Stufe dar. Die Karosseriefedern und die Karosserie bilden die zweite Stufe. Die dritte Stufe besteht schließlich aus den Sitzfedern und dem Fahrer selbst. Kein Wunder, daß Sie wenig Erschütterung spüren, wenn Sie über eine Kopfsteinpflasterstraße fahren. Dieses System ist ein Tiefpaßfilter mit einer Grenzfrequenz unterhalb der Schwingungsfrequenzen auf einer unebenen Straße.

In der Hydraulik möchte man manchmal den pulsierenden Wasserfluß aus einer Kolbenpumpe glätten. Das erreicht man mit einem dem elektrischen LC-

Filter analogen hydraulischen Tiefpaßfilter. Die Stufen eines solchen hydraulischen Filters bestehen jeweils aus einem Rohrabschnitt mit einer teilweise mit Luft gefüllten Seitenkammer. Die Masse des Wassers im Hauptrohr entspricht der elektrischen Trägheit der Spule im elektrischen Filter; die Nachgiebigkeit der Luft entspricht der Kapazität des Kondensators. Abbildung 11.9 zeigt ein zweistufiges Filter dieser Art. Seine Grenzfrequenz sollte tiefer als die Pumpfrequenz sein.

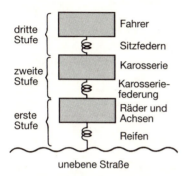

Abb. 11.8. Der Fahrer ist durch ein dreistufiges Filter geschützt.

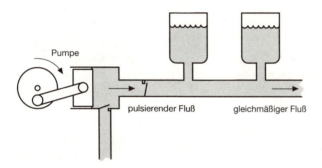

Abb. 11.9. Zwei Stufen eines hydraulischen Tiefpaßfilters glätten den Wasserfluß.

11.4 Akustische Filter

Die Schalldämpfung am Auspuff eines Autos ist vielleicht die weitestverbreitete Anwendung akustischer Tiefpaßfilter. Eine Stufe eines solchen Filters besteht aus einem Eingangsrohr der Querschnittsfläche A, das in ein Volumen V führt. Aus dem Volumen führt ein Rohr mit gleicher Querschnittsfläche wieder heraus (Abb. 11.10a). Ein erstklassiger Auspufftopf hat mindestens zwei solcher Stufen (Abb. 11.10b). Die Grenzfrequenz eines Tiefpaßfilters aus vielen solchen Stufen ist

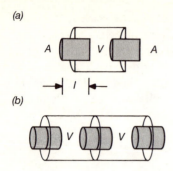

Abb. 11.10. Ein Auspufftopf besteht gewöhnlich aus einer oder mehreren Stufen eines Tiefpaßfilters.

$$f_c = \frac{1}{\pi}\sqrt{\frac{v^2 A}{lV}},$$

wobei v die Schallgeschwindigkeit und l die Länge der Verbindungsrohre ist. Vergleichen Sie den Aufbau dieses Filters mit dem des hydraulischen Filters im letzten Abschnitt. Können Sie feststellen, welche Elemente sich entsprechen?

11.5 Energieabsorbierende Filter

Die bisher betrachteten Filter selektieren bestimmte Frequenzen, indem sie die anderen *reflektieren*. Sie absorbieren die ungewünschten Frequenzen nicht, da sie keine dissipativen Elemente enthalten. In der Optik beruhen dagegen die meisten Filter auf der *Absorption* der unerwünschten Spektralbereiche. Kamerafilter, getönte Gläser und die Farben im Farbdruck sind energieabsorbierende Filter. Die Funktionsweise solcher Filter beruht auf den Quantenabsorptionsprozessen der einzelnen Atome, Ionen und Moleküle. Im einzelnen können diese Filter kaum mit den bereits betrachteten elektrischen, mechanischen und akustischen Filtern verglichen werden, da Quantenprozesse sich stark von den Vorgängen in der Wellenphysik unterscheiden. In Kapitel 9 ging es um optische Frequenzselektion, die auf den Welleneigenschaften der Strahlung beruht. Interferometrie, Strahlbündelung und Filtertheorie haben vieles gemeinsam.

Bevor wir uns wieder von den energieabsorbierenden Filtern abwenden, möchten wir noch ein bestimmtes Filter beschreiben: das RC-Filter. Ein solches elektrisches Filter wird oft zur Glättung des Netzbrummens benutzt, wenn kleine Ströme fließen. In dem Stromkreis in Abb. 11.11 wird der erste Kondensator des Filters in jedem Zyklus des Gleichrichters auf dessen Spitzenspannung geladen. Danach gelangt die Ladung in die folgenden Stufen des Filters und schließlich in die Last.

Die Frequenzcharakteristik dieses Filters zeigt keine scharfe Grenzfrequenz; die Transmission wird bei höheren Frequenzen immer geringer. Wenn höhere

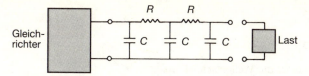

Abb. 11.11. Dieses Filter absorbiert Energie, anstatt sie zu reflektieren.

Ströme fließen, wird dieses Filter für die Unterdrückung des 100-Hz-Netzbrummens weniger effektiv, wenn nicht gleichzeitig die Kapazitäten erhöht werden.

11.6 Filterung durch periodische Strukturen

Bei der Beschäftigung mit den beschriebenen Filtern ist Ihnen vielleicht aufgefallen, daß sie alle maßgeschneiderte Abschnitte von Wellenmedien sind und aus Wiederholungen einer einfachen Grundeinheit bestehen. Vielleicht haben Sie sich gefragt, ob denn jedes Wellenmedium mit periodischer Struktur einen frequenzabhängigen Einfluß auf ein sich darin ausbreitendes Wellenspektrum hat. So ist es tatsächlich. Die Stärke dieses Effekts hängt sowohl von den im Spektrum vertretenen Frequenzen als auch von der genauen Beschaffenheit der sich wiederholenden Einheit ab.

Durch die Beschäftigung mit der Wellenfortpflanzung auf einer schwingenden Saite, an der in regelmäßigen Abständen Massen befestigt sind, gewinnt man etwas Einsicht in die Theorie periodischer Filter. Um Komplikationen durch die Reflexion am Ende der Saite zu vermeiden, nehmen wir an, daß sie unendlich lang ist. Eine einzelne Welle wird auf Ihrem Weg entlang der Saite an jedem Massenpunkt teilweise reflektiert und klingt daher mit dem Abstand entlang der Saite exponentiell ab. Die Energie der Welle wird Stück für Stück zum Generator zurückgeworfen. Wenn die Wellen in einem kontinuierlichen Zug generiert werden, findet die gleiche Reflexion für jede Welle statt. Die teilweise reflektierten Wellen werden wiederum reflektiert, und so weiter. Man könnte erwarten, daß das Wellenmuster auf der Saite sehr kompliziert wird, da in beiden Richtungen reflektierte Teilwellen laufen. Wenn die Wellenlänge in keinem einfachen Verhältnis zum Abstand der Massenpunkte steht, interferieren jedoch die zurückgeworfenen Wellen im Mittel *destruktiv*, und somit findet insgesamt keine Reflexion statt. Die ursprünglichen Wellen pflanzen sich scheinbar ohne Verluste auf der Saite fort. Obwohl ständig Reflexion und Rückreflexion stattfinden, verhindert die destruktive Phasenbeziehung der zurücklaufenden Wellen den Aufbau einer merklichen Reflexion. Nur wenn die Frequenz der Wellen so gewählt wird, daß der Abstand der Massenpunkte in etwa der halben Wellenlänge entspricht, kommt es zu nennenswerter Reflexion (Abb. 11.12). In diesem Fall interferieren alle zurückgeworfenen Teilwellen *konstruktiv* und bilden eine starke reflektierte Komponente, die den ursprünglichen Wellen die Energie wegnimmt. Die ursprünglichen Wellen dringen nur wenige Wellenlängen in das Medium

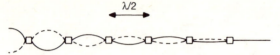

Abb. 11.12. Bei $d = \lambda/2$ klingen die Wellen schnell ab.

ein. Die Frequenzcharakteristik einer Saite mit periodischer Massenverteilung weist deshalb in der Nähe dieser kritischen Frequenz einen tiefen Einschnitt auf. Abbildung 11.13 zeigt eine solche Charakteristik, die Sie wahrscheinlich als die eines Bandsperrfilters erkennen. Die Mitte des gesperrten Bandes ist durch $d = \lambda/2$ festgelegt, wobei d der Abstand zwischen den Massenpunkten ist. Mit $\lambda = v/f$ können wir diese Bedingung als $f = v/2d$ schreiben, wobei v die Geschwindigkeit der Wellen ist.

In Kapitel 8 haben wir gezeigt, daß eine Saite der Länge d bei $d = \lambda/2$ in Resonanz gerät. Bei der Saite mit periodischer Massenverteilung liegt also das gesperrte Band gerade bei der Resonanzfrequenz der einzelnen Abschnitte zwischen den Massenpunkten.

Ein besonders interessantes Beispiel für mehrstufige Filterung in einem periodischen Wellenmedium ist die Struktur des Energiespektrums der Valenzelektronen in kristallinen Festkörpern. Wir interessieren uns für die Bewegung der Elektronen im Innern des Festkörpers. Jedes der Elektronen läßt sich durch eine Elektronenwelle beschreiben, die sich im periodischen Potential der Kristallionen ausbreitet. Wir haben es also mit Wellenausbreitung in einem periodischen Medium zu tun. Das Ionengitter wirkt als mehrstufiges Bandsperrfilter, das Bewegungen der Elektronen mit bestimmten Wellenlängen erlaubt, Wellenlängen im verbotenen Band aber ausschließt. Da die Wellenlänge einer Elektronenwelle mit der Energie des Elektrons zusammenhängt, bedeutet das, daß Elektronen mit bestimmten Energien sich im Gitter frei bewegen können, während ihnen

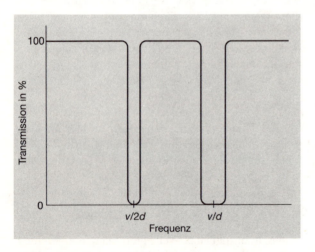

Abb. 11.13. Eine Saite mit periodischer Massenverteilung ist ein Bandsperrfilter.

andere Energien verboten sind. Abbildung 11.14 zeigt diese Bandstruktur des Energiespektrums von Valenzelektronen in kristallinen Festkörpern.

In vielen Festkörpern weist dieses Spektrum eine Energielücke auf, die die Elektronen nicht bevölkern dürfen. Dieses gesperrte Band ist in dem Modell, das wir in Kapitel 14 für den Mechanismus der elektrischen Leitung in Festkörpern entwickeln werden, von entscheidender Bedeutung. Die Breite der Energielücke und die Elektronendichten in den benachbarten erlaubten Bändern bestimmen, ob ein Festkörper ein Leiter, ein Halbleiter oder ein Isolator ist.

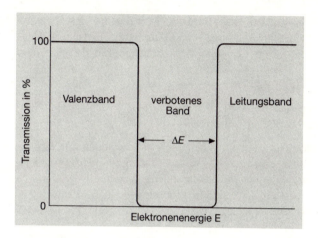

Abb. 11.14. Elektronen können sich nicht mit Energien bewegen, die im verbotenen Band liegen.

Übungen

11.1 Was halten Sie von dem Gedanken, daß ein Prismenspektrometer bei der Isolierung eines bestimmten Spektralbereichs eigentlich als Bandpaßfilter benutzt wird?

11.2 Das Gefäßsystem des menschlichen Körpers besteht aus dem Herzen und einem Tiefpaßnetz von Adern, deren verteilte Elastizität die Rolle der Luftkammern in Abb. 11.9 übernimmt. Wie verhält sich die kritische Grenzfrequenz dieses Systems zur Herzfrequenz?

11.3 Wenn Sie bei geringen Geschwindigkeiten einen hohen Gang einlegen, bockt der Wagen bei jeder Zündung der Zylinder. Dieses Bocken tritt bei höheren Geschwindigkeiten nicht auf. Warum nicht?

11.4 Eine Dampflokomotive beschleunigt aufgrund der einzelnen Schübe der Pleuelstangen ruckartig. Die Reisenden im Zug verspüren jedoch eine kontinuierliche Beschleunigung. Woran liegt das?

11.5 Ein Boot wird von Wellen, deren Wellenlänge vergleichbar mit der Länge des Bootes ist, stark zum Schaukeln gebracht. Wie könnten Sie vorgehen, um dieses Schaukeln zu verringern?

11.6 Die Erdbebenschwingungen, die an Gebäuden den größten Schaden anrichten, liegen in einem Bereich unter 3 Hz. Wie würden Sie eine Erdbebensicherung für ein fünfstöckiges Gebäude mit einer Masse von 1500 Tonnen entwerfen? Ziehen Sie sowohl vertikale als auch horizontale Schwingungen mit Amplituden bis zu einigen Zentimetern in Betracht.

11.7 Eine Welle rotiert stetig, aber der Rotation ist aufgrund des Ineinandergreifens der antreibenden Zahnräder eine Winkeloszillation überlagert. Entwerfen Sie ein mechanisches Filter, das die Unregelmäßigkeiten des Antriebs dämpft.

11.8 Für einen Zerstäuber benötigt man einen stetigen Strom von Hochdruckluft. Den Druck liefert eine Kolbenpumpe mit fünf Zyklen pro Sekunde. Entwerfen Sie ein Glättungsfilter für den Luftstrom.

11.9 Aus dem breitbandigen Ausgang eines Hi-Fi-Versärkers sollen die Signale unter 200 Hz herausgefiltert und an einen Baßlautsprecher weitergeleitet werden. Die Signale über 2 kHz sollen an einen Hochtöner gelenkt werden. Der Rest soll an einen Lautsprecher für mittlere Frequenzen geleitet werden. Entwerfen Sie ein Filternetzwerk, das diese Trennung bewerkstelligt.

12. Transformatoren und Impedanzanpassung

> ... eine bessere Impedanzanpassung zwischen der Wissenschaft und den Menschen. Das ist Relevanz – Bildungsimpedanzanpassung.
>
> *Eric M. Rogers*

12.1 Einleitung

Ihre erste Begegnung mit Geräten, die als Transformatoren bezeichnet wurden, fand zweifellos im Rahmen einer Einführung in die Elektrizitätslehre statt. Sie lernten, daß man Transformatoren zum Herauf- oder Herabsetzen von Wechselspannungen benutzt. Bevor Sie aber die Bezeichnung „Transformator" kennenlernten, hatten Sie schon längst Erfahrungen mit Transformatoren gemacht. Vielleicht haben Sie ein Stemmeisen benutzt, um einen schweren Gegenstand zu bewegen, oder gelernt, die Gangschaltung eines Fahrrads zu bedienen. Möglicherweise haben Sie noch früher festgestellt, daß Sie mit einem Paar Gummiflossen an den Füßen viel schneller schwimmen konnten. Besitzen Sie eine Kamera oder ein Fernglas mit entspiegelten Linsen? Sie gebrauchen schon länger Transformatoren, als Sie wissen!

Was ist diesen scheinbar so verschiedenen Geräten gemeinsam? Der Familienname Transformatoren legt nahe, daß sie dazu da sind, etwas zu ändern. So ist es auch. In verschiedenen Bereichen der Physik und der Technik gibt es Transformatoren, die Spannungen, Ströme, Kräfte, Geschwindigkeiten, Drücke und Felder verändern. Transformatoren haben im wesentlichen zwei Anwendungen. Zum einen werden sie zum Herauf- und Herabsetzen verwendet. Zum anderen dienen sie der Impedanzanpassung, um die Leistungsübertragung von einer Quelle auf eine Last zu maximieren oder anderweitig zu regeln. Diese beiden Funktionen sind zwei Aspekte desselben Verhaltens, aber wir werden sie getrennt behandeln.

12.2 Auf und Ab

Bei Ihrer ersten Beschäftigung mit elektrischen Transformatoren haben Sie gelernt, daß man eine 6-V-Lampe mit 220-V-Wechselspannung betreiben kann, indem man einen geeigneten Abwärtstransformator dazwischenschaltet. Vielleicht haben Sie außerdem gelernt, daß das Verhältnis der Windungszahlen in

Primär- und Sekundärspule des Transformators gleich dem Verhältnis der Netzspannung zur Lampenspannung sein muß. Jeder Versuch, die Lampe direkt am Netz zu betreiben, würde zur Zerstörung der Lampe durch zu hohe Stromstärken führen.

Der Wirkungsgrad eines Transformators erreicht nie 100%, er kann aber sehr hoch sein – 98% zum Beispiel. In einem idealen Transformator mit einem Wirkungsgrad von 100% wird die Spannungstransformation immer von einer Stromtransformation im umgekehrten Verhältnis begleitet. In dem in Abb. 12.1 gezeigten Beispiel geht die Abwärtstransformation der Spannung mit einer Aufwärtstransformation des Stromes um den Faktor 220/6 einher. Fließt in der Lampe bei 6 V ein Strom von 1 A, so fließen in der Primärspule des Transformators nur 6/220 A. Die Leistung im Primärkreis ist somit gleich der an die Lampe weitergegebenen Leistung, wenn die Verluste vernachlässigbar sind.

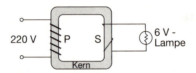

Abb. 12.1. Ein Abwärtstransformator betreibt eine 6-V-Lampe mit einer 220-V-Spannungsquelle. P: Primärspule; S: Sekundärspule.

Einen idealen Transformator gibt es natürlich in wirklichen Stromkreisen nicht. Es geht immer etwas Leistung in Wirbelströmen im Transformatorkern und im ohmschen Widerstand der primären und sekundären Windungen verloren. Die internen Verluste moderner Transformatoren liegen jedoch bei weniger als 2% der übertragenen Leistung.

Transformatoren werden in der Elektrotechnik viel verwendet. Mit Drehspulgeneratoren erzeugt man elektrische Energie am einfachsten bei Spannungen von einigen hundert oder einigen tausend Volt. Für den Hausgebrauch benutzt man jedoch aus Sicherheitsgründen niedrigere Spannungen, in Europa zum Beispiel meistens 220 V. Bei der Übertragung elektrischer Energie auf langen Leitungen benutzt man dagegen hohe Spannungen und niedrige Ströme, um die Jouleschen Wärmeverluste I^2R in den Leitungsdrähten zu reduzieren. Übertragungsspannungen von 220 000 oder 380 000 V sind üblich. Noch höhere Spannungen wären wünschenswert, führen aber zu Problemen bei der Isolierung. Durch Bogenentladungen über die Keramikisolierungen können Verluste auftreten, aber auch in der oft sichtbaren Korona, einer Entladung über die vom starken Feld der Drähte ionisierte Luft.

Die Vielseitigkeit von Wechselspannungen zeigt sich in einer Arztpraxis: dort wird, ausgehend von der Netzspannung, eine Kontrollampe am Brutkasten mit 4.5 V, ein Sterilisator mit 220 V und ein Röntgengerät mit 100 000 V betrieben. Dieses ganze Auf und Ab leisten Transformatoren.

An dieser Stelle könnten Sie einwerfen, daß Sie doch eine 6-V-Lampe auch ohne Transformator mit 220 V Netzspannung betreiben können, indem Sie ein-

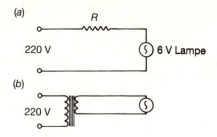

Abb. 12.2. Welcher dieser beiden Stromkreise verbraucht weniger Leistung?

fach einen geeigneten Widerstand in den Stromkreis einbauen (Abb. 12.2a). Gut, die Lampe würde leuchten, aber denken Sie an die Leistung, die im Widerstand verschwendet wird! Wenn Sie einen Transformator benutzen, beziehen Sie von der Quelle nur soviel Leistung, wie die Lampe verbraucht, abgesehen von den geringen Verlusten im Transformator.

Elektrische Wechselstromtransformatoren nutzen das Faradaysche Induktionsgesetz aus. Danach ist die in einer Sekundärwindung induzierte Spannung der zeitlichen Ableitung $d\Phi/dt$ des magnetischen Flusses, der durch den Wechselstrom in der Primärspule zustande kommt, proportional. In Gleichstromkreisen verschwinden dI/dt und $d\Phi/dt$; Induktionstransformatoren sind daher für Gleichstrom nicht zu gebrauchen. Gibt es also gar keine Gleichstromtransformatoren?

Doch, es gibt sie, aber sie sind komplizierter als Wechselstromtransformatoren und außerdem nicht für Leistungen im Kilowattbereich geeignet. Man kann zum Beispiel die Gleichspannung unterbrechen, um eine Rechteckwechselspannung zu erhalten, und das Ergebnis durch einen Gleichrichter und ein Glättungsfilter schicken. Dieses System wird zum Beispiel in Leistungswandlern für Autoradios, die mit einer 12-V-Batterie betrieben werden, angewandt.

Eine weitere Anordnung zur Transformation von Gleichspannungen zeigt Abb. 12.3: Der aus Rotor und Anker bestehende Kondensator hat eine variable Kapazität. Wenn Rotor und Anker übereinanderliegen, ist die Kapazität maximal. Zu diesem Zeitpunkt berührt die Ladebürste den Rotor und lädt den Kondensator auf. Eine Viertelrotation später überlappen sich Rotor und Anker nicht mehr, die Kapazität erreicht ihr Minimum. Der Kondensator trägt aber noch die Ladung, die er bei maximaler Kapazität aufgenommen hat; nach $U = Q/C$ ist also die Spannung zwischen den Platten gestiegen. In diesem Moment gibt der Kondensator über eine Entladebürste seine Ladung an einen Hochspannungskreis ab.

Ein drittes System läßt sich vielleicht am besten anhand seines mechanischen Gegenstücks, des Stoßhebers, erklären (Abb. 12.4a). Wasser läuft aus einem Reservoir in einem schrägen Rohr bergab. Sobald die Geschwindigkeit des Wassers einen bestimmten Schwellenwert überschreitet, schließt ein Ventil am Ende des Rohres. Im unteren Teil des Rohres entsteht aufgrund der Trägheit

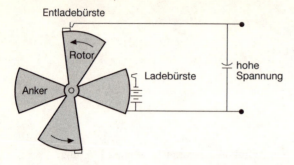

Abb. 12.3. Ein rotierender Kondensator mit variabler Kapazität ist ein Gleichspannungstransformator.

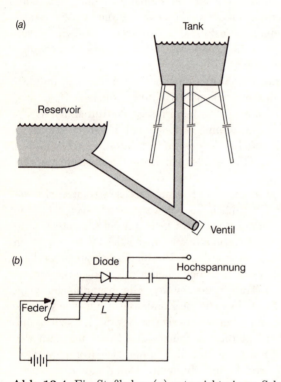

Abb. 12.4. Ein Stoßheber (a) entspricht einem Schaltkreis zur Heraufsetzung einer Gleichspannung (b).

des strömenden Wassers ein sehr hoher Druck. Dieser momentane Hochdruck preßt einen Teil des Wassers durch ein Seitenrohr in einen Tank oberhalb des Wasserspiegels im Reservoir. Dadurch erreicht ein Teil des Wassers ein höheres Gravitationspotential als zu Anfang. Das Ventil am Ende des Rohres öffnet sich, und das Wasser beginnt wieder zu fließen.

Das elektrische Gegenstück zu diesem Gerät könnte man als Stoßlader bezeichnen. Wenn wir uns erinnern, daß der Trägheit die Induktivität und dem Druck die Spannung entspricht, können wir einen solchen Stoßlader konstruieren (Abb. 12.4b). Er enthält ein Relais und eine Spule mit hoher Induktivität. Das Relais öffnet den Stromkreis, sobald die Stromstärke einen bestimmten Schwellenwert überschreitet. Die Unterbrechung des Stromkreises bewirkt einen Spannungsstoß in der Spule. Dadurch wird ein Kondensator aufgeladen, dessen Entladung durch eine Diode verhindert wird. Nach kurzer Zeit schließt das Relais wieder, und der Zyklus beginnt von vorne.

Schon früh im Studium der Physik sind Ihnen wahrscheinlich die Geräte begegnet, die in der Mechanik Aufwärts- und Abwärtstransformation leisten. Die transformierten Größen sind Kraft und Geschwindigkeit, die mechanischen Entsprechungen von Spannung und Stromstärke. Mit der Kurbelwelle in Abb. 12.5 wird ein Stoß Ziegel aufs Dach gehoben. Die am Kurbelgriff aufgebrachte Kraft F wird um den Faktor R/r hochtransformiert, die Geschwindigkeit der Ziegel ist aber um r/R kleiner als die Geschwindigkeit des Kurbelgriffes. Mit Hilfe dieser einfachen Maschine können Sie eine wesentlich größere Last heben als mit bloßen Händen, aber der Preis für das Heraufsetzen der Kraft ist eine entsprechende Herabsetzung der Geschwindigkeit. Bei einer idealen Maschine wird die ganze Leistung, die Sie aufbringen, zum Heben der Last verwendet. In Wirklichkeit geht jedoch ein Teil der aufgebrachten Leistung durch Reibung verloren. Ähnliche Zusammenhänge findet man für einen Wagenheber, eine schiefe Ebene, einen Hebel und ein Getriebe. Haben Sie diese Geräte je als Teil der Transformatorenfamile betrachtet, zu der auch die elektrischen Transformatoren gehören?

In der Rotationsmechanik sind die Gegenstücke zu Spannung und Stromstärke Drehmoment und Winkelgeschwindigkeit. Eine Transformation von Drehmomenten erreicht man zum Beispiel durch Getriebe oder Keilriemen. In Abb. 12.6 dreht sich der Eingangsschaft bei niedrigem Drehmoment und hoher Winkelgeschwindigkeit, während der Ausgangsschaft mit hohem Drehmoment und niedriger Winkelgeschwindigkeit angetrieben wird. Eine solche Anordnung braucht man, um mit einem Wagen einen steilen Berg hochzufahren. Wäre

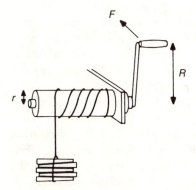

Abb. 12.5. Eine Kurbelwelle ist ein mechanischer Transformator.

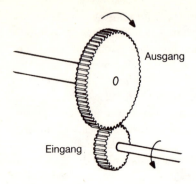

Abb. 12.6. Zwei Zahnräder bilden einen Transformator für Drehmomente.

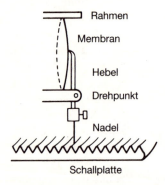

Abb. 12.7. Der Hebel im Tonabnehmer eines mechanischen Grammophons ist ein Transformator.

der Motor direkt an die Radachsen angeschlossen, so könnte er nicht genügend Drehmoment aufbringen, um den Wagen den Berg hinaufzubringen. Wenn ein niedriger Gang eingelegt ist, wird das Drehmoment des Motors jedoch zwei- oder dreifach verstärkt, und das Auto fährt weiter, wenn auch mit niedrigerer Geschwindigkeit als auf ebener Straße in einem hohen Gang. Jede Erhöhung des Drehmoments durch einen Transformator wird mit einer Verringerung der Winkelgeschwindigkeit um den gleichen Faktor erkauft.

Wir haben die mechanischen Transformatoren als „Gleichstromgeräte" mit konstanten Kräften, Drehmomenten und Geschwindigkeiten beschrieben. Solche Geräte können aber auch wie Wechselstromtransformatoren zur Transformation zeitlich veränderlicher Größen benutzt werden. Zum Beispiel sitzt in den Tonabnehmern alter mechanischer Grammophone die Nadel am Ende eines Hebels, der so gelagert ist, daß die Bewegung der Nadel um einen Faktor zwei oder drei verstärkt auf die schallerzeugende Membran übertragen wird (Abb. 12.7).

12.3 Impedanzanpassung

Um Transformatoren als Impedanzwandler zu betrachten, kehren wir zur ersten Erwähnung der Impedanz in Kapitel 6 zurück. Dort definierten wir die Impedanz als Verhältnis der Spannung zur Stromstärke in einem Wechselstromkreis. Führen wir diese Idee etwas weiter! Jeder Stromkreis, jedes elektrische Gerät setzt dem Ladungsfluß, der aufgrund einer angelegten Spannung hindurchfließt, einen Widerstand entgegen. Ebenso setzt ein Schlauch dem Wasserfluß, der aufgrund einer angelegten Druckdifferenz hindurchfließt, einen Widerstand entgegen, wie in Kapitel 1 besprochen. Die Größe dieses Widerstandes bezeichnen wir als Impedanz Z.

Impedanz gibt es in elektrischen, mechanischen, akustischen und thermischen Systemen – überhaupt in allen physikalischen Situationen, in denen eine Ursache eine Wirkung hat. Sie tritt auf, wenn das Ergebnis zeitlich konstant ist, zum Beispiel in einem Gleichstromkreis mit konstanter Stromstärke, aber auch wenn das Ergebnis zeitabhängig ist, zum Beispiel in einem Wechselstromkreis, in dem die Stromstärke periodisch schwankt. Impedanz kann als Verhältnis der Ursache zum Effekt angesehen werden. In einem Gleichstromkreis ist die Impedanz durch den ohmschen Widerstand R gegeben, während in einem Wechselstromkreis auch die Blindwiderstände von Kondensatoren und Spulen berücksichtigt werden müssen. In diesem Fall ist die Impedanz die komplexe Summe von ohmschem Widerstand und Blindwiderstand:

$$Z = R + \mathrm{i}X = R + \mathrm{i}(2\pi f L - 1/(2\pi f C))\,.$$

Für Ingenieure von besonderer Bedeutung ist die Leistungsübertragung von einer Quelle auf eine Last: von einer Batterie auf den Anlasser eines Autos, von den Maschinen eines Dampfschiffes auf den Strom des Wassers, dessen Rückstoß das Schiff antreibt, von einer Violinsaite auf die umgebende Luft oder von einer Sendeantenne auf den umgebenden Raum.

In vielen Fällen möchte man die übertragene Leistung maximieren, und es stellt sich die Frage: „Wie bekomme ich die meiste Leistung aus diesem Gerät – die maximale Leistung, die es erbringen kann?" Offensichtlich kann man eine elektrische Lokomotive nicht mit einer Taschenlampenbatterie betreiben. Ebensowenig würden Sie eine Dampfwalze mieten, um eine Walnuß zu knacken. Die Natur scheint eine gewisse Verhältnismäßigkeit zwischen einer beabsichtigten Wirkung und den dazu verwendeten Mitteln zu verlangen. Diese Verhältnismäßigkeit zeigt sich im Impedanztheorem, welches besagt, daß die Leistungsübertragung von einer Quelle auf eine Last maximal wird, wenn die Impedanz der Last der inneren Impedanz der Quelle angeglichen wird.

Beispiel 12.1. Beweisen Sie das Impedanztheorem für einen einfachen Gleichstromkreis, in dem eine Batterie mit der Leerlaufspannung U und dem Innenwiderstand r Leistung an einen Lastwiderstand R abgibt (Abb. 12.8a).

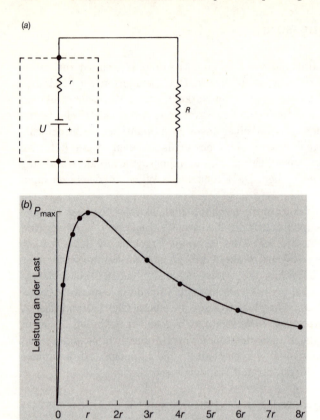

Abb. 12.8. (a) In diesem Stromkreis ist (b) die Leistung bei $R = r$ maximal.

Die Stromstärke I in diesem Stromkreis ist $U/(R+r)$. Die an die Last abgegebene Leistung ist

$$P = I^2 R = \frac{U^2}{(R+r)^2} R \,.$$

Um den Widerstand R zu bestimmen, bei dem diese abgegebene Leistung maximal ist, leiten wir diesen Ausdruck nach R ab und setzen das Ergebnis gleich null:

$$\begin{aligned} 0 &= \frac{U^2}{(R+r)^2} - \frac{2U^2 R}{(R+r)^3} \\ &= \frac{U^2(R+r-2R)}{(R+r)^3} \\ &= \frac{U^2(r-R)}{(R+r)^3} \,. \end{aligned}$$

Damit erreicht die Leistung bei $R = r$ und $R = \infty$ ein Extremum. Der letztere Wert ergibt minimale Leistung, der erstere das gesuchte Maximum. Abbildung 12.8b zeigt die Abhängigkeit der Lastleistung vom Lastwiderstand mit einem Maximum bei $R = r$.

Im obigen Beispiel stellt man fest, daß die Stromstärke bei zu hohem Lastwiderstand für eine gute Leistungsübertragung zu niedrig ist, während bei zu niedrigem Lastwiderstand der resultierende starke Strom die Klemmenspannung der Batterie so weit senkt, daß sehr wenig Leistung für die Last verfügbar ist. Wenn die Impedanz der Last der inneren Impedanz der Quelle angepaßt wird, ist die Leistungsübertragung maximal, und die Klemmenspannung der Quelle ist die Hälfte der Leerlaufspannung.

Was hat nun all das mit Transformatoren zu tun? Mit Transformatoren kann man die Impedanzanpassung zwischen Energiequellen und energieverbrauchenden Lasten steuern und damit die Leistungsübertragung maximieren oder anderweitig regeln. Im folgenden werden wir einige Beispiele eines solchen Einsatzes von Transformatoren beschreiben und Ähnlichkeiten und andere interessante Eigenschaften aufzeigen.

Beim Entwurf von Musikinstrumenten ist die Übertragung der Schwingungen des Instruments auf die Luft ein wesentliches Problem. Bei Saiteninstrumenten ist diese Übertragung besonders ineffektiv, da eine Saite einen kleinen Querschnitt hat und durch die Luft schneidet, ohne sie stark zu bewegen. Um die Leistungsübertragung von den Saiten auf die Luft zu verbessern, muß das Instrument mit einem akustischen Transformator ausgestattet werden: das Klavier mit einem Resonanzboden, Saiteninstrumente mit einem Hohlkörper oder einer Oberfläche in der Größenordnung der auftretenden Wellenlängen. Die Saite überträgt ihre Schwingungen auf diesen Transformator, der sie wiederum auf die Luft überträgt. Durch diese Impedanzanpassung wird die Leistungsübertragung von der Saite auf die Luft verbessert.

Bei den meisten Blasinstrumenten wird die Schallabgabe durch einen glokkenförmigen Trichter am Ende des Blasrohres verbessert. Dieser für Blechblasinstrumente typische Trichter ist ein Impedanzwandler zwischen dem Blasrohr und der Außenluft. Daß der Impedanzwandler gleichzeitig integraler Bestandteil des primären Schwingungskörpers ist, macht die Betrachtung hier etwas komplizierter. Beim Horn, wie auch bei den meisten anderen Blechblasinstrumenten, verläuft die Form dieses Trichters annähernd exponentiell. Die Querschnittsfläche wächst über gleiche Abstände auf der Achse um einen konstanten Faktor.

Stellen Sie sich ein schmales zylindrisches Rohr ohne einen solchen Trichter vor. Die Diskontinuität am Ende des Rohres ist so groß, daß die Schallenergie größtenteils ins Rohr zurückgeworfen und nur ein kleiner Teil an die Luft abgegeben wird. Ein Trichter verbessert die Anpassung zwischen dem Rohr und der Außenluft; an der Diskontinuität wird weniger Energie reflektiert und mehr an die Luft abgegeben. Wenn man jedoch eine perfekte Anpassung erreichen würde, gäbe es gar keinen Primärschall mehr. Das Zustandekommen einer Tons mit bestimmter Frequenz beruht auf der Reflexion zur Bildung stehender Wellen. Wie im elektrischen Fall ist es oft einfacher, ein System zu bauen, das nur bei einer Frequenz arbeitet – eine offensichtlich unerwünschte Einschränkung für ein Musikinstrument.

Eine „Horngleichung" ergab sich aus der Arbeit von Bernoulli, Euler und Lagrange; sie war Teil der frühen Blüte der Theorie partieller Differentialgleichungen, die einem großen Teil der Physik zugrundeliegt. Aufgrund der Beobachtung, daß beim Eintritt einer Welle in den auslaufenden Teil eines Horns die Druckschwankungen durch Verteilung der Schallenergie auf eine immer größere Fläche abgeschwächt werden, kann man diese Horngleichung vereinfachen. Extrahiert man diesen Teil des Wellenverhaltens aus der Horngleichung, so kommt man auf eine wesentlich einfachere Gleichung, die Ähnlichkeiten mit der Schrödingergleichung der Quantenmechanik aufweist. Die Schrödingergleichung zeigt, daß die De Broglie-Wellenlänge λ eines Teilchen mit der Energie E von der Wurzel aus der Differenz zwischen dieser Energie und der potentiellen Energie V an einem Raumpunkt abhängt:

$$\lambda = \frac{h}{\sqrt{E-V}}\;.$$

Die vereinfachte Horngleichung lautet

$$\lambda = \frac{v}{\sqrt{f^2 - U(v/2)^2}}\;.$$

Die akustische Wellenlänge λ hängt an jeder Stelle im Horn von der Wurzel aus der Differenz zwischen dem Quadrat der Frequenz f und einer Hornfunktion U ab; v ist die Schallgeschwindigkeit. Die Hornfunktion bestimmt, wieviel Schallenergie zur Erzeugung stehender Wellen zurückgeworfen wird. Der Wert von U an einem Punkt hängt vom inneren und äußeren Radius des Horns ab.

Bereiche mit hohem U bilden eine Barriere für die Wellenübertragung und verringern dadurch die Energieabgabe. Das „Tunneln" des Schalls durch eine Barriere in der Hornfunktion entspricht dem Tunneln mit De Broglie-Wellen beschriebener Teilchen durch eine Potentialbarriere beim radioaktiven Zerfall eines Atomkerns.

Nach der Betrachtung des Horntrichters können Sie sich wahrscheinlich denken, daß die Form des Mundstücks zur Impedanzanpassung am Eingang des Horns und zur Auswahl der angeregten Resonanzen wichtig ist.

In der Mechanik finden Impedanzwandler breite Anwendung. Die Turbine eines Dampfschiffes bringt relativ wenig Drehmoment auf und muß daher mit hohen Drehzahlen laufen, um genügend Leistung für den Antrieb des Schiffes zu erbringen. Die Schiffsschraube muß dagegen mit hohem Drehmoment und relativ niedrigen Drehzahlen arbeiten, um Hohlraumbildung im Wasser zu vermeiden. Ein impedanzanpassendes Getriebe zwischen der Turbine und der Schiffsschraube sorgt für eine effektive Leistungsübertragung.

Die menschlichen Arm- und Beinmuskeln können wesentlich mehr Leistung aufbringen, als nötig ist, um den Körper im Wasser mit einer Geschwindigkeit von 1 m/s voranzutreiben. Größe und Form der menschlichen Hände und Füße erlauben es jedoch nicht, diese Leistung effektiv auf das Wasser zu übertragen. Mit einem Paar Gummiflossen an den Füßen kann man das Wasser „in den Griff bekommen" und aufgrund der besseren Ausnutzung der Muskelleistung schneller vorankommen. Die Natur hat das Gesetz der Impedanzanpassung bei den Schwimmhäuten von Schwimmvögeln angewandt.

Auch in der Wellenphysik finden sich viele Impedanzwandler. Das Einbringen einer Welle in ein Medium erfordert eine Energieübertragung von der Quelle auf das Medium. Diese Übertragung kann man mit Hilfe der Impedanz des Mediums beschreiben. Für eine elektrische Wechselspannungs-Übertragungsleitung ist die Impedanz zum Beispiel als Verhältnis der Eingangsspannung zum in der Leitung fließenden Strom definiert. Für Schallfortpflanzung ist die Impedanz einer Luftsäule in einem Rohr das Verhältnis der Triebkraft einer schallerzeugenden Membran oder eines Kolbens zur resultierenden Geschwindigkeit einer Luftschicht neben der schwingenden Oberfläche. Die Kraft F und die Geschwindigkeit v variieren dabei sinusförmig mit der Zeit. Wir beziehen uns auf ihre Effektivwerte, die Wurzel des Mittelwerts von F^2 bzw. v^2 über einen Zyklus. Die Impedanz einer gespannten Wäscheleine, auf der eine transversale mechanische Welle erzeugt wird, wäre das Verhältnis der angewandten Kraft zur resultierenden transversalen Geschwindigkeit. Für eine elektromagnetische Welle in einem unmagnetischen durchsichtigen Medium wäre die Impedanz das Verhältnis der Stärke des elektrischen Wechselfeldes zum resultierenden Verschiebungsstrom. Die Impedanz eines Wellenmediums kann man als Maß dafür ansehen, wie einfach oder schwierig es ist, eine Welle in das Medium einzubringen.

Die Eingangsimpedanz eines Wellenmediums wird zum Teil von den Eigenschaften des Mediums und zum Teil durch die Impedanz der Abschlußlast am anderen Ende bestimmt. Wenn das Medium unendlich lang ist oder so stark absorbiert, daß Reflexionen am anderen Ende sich am Eingang nicht bemerkbar machen, wird die Impedanz des Mediums nur von dessen Eigenschaften bestimmt. In diesem Sinne können wir von der charakteristischen Impedanz des Mediums sprechen.

Wenn eine Welle bei ihrer Ausbreitung auf eine abrupte Änderung der charakteristischen Impedanz des Mediums trifft, ändert sich die Wellengeschwindigkeit, und es kommt zu Reflexion. Die Stärke der Reflexion hängt von der Größe des Impedanzsprungs ab. So wird Licht beim Übergang von Luft in Glas teilweise reflektiert. Der Schall wird teilweise reflektiert, wenn er von der niederimpedanten Luftsäule in Ihrem Kehlkopf in die Luft vor ihrem Gesicht übergeht, die eine höhere Impedanz aufweist. Eine Welle auf einem gespannten Seil wird teilweise reflektiert, wenn das Seil mit einem dünneren Faden oder einem dickeren Tau verbunden ist. Impedanzwandler benutzt man, um solche Diskontinuitäten zu glätten und die Wellenübertragung über solche Grenzen hinweg mit minimalen Reflexionsverlusten zu ermöglichen. Die Beseitigung von Reflexionsverlusten ist wichtig, wenn nur eine begrenzte Menge Energie zur Verfügung steht und so viel wie möglich davon an der energieverbrauchenden Last ankommen soll. Beim Entwurf einer langen Kommunikationsleitung mit zwischen-

Abb. 12.9. Eine Flüstertüte ist ein Anpassungstransformator.

geschalteten Verstärkern versucht man, Reflexionsverluste an den Übergängen zwischen Leitungsabschnitten und Verstärkern zu vermeiden. Solche Reflexionen verringern nicht nur die Intensität, die beim Hörer ankommt, sondern verwirren auch den Sprecher. Ebenso muß man beim Entwurf eines Kameralinsensystems mit mehreren Luft-Glas- und Glas-Glas-Grenzflächen auf Reflexionsverluste an all diesen Oberflächen achten. Durch diese Verluste kommt weniger Intensität am Film an; außerdem führen Vielfachreflexionen zwischen den Komponenten des Linsensystems zu Verschwommenheit und geringerer Brillanz im Bild.

In solchen Fällen kann man den Impedanzsprung glätten, indem man einen Transformator dazwischensetzt, dessen Impedanz kontinuierlich vom einen Wert zum anderen übergeht. Die Flüstertüte in Abb. 12.9 ist ein solcher Transformator. Sie gibt dem Schall nicht nur eine Richtung, sondern verbessert auch seine Übertragung vom Kehlkopf auf die Luft. Will man in der Kommunikationstechnik elektromagnetische Energie zwischen zwei Wellenleitern mit verschiedenen Querschnittsflächen übertragen, so setzt man einen Abschnitt mit Querschnittsverjüngung dazwischen.

Solche Transformatoren sind in einem großen Frequenzbereich wirksam. Die Länge des Zwischenstücks sollte jedoch länger als die längste zu übertragende Wellenlänge sein. Eine rein mechanische Flüstertüte sollte daher wenigstens einen Meter lang sein, während ein Mikrowellentransformator mit Querschnittsverjüngung nur einige Zentimeter lang sein muß. Ein solcher Transformator für eine Übertragungsleitung müßte bei 50 Hz mehrere hundert Kilometer lang sein; daher benutzt man hier nur Spulentransformatoren.

Viertelwellentransformatoren sind etwas handlichere Impedanzwandler für Mikrowellen und optische Wellenlängen. Ein Viertelwellentransformator ist ein Abschnitt des Wellenmediums, dessen Länge ein Viertel der Wellenlänge beträgt und dessen Impedanz das geometrische Mittel der beiden einander anzupassenden Impedanzen ist. Die entspiegelnden Beschichtungen auf den Linsen optischer Instrumente sind Transformatoren dieser Art; sie sind eine Viertelwellenlänge dick, und ihr Brechungsindex, der mit der Impedanz verknüpft ist, ist das geometrische Mittel der Brechunsindizes von Luft und Glas. Die Wirkung eines Viertelwellentransformators beruht darauf, daß die Teilreflexionen von den beiden Grenzflächen sich durch Interferenz aufheben. Es ist interessant, die Vorgänge in einem Viertelwellentransformator mit denen in einem Fabry-Perot-Interferometer zu vergleichen (siehe Kapitel 9). Im letzteren liegen die

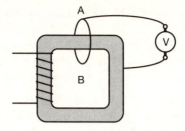

Abb. 12.10. Was zeigt das Voltmeter an der aus nur einer Windung bestehenden Sekundärspule an, wenn die Primärspannung N_P Volt beträgt?

teilweise reflektierenden Oberflächen eine *halbe* Wellenlänge auseinander, was zu erhöhter Reflexion und verminderter Transmission führt.

Viertelwellentransformatoren entfalten ihre volle Wirkung nur in einem schmalen Frequenzbereich. Das Spektrum des sichtbaren Lichts ist jedoch relativ schmal; es umfaßt nur eine Oktave.[1] Eine entspiegelnde Linsenbeschichtung, deren Dicke auf grünes Licht in der Mitte des Spektrums abgestimmt ist, vermindert auch an den roten und violetten Rändern des Spektrums noch etwas die Reflexion.

Nun, wie war's? Haben Sie überrascht festgestellt, daß die Familie der Transformatoren mehr aufzuweisen hat als ein paar faustgroße Geräte in Ihrem Radioempfänger? Transformatoren sind ein wichtiger Teil Ihres Lebens. Sie sind sogar ein wichtiger Teil von *Ihnen*! In Ihrem Mittelohr gibt es winzige Knöchelchen, die für die Impedanzanpassung zwischen Ihrem Trommelfell und der Flüssigkeit hinter dem ovalen Fenster Ihres Innenohres sorgen. Dieser Anpassungstransformator muß sich in der Natur bewährt haben, denn man findet ihn in vielen Lebewesen.

Übungen

12.1 Sie möchten mit einer 120-V-Wechselspannungsquelle einen kleinen Lötkolben betreiben, an dessen Spitze bei 3 V ein starker Strom fließen soll. Welche Art Draht würden Sie benutzen, und wie groß müßte das Verhältnis von Primär- zu Sekundärwindungszahl sein?

12.2 Unter welchen Umständen ist es sinnvoll, zwei Transformatoren parallel zu betreiben, d.h. mit den Primärspulen an der gleichen Quelle und den Sekundärspulen an der gleichen Last?

---

[1] Der Begriff der Oktave ist aus der Musik entlehnt; sie ist das Intervall zwischen zwei Frequenzen, die im Verhältnis 2:1 stehen. Das Spektrum des sichtbaren Lichts umfaßt ungefähr die Oktave von $7.8 \cdot 10^{14}$ Hz (violett) bis $3.9 \cdot 10^{14}$ Hz (rot); das ganze elektromagnetische Spektrum von Radiowellen bis zu Röntgenstrahlen umfaßt dagegen ungefähr 75 Oktaven.

12.3 Der Transformator in Abb. 12.10 hat eine einzige Sekundärwindung aus dickem Kupferdraht. Der magnetische Fluß im Kern erzeugt 1 V Wechselspannung pro Windung. Zeigt ein ideales Voltmeter, das an den diametral entgegengesetzten Punkten A und B angeschlossen wird, ein halbes Volt, also die Spannung einer halben Windung an? Erläutern Sie!

12.4 Abbildung 12.11 zeigt einen Einspulentransformator, der sowohl (a) zur Aufwärtstransformation als auch (b) zur Abwärtstransformation verwendet werden kann. Eine einzige durchgehende Spule um einen Eisenkern stellt sowohl die Primär- als auch die Sekundärspule dar. Mit einem Schieber kann das Windungsverhältnis N_S/N_P und damit das Spannungsverhältnis U_S/U_P eingestellt werden.

(a) Zeigen Sie, daß bei vergleichbaren Effektivwerten die I^2R-Verluste eines Einspulentransformators niedriger sind als die eines gewöhnlichen Transformators. *Hinweis:* Im letzteren fließt der ganze Laststrom durch die Sekundärspule.

(b) Machen Sie sich klar, daß ein Einspulentransformator als Leistungstransformator den Nachteil hat, daß die ganze Primärspannung an der Last anliegen kann, wenn die Sekundärspule versehentlich unterbrochen wird.

12.5 Ein Ende einer Übertragungsleitung mit dem Gesamtwiderstand 6 Ω ist mit einer 220-V-Spannungsquelle verbunden, das andere mit einem Lastwiderstand von 16 Ω. Welche Leistung verbraucht (a) die Leitung und (b) die Last?

12.6 Welche Leistung verbraucht (a) die Leitung und (b) die Last in Übung 12.5, wenn die Quellspannung auf 2200 V hochtransformiert und an der Last auf 160 V heruntertransformiert wird? Nehmen Sie für beide Transformatoren einen Wirkungsgrad von 100% an.

12.7 Transformatoren können auch zur Isolierung verwendet werden. Abbildung 12.12 zeigt ein Behandlungssystem, in dem alle Verbindungen zu Instrumenten am Patienten durch einen Isolierungstransformator hergestellt werden. Zeigen Sie, daß auch bei Auftreten eines Fehlers kein Strom durch den Patienten in die Erde fließen kann. (Da schon ein Strom von 0.1 mA zu Herzflimmern oder sogar zum Tod führen kann, ist eine solche Isolierung sehr wichtig.)

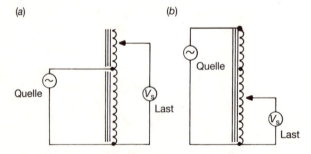

Abb. 12.11. In einem Einspulentransformator dient eine einzige durchgehende Spule sowohl als Primär- als auch als Sekundärspule, um die Spannung (**a**) herauf- oder (**b**) herunterzutransformieren.

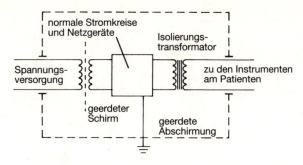

Abb. 12.12. Ein Isolierungstransformator schützt den Patienten vor gefährlichen Strömen.

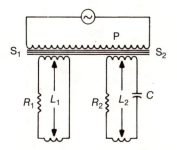

Abb. 12.13. Ein phasenspaltender Transformator erzeugt in den beiden Ausgangskreisen Ströme mit verschiedenen Phasen.

12.8 Eine Kameralinse mit entspiegelnder Beschichtung erscheint bei genauer Betrachtung leicht violett getönt. Woran liegt das?

12.9 Das Verhältnis der Spannungen an einem Transformator, U_1/U_2, bezeichnet man als Transformationsverhältnis. Zeigen Sie, daß ein Transformator in der Lage ist, Impedanzwerte mit dem Quadrat des Transformationsverhältnisses zu transformieren.

12.10 Einen phasenspaltenden Transformator (Abb. 12.13) kann man benutzen, wenn man in zwei Stromkreisen Ströme gleichen Betrags braucht, die um 90° gegeneinander verschoben sind. (a) Erklären Sie anhand der Abbildung, wie diese Wirkung erzielt wird. (b) Zeigen Sie, daß die Impedanz der Quelle nicht in die Rechnung eingeht.

13. Dispersion

> Die Physik sucht das Muster, dem die beobachtbaren Phänomene folgen. Doch niemals können wir wissen, was dieses Muster bedeutet oder wie es entsteht; und selbst wenn ein höher entwickeltes Wesen es uns sagte, würden wir die Erklärung nicht verstehen.
>
> *Sir James Hopwood Jeans*

13.1 Einleitung

Die Natur liefert uns viele Beispiele, in denen die Geschwindigkeit einer Welle in einem durchsichtigen Medium von der Wellenlänge abhängt. Das bekannteste ist wahrscheinlich die Dispersion eines weißen Lichtstrahls beim Durchgang durch ein Glasprisma. Weil sich der Brechungsindex von Glas für verschiedene Wellenlängen unterscheidet, werden die einzelnen monochromatischen Komponenten des weißen Lichts um verschiedene Winkel abgelenkt, durchlaufen verschiedene Bahnen und werden so in ein Farbspektrum aufgespalten. Ein weiteres Beispiel ist die Dispersion von Oberflächenwellen auf dem Wasser: man kann beobachten, daß langwellige Ozeanwellen sich schneller fortbewegen als Wellen mit kleinerer Wellenlänge. In der Akustik ist die Schallgeschwindigkeit bei hörbaren Frequenzen erstaunlich unabhängig von der Wellenlänge, bei höheren Frequenzen im Ultraschallbereich tritt aber Dispersion auf. Dispersion in elektrischen Übertragungsleitungen ist ein Phänomen, mit dem sich Kommunikationstechniker beschäftigen müssen.

Während man in der Optik als Dispersion die Änderung des Brechungsindex mit der Wellenlänge, $dn/d\lambda$, bezeichnet, behandeln wir die Dispersion allgemeiner als Änderung der Wellengeschwindigkeit mit der Wellenlänge, $dv/d\lambda$.

13.2 Beobachtungen zur Dispersion

Frühe Messungen der optischen Dispersion für eine Reihe durchsichtiger Substanzen zeigten, daß die Dispersion zum blauen Ende des sichtbaren Spektrums hin zunimmt. Außerdem weisen Materialien mit hohem Brechungsindex im allgemeinen auch höhere Dispersion im sichtbaren Spektrum auf. Diese qualitativen Regelmäßigkeiten führten zu Versuchen, die Dispersion mathematisch zu

13. Dispersion

beschreiben. Eine der erfolgreicheren Formeln, von Augustin Cauchy 1837 aufgestellt, ist

$$n = A + \frac{B}{\lambda^2} + \frac{C}{\lambda^4},\tag{13.1}$$

wobei n der Brechungsindex ist und die Konstanten A, B und C für jedes Material durch Messung der Brechungsindizes bei drei verschiedenen Wellenlängen bestimmt werden können. Durch Ableiten von (13.1) erhalten wir die Dispersion

$$\frac{dn}{d\lambda} = -\frac{2B}{\lambda^3} - \frac{4C}{\lambda^5}.\tag{13.2}$$

Durch die Cauchysche Dispersionsformel beschreibbare Dispersion bezeichnet man als *normale Dispersion*. Wenn man den Brechungsindex einer Substanz, die bei sichtbaren Wellenlängen normale Dispersion zeigt, in den infraroten oder ultravioletten Teil des Spektrums verfolgt (Abb. 13.1), findet man extreme Abweichungen von der Cauchyschen Formel. Diese Abweichungen treten bei Wellenlängen auf, bei denen die Substanz hohe Absorption aufweist und undurchsichtig wird. In frühen Untersuchungen wurde diese Dispersion als *anomal* bezeichnet. Mit unserem heutigen Verständnis ist die anomale Dispersion ebenso vorhersagbar und erklärbar wie die normale Dispersion; dennoch bleibt man bei dieser Bezeichnung.

Während Cauchy empirisch zu seiner Formel kam, entwickelte W. Sellmeier 1871 aufgrund heute noch aktueller Überlegungen eine Formel für den Brechungsindex:

$$n^2 = 1 + \frac{A_0 \lambda^2}{\lambda^2 - \lambda_0^2} + \frac{A_1 \lambda^2}{\lambda^2 - \lambda_1^2} + \cdots.\tag{13.3}$$

Dabei sind A_0, A_1, ... Konstanten und λ_0, λ_1, ... die mittleren Wellenlängen der Absorptionsbanden.

Die Sellmeiersche Dispersionsformel gibt den Brechungsindex überall außerhalb der Absorptionsbanden gut wieder. Die Gleichung sagt voraus, daß der Brechungsindex gegen unendlich geht, wenn λ gegen λ_0 oder λ_1 geht. Wir wissen, daß das nicht so ist. Sorgfältige Messungen von n in den Absorptionsbanden

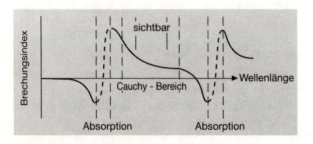

Abb. 13.1. Der Brechungsindex hängt von der Wellenlänge ab.

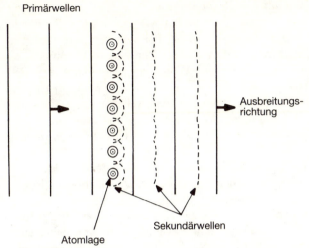

Abb. 13.2. Sekundärwellen entstehen durch die erzwungenen Schwingungen der Elektronenhüllen.

sind trotz der Absorption mit dünnen, spitzwinkligen Prismen möglich. Der Brechungsindex durchläuft in einer Absorptionsbande eine steile Veränderung mit positiver Steigung, wie in Abb. 13.1 gezeigt. Die Sellmeiersche Formel wurde später von H.L.F. von Helmholtz modifiziert, wiederum auf der Basis eines gültigen physikalischen Modells. Die modifizierte Formel gibt den experimentell bestimmten Brechungsindex bei allen Wellenlängen richtig wieder.

13.3 Theorie der Dispersion

Wir wollen nun die physikalischen Grundlagen für die Abhängigkeit der Wellengeschwindigkeit von der Wellenlänge untersuchen. Insbesondere suchen wir eine Erklärung für die extremen Änderungen innerhalb der Absorptionsbanden.

Wenn ein Atom in ein elektrisches Feld gebracht wird, verschiebt sich seine Elektronenhülle, so daß ihr Mittelpunkt nicht mehr mit dem Mittelpunkt des Atoms zusammenfällt. Das Atom wird so zu einem Dipol. Abbildung 13.2 zeigt solche Atome in einer im Schnitt gezeigten ebenen Lage, durch die eine ebene elektromagnetische Welle läuft. Da das elektrische Feld, dem die Atome unterworfen sind, oszilliert, oszillieren auch die Dipolmomente der Atome. Sie verhalten sich wie Oszillatoren, die von dem Wechselfeld der einlaufenden Wellen zu erzwungenen Schwingungen angeregt werden. Da ein oszillierender Dipol elektromagnetische Energie abstrahlt, werden die Atome der Lage Quellen von Sekundärwellen.

Diese Sekundärwellen löschen sich durch destruktive Interferenz in allen Richtungen außer in der ursprünglichen Vorwärtsrichtung aus. In Vorwärtsrichtung interferieren die vielen kleinen Sekundärwellen konstruktiv und bilden eine große Sekundärwelle, die sich mit dem Rest der Primärwelle nach rechts bewegt. Während die Sekundärwelle dieselbe Frequenz hat wie die Primärwelle, hängt ihre Amplitude von der Anzahl Atome pro Einheitsfläche der Lage und von der „Federkonstante" der Elektronenhüllen ab. Ihre Phase hängt davon ab, wie sich die Anregungsfrequenz der einlaufenden Wellen zur Eigenfrequenz f_0 der Elektronenhüllenoszillationen verhält. Primär- und Sekundärwelle überlagern sich und bilden für die nächste Atomlage die Primärwelle. Absorptionseigenschaften und Brechungsindex des Mediums hängen von Amplitude und Phase der Sekundärwelle ab. Wir wollen sehen, wie diese Abhängigkeit im einzelnen aussieht.

Wenn eine elektromagnetische Welle über einen „parasitären" Oszillator hinwegläuft, beispielsweise über ein Atom mit auslenkbarer Elektronenhülle, eilt die Phase der Sekundärwellen der Phase der Auslenkung um 90° nach. Wie wir in Abschnitt 6.5 gesehen haben, kann diese Auslenkung dem Feld um 0° bis 180° nacheilen. Die von der Atomlage ausgehende Sekundärwelle kann daher eine Phasendifferenz zwischen 90° und 270° gegenüber der Primärwelle aufweisen. Die Amplitude der Sekundärwelle hängt davon ab, wie nah die Frequenz der Primärwelle bei der Eigenfrequenz f_0 der Elektronenhüllenschwingungen liegt.

Bei Frequenzen unter f_0 eilt die Sekundärwelle der Primärwelle um 90° bis 180° nach. Diese Phasenverzögerung sammelt sich von Lage zu Lage an und führt zu einer effektiven Wellengeschwindigkeit unter c, der Wellengeschwindigkeit im Vakuum. Bei Frequenzen über f_0 eilt die Sekundärwelle der Primärwelle um 180° bis 270° nach. Diese Phasenverzögerung kann als Voreilen gegenüber der darauffolgenden Primärwelle interpretiert werden und führt zu einer effektiven Wellengeschwindigkeit über c. In der Nähe der Resonanzfrequenz der Elektronenhüllen wird die Amplitude der Sekundärwellen auf Kosten der Primäramplitude sehr groß. Außerdem sind die Sekundärwellen annähernd in Phasenopposition zur Primärwelle, die daher mit jeder Atomlage weiter abgeschwächt wird. In diesem Frequenzbereich ist die Absorption elektromagnetischer Energie groß; das Material ist undurchsichtig.

Die Eigenfrequenzen der Elektronenhüllenschwingungen der meisten durchsichtigen Substanzen liegen im ultravioletten Bereich des Spektrums. Wenn wir das berücksichtigen, können wir den Brechungsindex und den Absorptionskoeffizienten einer „typischen" durchsichtigen Substanz in den vier Frequenzbereichen nachvollziehen, die unten beschrieben und in Abb. 13.3 dargestellt werden.

Bereich I, fernes Infrarot: Die Frequenz der Primärwellen liegt weit unter f_0. Die Sekundärwellen eilen den Primärwellen um wenig mehr als 90° nach. Die Primärwellen werden beim Durchgang durch das Medium durch Überlagerung mit den Sekundärwellen retardiert. Die Phasengeschwindigkeit der Wellen ist kleiner als c. Die Elektronenhüllen werden weit entfernt von ihrer Eigenfrequenz angeregt, antworten daher mit kleiner Amplitude und absorbieren fast keine elektromagnetische Energie; das Material ist also durchsichtig.

Bereich II, nahes Infrarot und sichtbares Licht: Mit zunehmender Frequenz wird die Amplitude der Sekundärwellen größer, und ihre Phase wird immer stärker verzögert. Ihre retardierende Wirkung auf die Primärwellen verstärkt

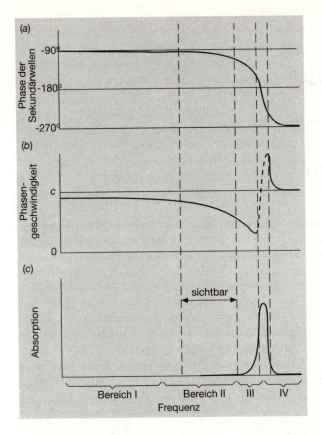

Abb. 13.3. (a) Beim Durchgang der Frequenz durch einen Absorptionsbereich geht die Phasenverschiebung der Sekundärwellen von 90° zu 270° über. (b) Die Phasengeschwindigkeit hängt von der Frequenz ab. (c) Die Absorption wird bei der Resonanzfrequenz der Elektronenhülle maximal.

sich, und die Wellengeschwindigkeit nimmt ab. Die Amplitude der Hüllenoszillationen ist noch zu klein, als daß sie zu merklicher Absorption führen würde; das Material bleibt praktisch durchsichtig.

Bereich III, nahes Ultraviolett: Nähert sich die Frequenz der Resonanzfrequenz der Elektronenhüllen, so wird die Amplitude der Oszillationen sehr groß, und damit auch die Amplitude der Sekundärwellen. Die Phasenverzögerung der Sekundärwellen nähert sich 180°. Sie interferieren also destruktiv mit der Primärwelle, deren Amplitude daher beim Eindringen in das Medium immer weiter abnimmt. Bei Resonanz ist die Absorption elektromagnetischer Energie in den Oszillatoren maximal, und das Material ist undurchsichtig. Die absorbierte Energie wird an das Kristallgitter weitergegeben und führt zu Erwärmung des Mediums.

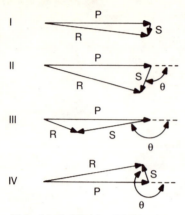

Abb. 13.4. Mit der Wellenlänge ändern sich Phase und Stärke der Sekundärwellen, und damit auch Phasengeschwindigkeit und Absorption der resultierenden Wellen. P: primäre Amplitude; S: sekundäre Amplitude; R: resultierende Amplitude.

Bereich IV, oberhalb der Resonanzfrequenz der Elektronenhüllen: Mit weiter steigender Anregungsfrequenz nimmt die Amplitude der Oszillationen wieder ab, und damit auch die Amplitude der Sekundärwellen. Ihre Phasenverzögerung steigt von 180° auf 270°; die Phase der resultierenden Wellen wird also in diesem Bereich gegenüber der der Primärwelle effektiv vorgerückt. Die Phasengeschwindigkeit ist somit größer als c. Die Amplitude der Sekundärwellen geht mit steigender Frequenz gegen Null, die Phase der resultierenden Wellen rückt immer weniger vor, und die Phasengeschwindigkeit geht bei sehr hohen Frequenzen gegen c.

Aus dem Gesagten sollte nicht geschlossen werden, daß die Geschwindigkeit der Primärwelle die Vakuumlichtgeschwindigkeit überschreitet. Die Primärwelle breitet sich im Medium mit Vakuumlichtgeschwindigkeit aus, aber die Phasengeschwindigkeit der durch Überlagerung der Primärwelle mit den Sekundärwellen entstehenden Welle ist größer als die Vakuumlichtgeschwindigkeit. Diese Phasengeschwindigkeit, die Geschwindigkeit, mit der sich ein Wellenberg der resultierenden Welle fortbewegt, mißt man bei der Brechung in einem Prisma.

Information kann nie schneller als mit Vakuumlichtgeschwindigkeit durch ein Medium übertragen werden. Wellen können jedoch nur Information übertragen, wenn man ihnen eine Änderung aufprägt, zum Beispiel indem man sie an- oder abschaltet oder ihre Amplitude oder Frequenz ändert. Eine solche Änderung breitet sich nicht mit der Phasengeschwindigkeit aus, sondern mit einer niedrigeren Geschwindigkeit, die als Signal- oder Gruppengeschwindigkeit bezeichnet wird.

Die Phasenbeziehungen zwischen Primär- und Sekundärwelle in diesen Bereichen sind in Abb. 13.4 in Vektordiagrammen wiedergegeben. In diesen Diagrammen ist die Überlagerung der Amplituden als Addition komplexer Zahlen dargestellt. Die Amplitude der Primärwelle hat jeweils den gleichen Betrag und ist willkürlich in Richtung der reellen Achse gelegt. Aus Betrag und Phase der Amplitude der resultierenden Welle, die sich durch Addition der komplexen Amplitude der Sekundärwelle ergibt, können Phasengeschwindigkeit und Absorption bestimmt werden.

Wenn man diese Ideen in mathematische Form bringt, kann man den Brechungsindex n durch die Eigenschaften der Atome des Materials und durch die Frequenz der Strahlung ausdrücken:

$$n^2 = 1 + \frac{Ne^2}{8\pi^2\epsilon_0 m(f_0^2 - f^2)}, \qquad (13.4)$$

wobei N die Anzahl Atome pro Einheitsvolumen, e die Elektronenladung, ϵ_0 die elektrische Feldkonstante, m die Elektronenmasse, f_0 die Resonanzfrequenz der Elektronenhüllen und f die Frequenz der Strahlung ist. Die rechte Seite dieser Gleichung gibt im wesentlichen die ersten beiden Terme der Sellmeierschen Dispersionsformel (13.3) wieder.

Bisher haben wir die Theorie der Dispersion an einem einzigen Mechanismus, den Schwingungen der Elektronenhüllen, entwickelt; es tragen jedoch auch noch andere Mechanismen zum Brechungsindex bei. In einem durchsichtigen Ionenfestkörper, zum Beispiel in einem Steinsalzkristall, werden auch die Ionen durch die einlaufenden Primärwellen zu erzwungenen Schwingungen angeregt. Bei den meisten ionischen Substanzen liegen die Resonanzen dieser Schwingungen im Infrarotbereich, so daß dort Absorptionsbanden und Bereiche anomaler Dispersion auftreten. Für Glas ist der Brechungsindex auf der langwelligen Seite des Bereichs ionischer Absorption ungefähr 3, auf der kurzwelligen Seite (dazu gehört auch der sichtbare Bereich) liegt er dagegen zwischen 1.5 und 1.7.

Wieder andere Substanzen, vor allem Flüssigkeiten und Gase, haben polare Moleküle, die durch Rotation ihre Dipolachsen in Richtung des elektrischen Wechselfeldes der einlaufenden Wellen ausrichten können. Bei tiefen Frequenzen kann diese Ausrichtung den Oszillationen des Feldes leicht folgen. Mit steigender Frequenz f wird jedoch der Reibungswiderstand gegen die Molekülrotation größer und absorbiert Strahlungsenergie; das Material wird undurchsichtig. Diese Absorption wird in einem Bereich anomaler Dispersion maximal, meist im fernen Infrarotbereich oder bei kurzen Mikrowellen. Auf der Hochfrequenzseite dieser Absorptionsbande sind die Moleküle zu träge, um merklich zu rotieren, und das Material wird wieder durchsichtig. Wasser ist ein gutes Beispiel einer polaren Substanz mit solchem Verhalten. Sein Brechungsindex ist bei sichtbaren Frequenzen 1.33, während er von Radiofrequenzen bis zu sehr tiefen Frequenzen, wo die molekulare Rotation die größte Wirkung zeigt, ungefähr 9 beträgt.

Um die Beiträge der Ionenschwingungen und Molekülrotationen zum Brechungsindex mathematisch zu erfassen, muß man weitere Terme in Gleichung (13.4) hinzunehmen. Diese Terme enthalten die mittleren Frequenzen f_1 und f_2 der durch diese Prozesse entstehenden Absorptionsbanden.

Nach der klassischen elektromagnetischen Theorie ist der Brechungsindex einer durchsichtigen unmagnetischen Substanz die Wurzel aus der Dielektrizitätskonstante. Letztere ist ein Maß dafür, wie stark das Material in einem elektrischen Feld polarisiert wird. Wie wir gesehen haben, sind die verschiedenen physikalischen Mechanismen, die zur Polarisation beitragen (Elektronenhüllenauslenkung, Ionenauslenkung und Ausrichtung polarer Moleküle) frequenzabhängig. Sie sind alle bei sehr tiefen Frequenzen besonders wirksam, so daß man in statischen und niederfrequenten Experimenten hohe Dielektrizitätskonstanten mißt. Mit zunehmender Frequenz verschwindet zuerst der Beitrag der Molekülausrichtung, dann der Beitrag der Ionenschwingungen. Im Ultravioletten können dann schließlich auch die Schwingungen der Elektronenhüllen nicht mehr mit den Oszillationen des Feldes mithalten, und die Dielektrizitätskonstante ist im fernen Ultraviolettbereich und für weiche Röntgenstrahlung näherungsweise eins. Im Bereich härterer, kurzwelliger Röntgenstrahlung hat die Dispersionskurve noch einige zusätzliche Berge und Täler. Diese enstehen durch Anregungen in der Elektronenhülle, auf die wir hier nicht eingehen werden. Abbildung 13.5 zeigt, wie die Dielektrizitätskonstante einer hypothetischen „typischen" Substanz von der Wellenlänge abhängt.

13.4 Gruppengeschwindigkeit

Wenn alle Teilwellen einer Wellengruppe sich mit derselben Geschwindigkeit fortpflanzen, bewegt sich auch die Gruppe mit dieser Geschwindigkeit, ohne dabei ihre Form zu ändern. Wenn aber die Geschwindigkeit von der Wellenlänge abhängt, ändert sich bei der Ausbreitung die Form der Wellengruppe. Bei Wasserwellen dürfte Ihnen dieses Phänomen vertraut sein. Wenn Sie einen Stein ins Wasser werfen und zusehen, wie sich die Wellen in alle Richtungen ausbreiten, können Sie beobachten, daß die Wellengruppe sich mit einer geringeren Geschwindigkeit fortbewegt als die einzelnen Wellenberge. Beim Zuschauen wer-

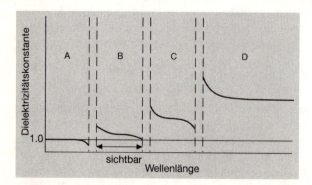

Abb. 13.5. Die Dielektrizitätskonstante enthält in verschiedenen Frequenzbereichen Beiträge von unterschiedlichen physikalischen Mechanismen. A: kein Beitrag; B: Auslenkung der Elektronenhüllen; C: Auslenkung der Elektronenhüllen und Ionenschwingungen; D: Auslenkung der Elektronenhüllen, Ionenschwingungen und Molekülausrichtung.

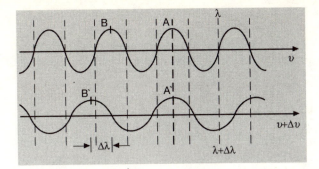

Abb. 13.6. Der Wellenberg B′ der unteren Welle holt den Wellenberg B der oberen in der Zeit $\Delta\lambda/\Delta v$ ein.

den Sie am hinteren Ende der Gruppe neue Wellenberge entstehen sehen, die innerhalb der Gruppe nach vorne laufen und dort verschwinden. Wie wir bereits besprochen haben, ist die Geschwindigkeit der einzelnen Wellenberge die Phasengeschwindigkeit, während die Geschwindigkeit des Wellenpakets als Ganzes die *Gruppengeschwindigkeit* ist.

Der Grund für den Unterschied zwischen Phasen- und Gruppengeschwindigkeit liegt in der Dispersion der Wasseroberfläche als Medium der Wellenausbreitung. Wenn der Stein ins Wasser geworfen wird, schwingt das Wasser an der Aufschlagstelle ein paarmal auf und ab und sendet dabei einen Wellenzug aus, der nicht eine bestimmte Wellenlänge, sondern eine Verteilung verschiedener Wellenlängen in einem schmalen Band aufweist. Die Komponenten mit verschiedenen Wellenlängen bewegen sich mit verschiedenen Geschwindigkeiten und überlagern sich zu dem Verhalten, das Sie beobachten.

Die Bestimmung der Gruppengeschwindigkeit wird einfach, wenn wir annehmen, daß zwei Wellen gleicher Amplitude mit zwei diskreten Wellenlängen λ und $\lambda + \Delta\lambda$ sich mit verschiedenen Geschwindigkeiten v und $v + \Delta v$ fortbewegen. Diese beiden Wellenzüge sind in Abb. 13.6 dargestellt. Ihre Überlagerung führt zu einer Schwebung.

Wir beginnen mit der Zeitmessung zu dem Zeitpunkt, zu dem die Berge A und A′ der beiden Wellenzüge genau übereinander liegen und ein Maximum in der Einhüllenden der Überlagerung bilden. Wir stoppen die Zeit, wenn der Berg B′ den Berg B eingeholt hat. Der Berg B′ muß den Vorsprung $\Delta\lambda$ einholen, und er ist um Δv schneller als der Berg B; er wird also die Zeit $\Delta\lambda/\Delta v$ benötigen. In dieser Zeit haben sich die beiden Wellenzüge um den Abstand $v\Delta\lambda/\Delta v$ fortbewegt. Das Maximum der Einhüllenden der Überlagerung ist aber um eine Wellenlänge von AA′ nach BB′ zurückgefallen. Das Maximum der Einhüllenden bewegt sich folglich mit der Geschwindigkeit

$$v_{\mathrm{g}} = \frac{v\Delta\lambda/\Delta v - \lambda}{\Delta\lambda/\Delta v} = v - \lambda \Delta v/\Delta\lambda \; ; \tag{13.5}$$

dies ist die Gruppengeschwindigkeit des Wellenpakets. Ob die Gruppengeschwindigkeit höher oder niedriger als die Phasengeschwindigkeit ist, hängt demnach vom Vorzeichen von $\Delta v/\Delta \lambda$ ab. Für Oberflächenwellen auf dem Wasser ist $\Delta v/\Delta \lambda$ positiv, und die Wellengruppe pflanzt sich daher langsamer als die einzelnen Wellenberge fort.

In jedem Experiment, in dem die Lichtgeschwindigkeit mit Hilfe von Lichtpulsen gemessen wird, mißt man die Gruppengeschwindigkeit. Ein Lichtstrahl kann nur wirklich monochromatisch sein, wenn er aus einem unendlich langen Wellenzug besteht. An- und Abschalten des Strahls, beispielsweise durch Blenden, erzeugt ein Kontinuum verschiedener Wellenlängen, das um eine mittlere Wellenlänge konzentriert ist. In den Experimenten von Fizeau und Michelson wurde daher eine Gruppengeschwindigkeit gemessen.

Im Vakuum erleidet Licht keine Dispersion, denn die Gruppengeschwindigkeit ist gleich der Phasengeschwindigkeit. Die genaueste Bestätigung dieser Aussage erhält man durch Beobachtung des Lichts einander verdeckender Doppelsterne. Im 120 Lichtjahre[1] entfernten Algol treten die Eklipsen in Abständen von 68 Stunden und 49 Minuten ein. Wenn v_{rot} und v_{blau} sich nur um ein Millionstel unterscheiden würden, könnte man eine Zeitverzögerung der Eklipse für verschiedene Farben beobachten. Es ist aber keine Verzögerung festzustellen.

In Luft ist die Gruppengeschwindigkeit von Licht nur um 0.007% (also $2.2\,\text{km}\,\text{s}^{-1}$) niedriger als die Phasengeschwindigkeit. In Wasser beträgt der Unterschied 1.5%, in Kronglas ungefähr 2.4%.

13.5 Whistler

Als Heinrich Barkhausen während des Zweiten Weltkriegs alliierte Feldtelephongespräche aus der Ferne abhörte, störten manchmal merkwürdige Pfeifgeräusche den Empfang der militärischen Botschaften. Da er sie nicht ausschalten konnte, schloß er, daß das Pfeifen aus der Atmosphäre kommen müsse. Später berichtete er in einem Artikel über diese sogenannten „Whistler".

In den zwanziger und dreißiger Jahren stellten Forscher an den Bell Laboratories und bei Marconi Wireless Telegraph fest, daß ein Whistler oft etwa eine Sekunde nach einem lauten atmosphärischen Knacken auftritt. Sie entwickelten folgende Erklärung: Nach einem Blitz breiten sich die niederfrequenten Komponenten der Entladung entlang der Linien des Erdmagnetfelds aus. Das Knacken hat eine rechteckige Wellenform und besteht aus vielen verschiedenen Wellenlängen; es kann bei allen Empfangsfrequenzen aufgefangen werden. Nehmen wir nun an, die einzelnen Komponenten des Knackens würden sich bei der Ausbreitung in der Ionosphäre aus den Augen verlieren; die hochfrequenten Anteile würden davoneilen und die niederfrequenten Komponenten hinter sich lassen. Wenn das Knacken weit genug kommt, bevor die magnetischen Feldlinien es zu einem Empfänger führen, werden die Frequenzen deutlich voneinander getrennt. Der Beobachter empfängt dann ein langgezogenes Signal – einen Pfeif-

---

[1] 1 Lichtjahr $\simeq 9.5 \cdot 10^{15}$ m

ton mit fallender Tonhöhe. Whistler sind ein interessantes Beispiel nichtlinearer Ausbreitung, die zu Dispersion führt.

13.6 Solitonen

Als Physiker beschäftigt man sich mit harmonischen Oszillatoren und der Schrödingergleichung und wird dadurch „linear" geprägt. In der Natur gibt es aber auch Strukturen großer Amplitude, die sich nicht mit der Zeit ausbreiten. Zum ersten Mal berichtete J. Scott-Russell von einem solchen Soliton. Im Jahre 1834 beobachtete er in einem schottischen Kanal die erstaunliche Stabilität einer einzelnen Welle in seichtem Wasser und die Aufspaltung eines ursprünglichen Impulses in zwei Solitonen. 1965 fanden N.J. Zabusky und M.D. Kruskal mit Hilfe eines anharmonischen Kristallmodells Wellenlösungen und zeigten, daß Solitonlösungen bei Kollisionen sehr stabil sind.

Solitonlösungen der Bewegungsgleichungen von Teilen eines Systems, das einen Phasenübergang durchläuft, liefern experimentell überprüfte Ergebnisse. Durch die Entwicklung von Methoden zur Lösung nichtlinearer Bewegungsgleichungen haben die Mathematiker ein Solitonparadigma bereitgestellt, das in vielen Bereichen der nichtlinearen Physik Anwendung findet: Gitterdynamik, Phasenübergänge, nichtlineare dispersive Systeme, Korngrenzen, nichtlineare Optik und Hydrodynamik und nichtlineare Plasmen werden damit untersucht.

Übungen

13.1 Fällt Ihnen eine Erklärung für die weitverbreitete Behauptung ein, daß jede siebte Ozeanwelle größer sei als die anderen?

13.2 Warum ist die Dielektrizitätskonstante von Wasser (81) so viel größer als die von Benzol (4)?

13.3 Viele Substanzen haben mehr als eine Absorptionsbande im Infrarotbereich. Können Sie sich das erklären?

13.4 Zeigen Sie, daß die Phasengeschwindigkeit v von elektromagnetischen Wellen in einem mit Vakuum gefüllten Wellenleiter größer ist als die Vakuumlichtgeschwindigkeit c.

13.5 Zeigen Sie, daß Gleichung (13.4) den ersten beiden Termen in der Sellmeierschen Dispersionsformel entspricht.

13.6 Zeigen Sie, daß bei der Wellenlänge 589.3 nm die Gruppengeschwindigkeit von Lichtwellen in Wasser um 1.5% niedriger ist als die Phasengeschwindigkeit. Verwenden Sie $dn/d\lambda = 3.38 \cdot 10^{-5}\,\text{nm}^{-1}$.

13.7 Bestimmen Sie die Gruppengeschwindigkeit u durch Betrachtung der Überlagerung zweier harmonischer Wellen, $y = cos(\omega t - kx)$ und $y = cos(\omega' t - k'x)$, wobei $\omega = 2\pi f$ die Winkelfrequenz ist.

13.8 Drücken Sie die Gruppengeschwindigkeit $u = d\omega/dk$ (a) durch die Phasengeschwindigkeit v und die Dispersion $dv/d\lambda$ und (b) durch v und $dn/d\lambda$ aus.

13.9 Bestimmen Sie die Gruppengeschwindigkeit in Situationen mit den folgenden Dispersionsrelationen (v ist die Phasengeschwindigkeit):

(a) $v = a = \text{const}$,   Schallwellen in der Luft;
(b) $v = a\sqrt{\lambda}$,   Oberflächenwellen auf dem Wasser;
(c) $v = a/\sqrt{\lambda}$,   Kapillarwellen;
(d) $v = a/\lambda$,   transversale Schwingung eines Stabes;
(e) $v = \sqrt{c^2 + b^2\lambda^2}$,   elektromagnetische Wellen in der Ionosphäre.

13.10 Die relative Dispersion von Glas für sichtbares Licht kann als das Verhältnis $n_D/(n_C - n_F)$ definiert werden. Dabei beziehen sich C, D und F auf die Fraunhoferschen Linien im roten ($\lambda_C = 656.3\,\text{nm}$), gelben ($\lambda_D = 589.3\,\text{nm}$) und blauen ($\lambda_F = 486.1\,\text{nm}$) Teil des Spektrums. Bestimmen Sie näherungsweise die Gruppengeschwindigkeit in Glas mit einer relativen Dispersion von 30 und $n_D = 1.5$.

13.11 Angenommen, der Brechungsindex würde durch die beiden ersten Terme in Gleichung (13.1) exakt wiedergegeben. Zeigen Sie, daß man dann eine von chromatischer Aberration freie Linse durch Kombination einer Sammellinse und einer Streulinse aus verschiedenen Glassorten herstellen könnte. *Hinweis:* Bedenken Sie, daß sich die Brennweite f einer Linse mit kugelförmigen Oberflächen durch die Krümmungsradien r_1, r_2 und den Brechungsindex n ausdrücken läßt:

$$\frac{1}{f} = (n-1)\left(\frac{1}{r_1} + \frac{1}{r_2}\right).$$

14. Das allgegenwärtige kT

> Eine physikalische Theorie ist keine Erklärung; sie ist ein System mathematischer Aussagen, dessen Ziel die möglichst einfache, vollständige und exakte Darstellung einer ganzen Gruppe experimenteller Gesetze ist.
>
> *Pierre Duhem*

14.1 Einleitung

Man kommt im Physikstudium nicht sehr weit, ohne auf eine Formel oder Gleichung zu treffen, die die Kombination kT enthält, wobei k die Boltzmann-Konstante und T die absolute Temperatur ist. Je tiefer Sie dringen, desto öfter begegnen Sie diesem Produkt, bis es so scheint, als beruhe darauf ein großer Teil der Physik. Es taucht immer wieder auf, wenn Sie sich mit kinetischer Gastheorie, Wärmeleitung, elektrischer Leitung, Diffusion, chemischen Reaktionen, thermischer Emission, Rauschen und einer ganzen Reihe anderer Themen befassen. Obwohl kT ursprünglich aus der klassischen Physik stammt, hat es den Quantensprung überlebt und folgt uns noch immer auf Schritt und Tritt.

Es ist Ziel dieses Kapitels, die Signifikanz des Produktes kT zu beleuchten und anhand einiger Beispiele deutlich zu machen, welche Rolle dieses Produkt spielt, wenn ein physikalischer Prozeß vom statistischen Verhalten von Atomen, Molekülen oder Elektronen bestimmt wird.

14.2 Kinetische Theorie

Zum ersten Mal begegnete Ihnen das allgegenwärtige Produkt kT wahrscheinlich bei der Beschäftigung mit der kinetischen Theorie idealer Gase. Sie folgten der Herleitung einer Beziehung zwischen dem Druck p und dem Volumen V eines Gases aus N Molekülen:

$$pV = \frac{1}{3}Nmv^2 \,, \tag{14.1}$$

wobei m die Masse eines einzelnen Moleküls und v^2 das mittlere Quadrat der thermischen Geschwindigkeit der Moleküle ist.

Sie folgten dann der experimentellen Begründung der drei idealen Gasgesetze, die Beziehungen zwischen Druck, Volumen und Temperatur eines Gases herstellen:

$$\frac{p_1}{p_2} = \frac{V_2}{V_1} \quad \text{bei konstanter Temperatur (Boyle-Mariotte),}$$

$$\frac{p_1}{p_2} = \frac{T_1}{T_2} \quad \text{bei konstantem Volumen (Charles),} \qquad (14.2)$$

$$\frac{V_1}{V_2} = \frac{T_1}{T_2} \quad \text{bei konstantem Druck (Gay-Lussac).}$$

Dann kamen Sie vom Boyle-Mariotteschen Gesetz, das man auch $pV = c$ schreiben kann, wobei c nur von der Temperatur abhängt, durch experimentelle Bestimmung von c zu der Beziehung

$$pV = nRT\,. \qquad (14.3)$$

Dabei ist n die vorhandene Stoffmenge des Gases und R die universelle Gaskonstante (8.31 J mol^{-1} K^{-1}).

Von hier begeben wir uns in ein Gebiet, das für Sie neu sein mag. Durch Kombination von (14.1) und (14.3) erhalten wir $\frac{1}{3}Nmv^2 = nRT$. Wenn wir ein Mol eines Gases betrachten, dann ist N gerade die Avogadrozahl N_A, die Anzahl Moleküle in einem Mol, und wir erhalten $\frac{1}{3}mv^2 = (1\,\text{mol} \cdot R/N_A)T$. Ersetzen wir nun $1\,\text{mol} \cdot R/N_A$ durch die Größe k, die den Wert $1.38 \cdot 10^{-23}$ JK^{-1} hat und als Boltzmann-Konstante bezeichnet wird, so wird aus der letzten Gleichung

$$\boxed{\tfrac{1}{3}mv^2 = kT\,.} \qquad (14.4)$$

Da haben wir den ersten Auftritt des Produktes kT in diesem Buch.

Was hat dieses kT zu bedeuten, und warum taucht es so oft in physikalischen Zusammenhängen auf? Wenn wir beide Seiten von (14.4) mit 3/2 multiplizieren, erhalten wir

$$\frac{1}{2}mv^2 = \frac{3}{2}kT\,. \qquad (14.5)$$

Wir erkennen sofort die linke Seite dieser Gleichung als kinetische Energie der thermischen Bewegung eines Moleküls, das sich umherbewegt und mit anderen Molekülen und den Wänden kollidiert. Also muß $\frac{3}{2}kT$ die physikalische Bedeutung der thermischen kinetischen Energie eines Moleküls haben.

Beispiel 14.1. Ein kugelförmiges Gefäß mit einem Volumen von einem Liter enthält Wasserstoff (Moleküldurchmesser $2.2 \cdot 10^{-10}$ m) bei 300 K. Welcher Druck muß herrschen, damit die mittlere freie Weglänge eines Moleküls größer als der Durchmesser des Gefäßes ist?

Die mittlere freie Weglänge l ist der Weg, den ein Molekül durchschnittlich zwischen zwei Kollisionen mit anderen Molekülen zurücklegt. Stellen Sie sich für ein Molekül mit Durchmesser D einen Zylinder mit Radius D und Länge l vor, der um den Weg des Moleküls zentriert ist. Wenn der Mittelpunkt eines anderen

Moleküls in diesem Zylinder liegt, wird es zu einer Kollision kommen. Auf diese Art gelangen wir zu einer Näherung für die Beziehung zwischen der mittleren freien Weglänge l und dem Durchmesser D eines Moleküls. Das Volumen des Zylinders ist $\pi D^2 l$. Die Wahrscheinlichkeit, daß sich ein anderes Molekül darin befindet, ist der Gesamtzahl N der Moleküle proportional und dem Volumen V umgekehrt proportional. Damit ist

$$l = \frac{V}{\pi D^2 N},$$

und nach (14.1)

$$\frac{V}{N} = \frac{1}{3}\frac{mv^2}{p}.$$

Mit (14.4) erhalten wir

$$\frac{V}{N} = \frac{kT}{p},$$

und damit

$$l = \frac{kT}{p\pi D^2}.$$

Für dieses Gefäß ist $V = 10^{-3}\,\mathrm{m}^3 = 4\pi r^3/3$, $r = (10^{-3}\,\mathrm{m} \cdot 3/4\pi)^{1/3} \simeq 0.0625\,\mathrm{m}$; der Durchmesser beträgt also 0.125 m. Die mittlere freie Weglänge l soll größer als dieser Durchmesser sein:

$$\frac{kT}{p\pi D^2} > 0.125\,\mathrm{m},$$

$$\frac{kT}{0.125\,\mathrm{m} \cdot \pi D^2} > p.$$

Für den Druck muß also gelten

$$p < \frac{1.38 \cdot 10^{-23}\,\mathrm{J\,K^{-1}} \cdot 300\,\mathrm{K}}{0.125\,\mathrm{m} \cdot \pi \cdot (2.2 \cdot 10^{-10}\,\mathrm{m})^2},$$
$$p < 0.219\,\mathrm{N\,m^{-2}} \simeq 2.1 \cdot 10^{-6}\,\mathrm{atm}.$$

An dieser Stelle werden Sie vielleicht rebellieren. „Warum $\frac{3}{2}$?" denken Sie. „Warum gibt man nicht k einen Wert, der dazu führt, daß kT und nicht $\frac{3}{2}kT$ die thermische Energie eines Moleküls ist?" Wir werden versuchen, dies verständlich zu machen.

Die Moleküle, von denen wir hier sprechen, ändern ständig ihre Geschwindigkeit und Bewegungsrichtung. Die quadratisch gemittelte Geschwindigkeit v ist also ein zeitlicher Mittelwert vieler zufälliger Geschwindigkeiten und Richtungen. Sie setzt sich aus drei Komponenten in den drei Achsenrichtungen zusammen:

$$\frac{1}{2}mv^2 = \frac{1}{2}mv_x^2 + \frac{1}{2}mv_y^2 + \frac{1}{2}mv_z^2 = \frac{3}{2}kT,$$

wobei v_x, v_y und v_z die quadratisch gemittelten Komponenten der Geschwindigkeit entlang der x-, y- und z-Richtung sind. Im zeitlichen Mittel ist $v_x = v_y = v_z$, und daher

$$\frac{1}{2}mv^2 = \frac{1}{2}mv_x{}^2 = \frac{1}{2}mv_y{}^2 = \frac{1}{2}mv_z{}^2 = \frac{1}{2}kT \ .$$

Wir sehen also, daß $\frac{1}{2}kT$ die mittlere kinetische Energie eines Moleküls darstellt, die mit jeder Richtung des dreidimensionalen Raumes, oder, wie man auch sagt, mit jedem Freiheitsgrad der Translationsbewegung assoziiert ist.

Mit dieser Interpretation von kT leuchtet es ein, daß diese Größe eine so wichtige Rolle spielt. Da so viele physikalische Prozesse mit der thermischen Energie einzelner Moleküle, Atome oder geladener Teilchen zu tun haben, ist es kein Wunder, daß man kT so großzügig in den Formeln und Beziehungen der Physik verteilt findet. Wenden wir uns nun ein paar Beispielen zu, die keineswegs erschöpfend sein sollen.

14.3 Verteilung molekularer Geschwindigkeiten

In einer einfachen Herleitung von Gleichung (14.1) geht man meistens davon aus, daß alle Teilchen die gleiche Geschwindigkeit haben und daß sich im Mittel zu jedem Zeitpunkt ein Drittel der Teilchen in x-Richtung bewegt, ein Drittel in y-Richtung und ein Drittel in z-Richtung. Keine dieser Annahmen ist richtig, aber eine genauere Behandlung unter Berücksichtigung der statistischen Geschwindigkeitsverteilung der Teilchen führt zum gleichen Ergebnis. Wir haben es mit einer sehr großen Anzahl Moleküle zu tun, so daß eine solche statistische Behandlung des Problems gerechtfertigt ist.

Wir fragen nun, welcher statistischen Verteilung die Beträge der thermischen Geschwindigkeiten der Moleküle gehorchen. Betrachten wir zunächst ein einfaches Modell: Wenn wir zwei Dutzend Murmeln in eine Schachtel legen und die Schachtel schütteln, sehen wir sofort, daß die Murmeln sich in allen möglichen Richtungen mit den verschiedensten Geschwindigkeiten bewegen. Sie stoßen zusammen und prallen gegen die Wände, und bei jeder Kollision ändern sich Betrag und Richtung der Geschwindigkeit. In diesem Chaos gibt es jedoch auch Stabilität. Obwohl zu jedem bestimmten Zeitpunkt einige Murmeln langsam sind und andere viel schneller, kann man eine mittlere Geschwindigkeit feststellen, die bei gleichbleibendem Schütteln recht stabil ist. Wenn die Schachtel heftiger geschüttelt wird, erhöht sich in dem Chaos das Tempo, und es stellt sich bald ein neuer statistischer Gleichgewichtszustand mit höherer mittlerer Geschwindigkeit ein.

Sollten sich Gasmoleküle in einem dreidimensionalen Behälter nicht ähnlich verhalten? Die molekularen Geschwindigkeiten sollten eine breite Verteilung aufweisen. Ein Molekül, das sich zu einem bestimmten Zeitpunkt mit zwei Kilometern pro Sekunde bewegt, mag mit einem anderen Molekül zusammenstoßen und dabei fast zur Ruhe kommen, nur um in der nächsten Mikrosekunde mit einem Kilometer pro Sekunde in eine neue Richtung weggestoßen zu werden.

Obwohl die Geschwindigkeit eines einzelnen Moleküls mit der eines Achterbahnwagens vergleichbar ist, sollte die Gesamtheit der Moleküle durch eine mittlere Geschwindigkeit charakterisiert sein, die über die Zeit konstant bleibt.

J.C. Maxwell und L. Boltzmann haben die Verteilung der molekularen Geschwindigkeiten vor etwa hundert Jahren hergeleitet. Durch zwei verschiedene statistische Überlegungen kamen sie zum gleichen Ergebnis:

$$n = 4\pi N \left(\frac{m}{2\pi kT}\right)^{\frac{3}{2}} v^2 \, e^{-mv^2/2kT} \, dv \, . \tag{14.6}$$

Dabei ist n die Anzahl der Moleküle mit Geschwindigkeiten in einem Bereich um v mit der Breite dv, N die Gesamtanzahl der Moleküle und m die Masse eines einzelnen Moleküls. Diese sogenannte Maxwell-Boltzmann-Verteilung ist unabhängig vom Druck des Gases und dem zur Verfügung stehenden Volumen. Die einzigen Variablen sind die Temperatur und die Masse der Moleküle.

Wahrscheinlich können Sie mit dieser Gleichung so nicht viel anfangen; stellen wir sie daher graphisch dar. Abbildung 14.1 zeigt die Form der Geschwindigkeitsverteilung für 1000 Wasserstoffmoleküle bei einer Temperatur von 300 K. Die an der y-Achse aufgetragenen Werte gelten für Geschwindigkeitsbereiche mit einer Breite von 10^4 cm s^{-1}. Die Geschwindigkeit v_p, bei der die Verteilungsfunktion ein Maximum hat, ist die *wahrscheinlichste* Geschwindigkeit, d.h. mehr Moleküle haben Geschwindigkeiten nahe bei diesem Wert als bei irgendeinem anderen. Da die Verteilung aber nicht symmetrisch ist, ist diese Geschwindigkeit nicht genau gleich der *mittleren* Geschwindigkeit v_a oder der quadratisch gemittelten Geschwindigkeit, auf die sich Gleichung (14.1) bezieht. Es ist

$$\begin{aligned} \text{mittlere Geschwindigkeit} &\simeq 1.128\, v_p \, , \\ \text{quadratisch gemittelte Geschwindigkeit} &\simeq 1.224\, v_p \, . \end{aligned} \tag{14.7}$$

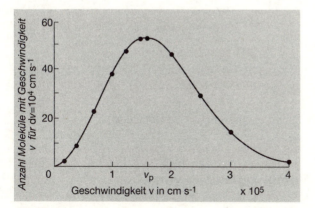

Abb. 14.1. Die thermischen Geschwindigkeiten von Gasmolekülen folgen der Maxwell-Boltzmann-Verteilung. $v_p = 1.58 \cdot 10^6$ mm s^{-1}.

Welche Bedeutung hat kT für die Parameter dieser Verteilung? Wir leiten die rechte Seite von Gleichung (14.6) nach v ab und setzen das Ergebnis gleich Null. Damit erhalten wir $v_p = \sqrt{2kT/m}$. Die kinetische Energie $\frac{1}{2}mv_p{}^2$ von Molekülen, die sich mit der wahrscheinlichsten Geschwindigkeit bewegen, ist also kT. Vergleichen Sie diesen Wert mit der kinetischen Energie eines Teilchens mit der quadratisch gemittelten Geschwindigkeit v_a aus Gleichung (14.5), $\frac{3}{2}kT$.

Wenn wir die Temperatur des Gases erhöhen, verbreitet sich die Verteilung, und das Maximum verschiebt sich zu höheren Geschwindigkeiten. Wenn wir die Temperatur herabsetzen oder Moleküle mit höherer Masse betrachten, liegt das Maximum der Verteilung bei tieferen Geschwindigkeiten. Die Fläche unter der Kurve bleibt jedoch gleich, solange wir eine feste Anzahl N von Molekülen betrachten.

An dem Graphen kann man ablesen, daß ungefähr 5% der Moleküle sich mit mehr als dem Zweifachen der wahrscheinlichsten Geschwindigkeit bewegen, während weniger als 0.1% mehr als dreimal so schnell sind.

Beispiel 14.2. Berechnen Sie den Druck p als Funktion der Höhe h über dem Meeresspiegel. Behandeln Sie dabei die Erdatmosphäre als ideales Gas im Gravitationsfeld.

Der Druck p auf der Höhe h unterscheidet sich von dem Druck $p+\mathrm{d}p$ auf der Höhe $h - \mathrm{d}h$ um das Gewicht der dazwischenliegenden Luftschicht pro Fläche: $\mathrm{d}p = -\rho g \mathrm{d}h$. Die Dichte von Luft ist $\rho = pM_0/RT$, mit $M_0 = 28\,\mathrm{g\,mol^{-1}}$. Damit ist

$$\mathrm{d}p = -\frac{pM_0 g \mathrm{d}h}{RT},$$

$$\frac{\mathrm{d}p}{p} = -\frac{M_0 g \mathrm{d}h}{RT}.$$

Die Integration ergibt

$$\ln p = -\frac{M_0 g h}{RT} + c.$$

Bei $h = 0$ herrscht der Luftdruck auf Meereshöhe, p_0. Damit ist $c = \ln p_0$, also

$$\ln p = -\frac{M_0 g h}{RT} + \ln p_0,$$

$$p = p_0\,\mathrm{e}^{-M_0 g h/RT} = p_0\,\mathrm{e}^{-mgh/kT}.$$

Diese Gleichung bezeichnet man als barometrische Höhenformel.

14.4 Spezifische Wärmekapazität von Gasen

Die spezifische Wärmekapazität ist definiert als die Wärmeenergie, die pro Masse eines Stoffes zur Erwärmung um ein Grad benötigt wird. In vielen Fällen

14.4 Spezifische Wärmekapazität von Gasen

ist es sinnvoller, die molare Wärmekapazität zu verwenden. Das ist die Wärmemenge, die pro Mol eines Stoffes zur Erwärmung um ein Grad benötigt wird. Im letzteren Fall bezieht man sich immer auf die gleiche Anzahl Moleküle und kann daher verschiedene Stoffe besser miteinander vergleichen.

Vor allem bei Gasen unterscheidet man zwei verschiedene Arten spezifischer Wärmekapazität. Zur Messung der spezifischen Wärmekapazität bei konstantem Volumen, c_v, bringt man das Gas in einen geschlossenen Behälter, der sich nicht ausdehnt, wenn Temperatur und Druck des Gases sich erhöhen. Zur Messung der spezifischen Wärmekapazität bei konstantem Druck, c_p, bringt man das Gas dagegen in eine Kammer mit variablem Volumen und sorgt dafür, daß der Druck während der Erwärmung konstant bleibt. Die Differenz zwischen c_p und c_v ergibt sich aus der Arbeit, die bei der Ausdehnung um dV gegen den Druck p geleistet wird: $c_p = c_v + p\,dV$.

Durch die Erwärmung eines Gases erhöht man die mittlere kinetische Energie seiner Moleküle. Die kinetische Energie pro Mol beträgt $E_k = \frac{3}{2}RT$. Würde die gesamte zugeführte Wärmeenergie in kinetische Energie der Moleküle umgesetzt, so wäre die molare Wärmekapazität bei konstantem Volumen die Ableitung dieser Größe nach der Temperatur:

$$c_v = \frac{3}{2}R\,. \tag{14.8}$$

Dieses Ergebnis ist für einatomige Gase im wesentlichen richtig. Molare Wärmekapazitäten von Gasen mit mehratomigen Molekülen sind jedoch erheblich größer. Mehratomige Moleküle haben zusätzlich zu den drei Translationsfreiheitsgraden, die den einatomigen Molekülen zur Verfügung stehen, weitere Freiheitsgrade. Die Moleküle eines zweiatomigen Gases können zum Beispiel schwingen und rotieren. Abbildung 14.2 zeigt ein Modell eines zweiatomigen Moleküls. Die Atome kann man sich als Massenpunkte vorstellen, deren elastische Bindung durch eine Feder dargestellt ist. Wenn wir die x-Achse in Richtung der Verbindungslinie legen, kann dieses System in Richtung der x-Achse schwingen, wobei die beiden Atome entgegengesetzte Phasen haben. Die Energie dieser Schwingung ist zum Teil potentiell, zum Teil kinetisch. Das System kann auch um die y- und z-Achse rotieren, nicht aber um die x-Achse, da wir die Atome als Massenpunkte betrachten. Das zweiatomige Molekül hat somit drei Translationsfreiheitsgrade, zwei Schwingungsfreiheitsgrade (potentiell und kinetisch) und

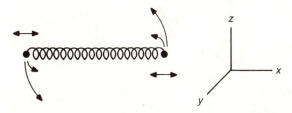

Abb. 14.2. Ein zweiatomiges Molekül kann in Richtung der x-Achse schwingen und um die y- und z-Achse rotieren.

zwei Rotationsfreiheitsgrade, insgesamt also sieben Freiheitsgrade. Wenn ein solches Gas Wärme aufnimmt, wird auch die Schwingungs- und Rotationsenergie seiner Moleküle erhöht, und nur ein Teil der Wärme wird in die kinetische Translationsenergie umgesetzt, die nach Gleichung (14.5) mit der Temperatur verknüpft ist. Einem solchen Gas muß daher mehr Wärme zugeführt werden als einem einatomigen Gas, um seine Temperatur um ein Grad zu erhöhen.

Nach dem Gleichverteilungssatz, einem grundlegenden Postulat der kinetischen Wärmetheorie, verteilt sich die innere Energie eines Systems mit vielen Freiheitsgraden im Mittel gleichmäßig auf alle Freiheitsgrade, wobei auf jeden Freiheitsgrad pro Molekül die Energie $\frac{1}{2}kT$ entfällt. Nach unseren bisherigen Betrachtungen sollte also die molare Wärmekapazität c_v eines zweiatomigen Gases $\frac{7}{2}R$ betragen. Experimentell stellt man jedoch fest, daß die molare Wärmekapazität der meisten zweiatomigen Gase bei Raumtemperatur in der Nähe von $\frac{5}{2}R$ liegt!

Diese beunruhigende Diskrepanz wurde erst nach dem Aufkommen der Quantentheorie zu Anfang des zwanzigsten Jahrhunderts beseitigt. Wir wollen die Lösung kurz skizzieren. Ein Molekül kann nicht mit beliebiger Amplitude und Energie schwingen. Die Schwingung ist *quantisiert*. Das Molekül kann nur mit Amplituden schwingen, für die die Schwingungsenergie E durch $E = (n + \frac{1}{2})hf$ gegeben ist. Dabei ist $n = 0, 1, 2, 3, \ldots$; h ist das Plancksche Wirkungsquantum und f die Schwingungsfrequenz, die durch die Massen der Atome und die Steifigkeit der Bindungskräfte zwischen ihnen bestimmt wird. Alle anderen Amplituden und Energien sind verboten. Abbildung 14.3 zeigt die erlaubten Schwingungszustände eines solchen Moleküls.

Bei sehr tiefen Temperaturen befinden sich alle Moleküle der Probe im tiefstmöglichen Schwingungszustand mit $n = 0$. Diese Theorie sagt interessanterweise vorher, daß sogar am absoluten Temperaturnullpunkt, an dem jegliche molekulare Bewegung aufhören sollte, noch eine minimale Schwingungsenergie von $\frac{1}{2}hf$ pro Molekül vorhanden ist. Man bezeichnet sie als Nullpunktsenergie der Schwingung. Um mit höherer Amplitude und Energie zu schwingen, muß das Molekül *mindestens* die Energie hf absorbieren, um in den Schwingungszustand mit $n = 1$ zu gelangen. Das kann nur dann passieren, wenn die Temperatur so hoch ist, daß kT mit hf vergleichbar ist. Bei Temperaturen weit unter hf/k bleiben die Atome dagegen im Zustand mit $n = 0$ und nehmen bei Erwärmung keine Schwingungsenergie auf. Die Schwingungsfreiheitsgrade bekommen also

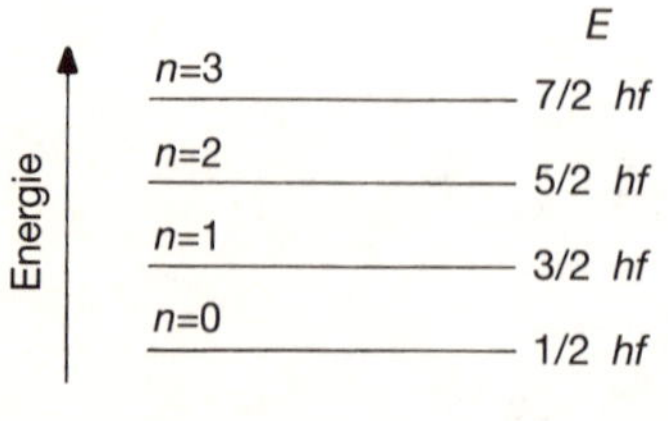

Abb. 14.3. Die erlaubten Schwingungsenergien eines zweiatomigen Moleküls sind quantisiert.

bei tiefen Temperaturen nichts vom Energiekuchen ab, und die Anwendung des Gleichverteilungssatzes auf die restlichen Freiheitsgrade führt zu einer molaren Wärmekapazität von $\frac{5}{2}R$.

Mit steigender Temperatur wird das Verhältnis von kT zu hf irgendwann so groß, daß einige Moleküle die Energielücke von $\frac{1}{2}hf$ zu $\frac{3}{2}hf$ überspringen können. Dadurch kann von den Schwingungsfreiheitsgraden Wärme aufgenommen werden. Erst dann beginnt die molare Wärmekapazität von $\frac{5}{2}R$ auf $\frac{7}{2}R$ zu steigen. Wenn die Temperatur weiter steigt, werden immer mehr Moleküle in immer höhere Schwingungszustände angeregt. Wenn ein halbes Dutzend Schwingungszustände besiedelt ist, nähert sich die Verteilung der Moleküle auf die Zustände immer mehr der „normalen" Verteilung bei kontinuierlichen Energien, und erst dann erreicht die molare Wärmekapazität den Wert $\frac{7}{2}R$, den die klassische Theorie vorhersagt.

14.5 Spezifische Wärmekapazität von Festkörpern

Die Atome eines Festkörpers besitzen keine Translationsenergie. Sie sitzen fest auf ihren Gitterplätzen und können sich nicht frei bewegen. Sie rotieren auch nicht, aber sie können in allen drei Raumrichtungen schwingen. Die Energie dieser Schwingung verteilt sich statistisch auf den kinetischen und den potentiellen Anteil. Die schwingenden Atome haben daher sechs Freiheitsgrade. Mit einer Energie von $\frac{1}{2}kT$ pro Atom pro Freiheitsgrad sollte ein einatomiger Festkörper somit eine molare Wärmekapazität von $3R$ aufweisen.

Die molaren Wärmekapazitäten vieler einatomiger Festkörper liegen in der Tat bei Raumtemperatur nahe bei diesem Wert. Das stellten Dulong und Petit schon 1819 experimentell fest, als von einer Theorie der Wärmekapazität noch nicht die Rede war. Bei tieferen Temperaturen nimmt jedoch die molare Wärmekapazität aller Festkörper ab und geht am absoluten Temperaturnullpunkt gegen Null.

Dieses Verhalten wird bei Anwendung der Quantentheorie auf die Schwingungen der Atome in einem Festkörper verständlich. Betrachten wir eine Atomreihe, die entlang der x-Richtung von der einen Seite des Festkörpers zur anderen reicht. Diese Atomreihe hat, ähnlich wie eine Saite, eine Vielzahl möglicher Schwingungsmoden (Abb. 14.4). Jedes Atom in der Reihe ist natürlich auch Teil anderer Atomreihen in y- und z-Richtung. Jede Schwingungsmode i hat eine Frequenz f_i und, nach der Quantentheorie, eine Energie $E_i = hf_i$. Die gesamte Schwingungsenergie aller Atome in dem Festkörper erhält man durch Summation über alle Schwingungsmoden. Die molare Wärmekapazität ist dann die Ableitung dieser Summe nach der Temperatur, bezogen auf ein Mol der Substanz.

Nernst, Einstein und Debye entwickelten auf diese Weise unter verschiedenen Annahmen über die Schwingungsmoden verschiedene Ausdrücke für die molare Wärmekapazität. Die von Debye entwickelte Formel stimmt am besten mit dem Experiment überein:

14. Das allgegenwärtige kT

$$c = 9R \left[4\left(\frac{kT}{hf_m}\right)^3 \int_0^{hf_m/kT} \frac{(hf/kT)^3}{\exp(hf/kT)-1} \frac{h\,df}{kT} \right.$$
$$\left. - \frac{1}{\exp(hf_m/kT)-1} \frac{hf_m}{kT} \right]. \qquad (14.9)$$

Dabei ist f_m die höchstmögliche Schwingungsfrequenz; sie tritt bei einer Schwingung auf, bei der, wie in der untersten in Abb. 14.4 gezeigten Mode, benachbarte Atome des Festkörpers gegenphasig schwingen.

In dieser Gleichung wimmelt es nur so von Ausdrücken, die kT enthalten! Beachten Sie aber, daß kT nirgends allein auftritt, sondern immer im Verhältnis zu einer Energie hf oder hf_m. Das bedeutet, daß die Abhängigkeit der spezifischen Wärmekapazität von der Temperatur allein dadurch bestimmt wird, wie kT sich zu den Schwingungsenergien des Festkörpers verhält. Bei hohen Temperaturen geht die Debye-Formel in $c = 3R$ über; mit $T \to 0$ verschwindet die Wärmekapazität. Qualitativ stimmt die Formel also gut mit dem Experiment überein.

Abbildung 14.5 zeigt einen Graphen der Debye-Formel. Die Form dieser Kurve ist für alle einatomigen Festkörper die gleiche; verschiedene Materialien unterscheiden sich nur darin, bei welchen Temperaturen die verschiedenen Eigenschaften in Erscheinung treten. Ein zweiter Blick auf Gleichung (14.9) zeigt, daß die ganze Kurve berechnet werden kann, wenn der Wert von f_m für das betrachtete Material bekannt ist. Jeder Festkörper kann so durch einen einzigen Parameter charakterisiert werden. In der Praxis gibt man statt f_m meist die Debye-Temperatur T_c an, die durch $kT_c = hf_m$ definiert ist. In Abb. 14.5 ist die Temperatur in Einheiten dieser charakteristischen Temperatur T_c aufgetragen.

Die Form der Debye-Kurve läßt sich wie folgt physikalisch interpretieren: Bei sehr tiefen Temperaturen ist die thermische Energie des Festkörpers so gering, daß nur die Schwingungsmoden mit den niedrigsten Energien angeregt werden. Die hochenergetischen Moden spielen nicht mit und bekommen daher auch nichts von der zugeführten Wärmeenergie ab. Bei mittleren Temperaturen wachen sie jedoch auf und nehmen an der Verteilung der Energie teil. Bei noch höheren Temperaturen um die Debye-Temperatur, bei denen kT mit der Quantenenergie hf_m der höchsten Schwingungsmode vergleichbar ist, ist das

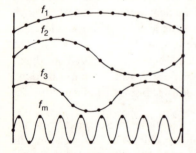

Abb. 14.4. Eine Atomreihe in einem Festkörper kann in vielen verschiedenen Moden schwingen, die jeweils eine eigene Energie haben.

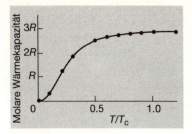

Abb. 14.5. Die molare Wärmekapazität eines einatomigen Festkörpers wird durch die Debye-Formel beschrieben.

ganze Spektrum der Moden beteiligt, und c liegt ungefähr bei 97% von $3R$. Mit weiterer Zunahme der Temperatur nähert sich die molare Wärmekapazität asymptotisch dem klassischen Wert $3R$ von Dulong und Petit.

Beispiel 14.3. Welche molare Wärmekapazität würden Sie nach der klassischen Statistik für einen Festkörper der Zusammensetzung (a) AB und (b) AB_2 erwarten? Nehmen Sie an, daß die Temperatur weit über der Debye-Temperatur liegt.

Jedes Atom der Moleküle hat drei Schwingungsfreiheitsgrade. Nach dem Gleichverteilungssatz entfällt im Mittel auf jeden Freiheitsgrad die kinetische Energie $\frac{1}{2}kT$. Potentielle und kinetische Energie einer harmonischen Schwingung sind im zeitlichen Mittel gleich; die Gesamtenergie pro Atom beträgt also $3kT$. Für n-atomige Moleküle ist die mittlere Energie $3nkT$, die Wärmekapazität somit $3nR$. Für (a) ergibt sich also $c = 6R$, für (b) $c = 9R$.

14.6 Glühemission

Wenn ein Glühdraht (eine Kathode) im Vakuum erhitzt wird, verdampfen an der Oberfläche Elektronen. Wenn außerdem eine positiv geladene Elektrode (eine Anode) vorhanden ist (Abb. 14.6), zieht sie die Elektronen an und sammelt sie. Es fließt ein stetiger Strom von der Kathode zur Anode, solange die Kathodentemperatur konstant gehalten wird und die Anodenspannung positiv bleibt. Eine solche Anordnung liegt den Vakuumröhren zugrunde, die früher in Empfängern und Verstärkern benutzt wurden.

Die Verdampfung von Elektronen hat große Ähnlichkeit mit der Verdampfung von Molekülen an einer Flüssigkeitsoberfläche. Die verdampfenden Moleküle müssen genügend kinetische Energie haben, um sich gegen die Anziehungskräfte der zurückgelassenen Moleküle von der Oberfläche loszureißen. Bei tiefen Temperaturen hat nur ein geringer Anteil der Moleküle soviel Energie, so

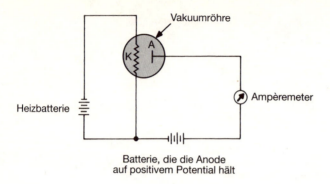

Abb. 14.6. Der Emissionsstrom einer erhitzten Metalloberfläche kann mit einer Vakuumröhre in dieser Anordnung gemessen werden. A: Anode; K: Kathode.

daß die Flüssigkeit nur langsam verdunstet. Durch Erhitzen kann man diesen Anteil erhöhen und die Verdunstung beschleunigen.

Wenn die Anode alle von der Kathode emittierten Elektronen aufsammelt, bevor sie verlorengehen, wird der Strom in einer Röhre nur durch die Verdampfungsrate der Elektronen bestimmt. Diese Rate hängt von der Temperatur der Kathodenoberfläche ab. Die resultierende Stromstärke wird durch die Richardson-Formel beschrieben:

$$I = AT^{1/2} e^{-\Phi/kT}, \qquad (14.10)$$

wobei A eine für die emittierende Oberfläche charakteristische Konstante ist. Die Austrittsarbeit Φ ist die kinetische Energie, die ein Elektron braucht, um sich von der Oberfläche zu lösen.

Welche Einsicht gewährt uns die Richardson-Formel in die Bedeutung von kT? Zur Vereinfachung stellen wir fest, daß die Änderung der Stromstärke mit der Temperatur vor allem durch den exponentiellen Faktor $e^{-\Phi/kT}$ bestimmt wird. Wir vernachlässigen daher fürs erste den Faktor $T^{1/2}$ und stellen die Variation von $e^{-\Phi/kT}$ graphisch dar (Abb. 14.7). Auf der x-Achse ist nicht die Temperatur selbst, sondern das Verhältnis von kT zur Austrittsarbeit Φ aufgetragen. Der Graph zeigt, daß bei tiefen Temperaturen wenig Emission stattfindet, und

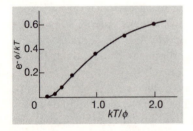

Abb. 14.7. Der Faktor $e^{-\Phi/kT}$ im Emissionsstrom nimmt mit steigender Temperatur zu.

daß der Emissionsstrom erst merklich wird, wenn kT mindestens 0.2Φ beträgt. Dieser Befund belegt, daß Geschwindigkeit und Stärke eines von der Temperatur abhängigen atomaren oder molekularen Prozesses sehr gering sind, wenn kT wesentlich kleiner als die Anregungsenergie des Prozesses ist.

Vielleicht wundern Sie sich, wie überhaupt Glühemission stattfinden kann, wenn $\frac{3}{2}kT$ kleiner als Φ ist. Der Grund liegt in der statistischen Verteilung der kinetischen Energien der Elektronen. Wie bei der Verteilung molekularer Geschwindigkeiten hat auch dann ein geringer Anteil der Elektronen eine Energie über Φ, wenn die mittlere kinetische Energie weit darunter liegt. Diese Elektronen kommen für die Verdampfung in Frage. Sie müssen aber außerdem so nah an der Oberfläche sein, daß sie sie innerhalb der nächsten freien Weglänge erreichen können, und sie müssen sich in Richtung der Oberfläche bewegen.

14.7 Elektrische Leitfähigkeit von Festkörpern

Unser Modell der Leitfähigkeit von Festkörpern geht davon aus, daß die Ionen des Festkörpers bis auf kleine Schwingungen an ihren Gitterplätzen festsitzen, während die Valenzelektronen dieser Ionen sich im Gitter frei bewegen können. Wenn an den Festkörper ein elektrisches Feld angelegt wird, bilden die Elektronen einen Strom. Ein Elektron wird von dem elektrischen Feld beschleunigt, bis es mit einem Ion kollidiert und einen Teil der kinetischen Energie, die es angesammelt hatte, an das Ion abgibt. Dann fliegt es in einer zufälligen Richtung los, wird aber sofort wieder in Richtung des elektrischen Feldes abgelenkt. Diese Driftbewegung der Elektronen ist der zufälligen thermischen Bewegung als statistisch stetiger Strom überlagert. Die Bewegung der Elektronen durch das Ionengitter ähnelt der Bewegung von Murmeln, die an einem mit Nägeln bespickten schrägen Brett herunterrollen. Die Murmeln beschleunigen nicht unbegrenzt, sondern erreichen eine statistisch konstante Fallgeschwindigkeit, die durch die Kollisionen mit den Nägeln bestimmt wird.

Man klassifiziert die Festkörper anhand ihrer Leitfähigkeit in drei Gruppen. Die erste Gruppe sind die Leiter mit elektrischen Leitfähigkeiten zwischen 10^3 und $10^6\,\Omega^{-1}\,\mathrm{cm}^{-1}$ ($1\,\Omega^{-1} = 1\,\mathrm{Siemens} = 1\,\mathrm{S}$). Die meisten Leiter sind ihrer chemischen Natur nach Metalle. Dann gibt es die Halbleiter mit Leitfähigkeiten zwischen 10^{-2} und $10^{-8}\,\mathrm{S}\,\mathrm{cm}^{-1}$. Vertreter dieser Gruppe sind Silizium, Germanium, Selen, Kupferoxid, Zinkoxid und Bleisulfid. Die dritte Gruppe bilden die Isolatoren oder Nichtleiter, deren Leitfähigkeit unter $10^{-12}\,\mathrm{S}\,\mathrm{cm}^{-1}$ liegt. Eine Theorie der elektrischen Leitung muß in der Lage sein, diese enormen Unterschiede in der elektrischen Leitfähigkeit zu erklären.

Betrachten wir zuerst die Halbleiter. Wir stellen uns vor, daß die Valenzelektronen in einem Halbleiter auf zwei mögliche Zustände verteilt sind. Im einen Zustand können sie sich frei bewegen, im zweiten Zustand herrschen dagegen Einschränkungen, die die Elektronen in diesem Zustand daran hindern, zum elektrischen Strom beizutragen. Diese beiden Zustände sind in Abb. 11.14 als *Valenzband* und *Leitungsband* bezeichnet. Ihre Energie unterscheidet sich um den Betrag ΔE pro Elektron, und bei gewöhnlichen Temperaturen befinden sich die Elektronen im niederenergetischen, nichtleitenden Zustand. Nur ein sehr geringer Anteil der Elektronen ist im hochenergetischen, leitenden Zustand, und es sind diese Elektronen, die dem Material eine geringe Leitfähigkeit geben.

Bei höherer Temperatur erhöht sich die Wahrscheinlichkeit, daß Elektronen vom nichtleitenden in den leitenden Zustand wechseln. Dieser ist daher stärker bevölkert; die Leitfähigkeit des Materials nimmt mit steigender Temperatur zu. Und wie könnte es anders sein – die Leitfähigkeit hängt davon ab, in welchem Verhältnis kT zur Anregungsenergie vom unteren in den oberen, leitenden Zustand steht.

Eine auf diesem Modell beruhende Theorie ergibt folgende Abhängigkeit der Leitfähigkeit σ eines Halbleiters von der Temperatur:

$$\sigma = \sigma_\infty \, e^{-\Delta E/2kT} \, . \tag{14.11}$$

Dabei ist σ_∞ die Leitfähigkeit des Materials bei sehr hohen, in der Praxis nicht erreichbaren Temperaturen, bei denen die Valenzelektronen sich zu gleichen Teilen auf die beiden Zustände verteilen. Vergleichen Sie diese Gleichung mit Gleichung (14.10) für die thermische Emission von Elektronen an der Oberfläche eines Festkörpers. Sie sehen die gleiche exponentielle Abhängikeit eines Phänomens von einer Größe, die das Verhältnis von kT zur Anregungsenergie des Vorgangs enthält. Man könnte sogar sagen, daß die Leitfähigkeit eines Halbleiters durch eine Art thermische Emission vom nichtleitenden in den leitenden Zustand im Innern des Materials zustande kommt. Abbildung 14.8 zeigt experimentelle Daten für einige typische Halbleiter. Der Logarithmus der Leitfähigkeit ist gegen die Temperatur aufgetragen. Die logarithmische Skala ist nötig,

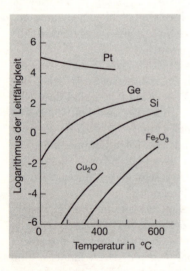

Abb. 14.8. Die elektrische Leitfähigkeit eines Halbleiters nimmt mit steigender Temperatur zu.

14.7 Elektrische Leitfähigkeit von Festkörpern

um die vielen Größenordnungen unterzubringen, in denen sich die elektrischen Leitfähigkeiten sogar innerhalb der Gruppe der Halbleiter bewegen.

Die starke Abhängigkeit der Leitfähigkeit von der Temperatur springt sofort ins Auge. Bei einem typischen Metall *sinkt* die Leitfähigkeit bei Raumtemperatur um etwa 1/273 mit jedem Grad, um das die Temperatur erhöht wird. Die Leitfähigkeiten mancher Halbleiter *steigen* dagegen um bis zu 5% pro Grad Temperaturerhöhung. Das macht man sich in der Temperaturregelung und -messung mit Hilfe von Halbleiterelementen zunutze.

Wenn man Kurven in die Hand bekommt, die wie die Kurven in Abb. 14.8 aussehen, versucht man in der Regel, sie in gerade Linien zu verwandeln, indem man andere Achsenskalierungen verwendet. Gleichung (14.11) legt es nahe, den Logarithmus der Leitfähigkeit gegen den *Kehrwert* der Temperatur aufzutragen. Das führt zu den Kurven in Abb. 14.9. Daß sich Geraden ergeben, bestätigt die exponentielle Abhängigkeit der Leitfähigkeit vom Kehrwert der Temperatur.

Logarithmieren von Gleichung (14.11) ergibt

$$\ln \sigma = \ln \sigma_\infty - \Delta E / 2kT \,. \tag{14.12}$$

Der y-Achsenabschnitt der Kurven in Abb. 14.9 gibt also den Wert von σ_∞ für die Materialien an, während aus der Steigung $-\Delta E/2k$ die Anregungsenergie ΔE bestimmt werden kann.

Es ist interessant, daß alle Geraden in Abb. 14.9 einen gemeinsamen Schnittpunkt mit der y-Achse bei $\ln \sigma_\infty \simeq 10$ zu haben scheinen, sogar die Gerade für ein typisches *Metall*, Platin. Wir können daraus schließen, daß Halbleiter bei sehr hohen Temperaturen ein metallisches Leitungsverhalten zeigen würden. Sie schmelzen jedoch, bevor dieses Verhalten einsetzt.

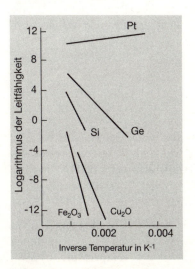

Abb. 14.9. Die Leitfähigkeitskurven aus Abb. 14.8 ergeben bei geeigneter Auftragung Geraden.

Schauen wir uns nun die Metalle und Nichtleiter an. In Metallen überlappen sich die beiden Zustände oder sind nur durch eine vernachlässigbare Energielücke ΔE getrennt. In Metallen ist daher schon bei Raumtemperatur ein großer Teil der Elektronen im leitenden Zustand, und die Leitfähigkeit ist entsprechend hoch.

Für die verschwindend geringen Leitfähigkeiten isolierender Materialien ist die relativ große Energielücke zwischen leitendem und nichtleitendem Zustand verantwortlich. In diesen Materialien ist ΔE auch bei der Schmelztemperatur noch um vieles größer als kT. Die Elektronen erreichen nicht in signifikanter Anzahl das Leitungsband und können daher keinen Strom führen.

14.8 Abschließende Bemerkungen

Wir haben genügend Beispiele gegeben, um das Spektrum physikalischer Situationen zu illustrieren, in denen kT eine Rolle spielt. Fassen wir noch einmal einige wesentliche Aussagen dieses Kapitels zusammen:

(a) Die *wahrscheinlichste* kinetische Translationsenergie eines Teilchensystems beträgt kT pro Teilchen.

(b) Die *mittlere* kinetische Translationsenergie eines Teilchensystems beträgt $\frac{3}{2}kT$ pro Teilchen.

(c) Die innere thermische Energie eines Teilchensystems bei der Temperatur T beträgt $\frac{1}{2}kT$ pro Teilchen pro Freiheitsgrad, der bei dieser Temperatur Wärmeenergie aufnehmen kann.

(d) Das Produkt kT tritt oft im Verhältnis zur Anregungsenergie eines Vorgangs in Gleichungen auf, die die Rate oder das Ausmaß des Vorgangs bestimmen. Da so viele Vorgänge in der Physik vom Verhalten einzelner Atome, Moleküle, Ionen oder Elektronen abhängen, taucht das Produkt kT an allen Ecken und Enden auf.

Übungen

14.1 Spektroskopische Daten zeigen, daß es in der Sonne viel Wasserstoff gibt. Bestimmen Sie die quadratisch gemittelte Geschwindigkeit der Wasserstoffmoleküle an der Oberfläche der Sonne, wo die Temperatur etwa 6000 K beträgt.

14.2 Bei welcher Temperatur ist $kT = 1\,\text{eV}$?

14.3 Im Mittelpunkt einer nuklearen Explosion von ^{238}U beträgt die Temperatur ungefähr $120 \cdot 10^6$ K; Uran hat eine Dichte von $20\,\text{g}\,\text{cm}^{-3}$. (a) Bestimmen Sie die mittlere kinetische Energie der Kerne bei dieser Temperatur. (b) Welcher Druck herrscht im Mittelpunkt der Explosion, bevor die Produkte sich verteilen?

14.4 Schätzen Sie die mittlere freie Weglänge l einer Billardkugel mit einem Durchmesser von 6 cm, die sich zufällig auf einem 1 m auf 2 m großen Tisch bewegt, auf dem zwei weitere solche Kugeln liegen.

14.5 Bestimmen Sie die Anzahl der Stöße, die ein Sauerstoffmolekül bei 500 K und 1 mm Hg Druck pro Sekunde erleidet. Der Durchmesser eines Sauerstoffatoms beträgt $3.0 \cdot 10^{-10}$ m.

14.6 Die mittlere freie Weglänge eines Heliummoleküls bei Normaldruck beträgt $1.86 \cdot 10^{-7}$ m. Zeigen Sie, daß sich der Durchmesser des Moleküls nach der kinetischen Gastheorie zu $2.5 \cdot 10^{-10}$ m ergibt.

14.7 (a) Auf welcher Höhe ist der Druck in einer homogenen Atmosphäre bei 0 °C gerade halb so groß wie auf Meereshöhe? (b) Nach welcher Höhe sinkt der Druck noch einmal um die Hälfte?

14.8 Die Geschwindigkeiten der Luftmoleküle in der Erdatmosphäre gehorchen der Maxwell-Verteilung. Einige Moleküle sind schnell genug, um dem Gravitationsfeld der Erde zu entkommen; sie verlassen die Atmosphäre. Mit der Zeit müßte also die gesamte Atmosphäre ins Weltall entweichen. Warum ist das noch nicht geschehen?

14.9 Wie verhält sich bei der Temperatur 300 K die Anzahl n_1 der Wasserstoffmoleküle mit Geschwindigkeiten zwischen 3000 und 3010 m s^{-1} zur Anzahl n_2 der Moleküle mit Geschwindigkeiten zwischen 1000 und 1010 m s^{-1}?

14.10 Finden Sie einen Ausdruck für die Sublimationsrate an einer Festkörperoberfläche mit der molaren Sublimationswärme E_s, indem Sie die Analogie mit der durch die Richardson-Formel beschriebenen Glühemission ausnutzen.

15. Rauschen

> Und selbst die Teilchen, deren Bahn
> im Sonnenstrahl wir sehen,
> für immer wird, was sie umherstößt,
> unsrem Aug' entgehen.
>
> *Lucretius*
> De Rerum Natura, Buch II, 141–44

15.1 Einleitung

Nachdem Sie nun die Geschichte vom allgegenwärtigen kT in Kapitel 14 gelesen und hoffentlich verdaut haben, ist es angebracht, eine bestimmte Konsequenz der thermischen Rastlosigkeit der Atome, Moleküle, Ionen und Elementarteilchen näher zu betrachten. In diesem Kapitel geht es um verschiedene Arten von thermischem Rauschen.

Der Laie denkt bei Rauschen zunächst an einen Klangeindruck, der angenehm sein kann, wie zum Beispiel das Rauschen der Blätter im Wind, oder auch unangenehm, wie das Rauschen des Radios bei schlechtem Empfang. Wissenschaftlich ist Rauschen dagegen als Störung definiert, die eine Messung verhindert oder beeinträchtigt. Dabei spielt es keine Rolle, ob es um eine akustische, mechanische, elektrische oder sonstige Größe geht. Die Wärmebewegung begrenzt die Präzision aller Messungen und Beobachtungen.

15.2 Mechanisches thermisches Rauschen

Im Jahre 1827 stellte Robert Brown, ein schottischer Botaniker, mit einem gewöhnlichen Mikroskop mit Doppelkonvexlinse fest, daß zytoplasmatische Granula von Pollen sich im Wasser chaotisch bewegen. Wahrscheinlich haben auch andere Menschen die Bewegung von Partikeln beobachtet, wenn sie Wasser durch ein Mikroskop betrachtet haben. Brown fand heraus, daß auch zermahlenes Glas, pulverisierte Mineralien und sogar Steinstaub von der ägyptischen Sphinx diese Bewegungen ausführen und zeigte damit, daß dieses Verhalten nicht auf der Lebendigkeit der beobachteten Partikel beruht.

In den darauffolgenden Jahren wurden Konvektionsströme, ungleichmäßige Verdunstung, intermolekulare Kräfte, hygroskopische Kräfte, Kapillarkräfte, Blasenbildung, Erhitzung der Flüssigkeit durch Beleuchtung und der Einfluß von Elektrolyten zur Erklärung der Brownschen Bewegung bemüht; all diese Erklärungen wurden verworfen. Für den Rest des neunzehnten Jahrhunderts fesselte dieses Phänomen die Aufmerksamkeit von Chemikern, Physikerinnen und Biologen, und es wuchs die Überzeugung, daß die zufällige Bewegung der Partikel von der thermischen Bombardierung durch die Flüssigkeitsmoleküle verursacht wird. Im Jahre 1905 (dem fruchtbaren Jahr, in dem er auch den photoelektrischen Effekt erklärte und die Relativitätstheorie veröffentlichte) analysierte Einstein mathematisch den Effekt dieser Molekülstöße. Jean Perrin bestätigte Einsteins Ergebnisse quantitativ in einer Reihe von Experimenten mit Partikeln bekannter einheitlicher Größe und Flüssigkeiten bekannter Viskosität. Aufgrund von Perrins Ergebnissen erreichte die molekulare Betrachtungsweise der Materie weitverbreitete Akzeptanz. Sehen wir uns die Sache einmal genauer an.

Jedes Partikel erleidet in einer Suspension Stöße mit den Molekülen des Gases oder der Flüssigkeit. Diese bewegen sich mit zufälligen thermischen Geschwindigkeiten, so daß das Partikel in einem kleinen Zeitintervall Δt von einer Seite mehr Stöße erleidet als von der anderen. Es erfährt also insgesamt eine Kraft und wird in Richtung dieser Kraft beschleunigt. Der entstehenden Bewegung wirkt jedoch die Viskosität des Mediums entgegen. Da die aus den Molekülstößen resultierende Kraft ständig Richtung und Betrag ändert, bewegt sich das Partikel zufällig und ändert ständig seine Geschwindigkeit und Bewegungsrichtung.

In Kapitel 14 fanden wir für die mittlere Translationsgeschwindigkeit eines Moleküls nach Gleichung (14.5)

$$v = \sqrt{\frac{3kT}{m}}.$$

Diese Gleichung besagt, daß die thermische Geschwindigkeit eines Teilchens der Wurzel seiner Masse umgekehrt proportional ist. Der Gleichverteilungssatz, eines der grundlegenden Postulate der kinetischen Wärmetheorie, sagt aus, daß die innere Energie eines Systems aus vielen Teilchen sich im thermischen Gleichgewicht im Mittel gleichmäßig auf alle Freiheitsgrade aller Teilchen verteilt. Das gilt unabhängig davon, ob die Teilchen alle identisch sind, wie beispielsweise in reinem Wasser, ob es verschiedene Moleküle mit verschiedenenen Molekulargewichten sind, oder ob einige der Teilchen suspendierte Kolloidteilchen sind. Für ein Kolloidteilchen im thermischen Gleichgewicht mit seiner Umgebung könnte man somit eine thermische Geschwindigkeit um $\sqrt{3kT/m}$ erwarten. Für ein typisches Kolloidteilchen mit der 10^{12}fachen Masse eines Wassermoleküls würde diese mittlere thermische Geschwindigkeit etwa $0.0007\,\mathrm{m\,s^{-1}}$ betragen. Die Partikel bewegen sich aber nicht wirklich mit dieser Geschwindigkeit; sie werden durch die Viskosität des Mediums gebremst. Typische Geschwindigkeiten der Brownschen Bewegung liegen etwa bei 1% dieser Geschwindigkeit.

Wenn man die Position eines kugelförmigen Kolloidteilchens mißt und über längere Zeit aufträgt, sieht man, daß das Teilchen sich im Mittel immer weiter von seinem Ausgangspunkt entfernt. Einstein fand für die mittlere quadratische Entfernung $\overline{x^2}$ vom Ausgangspunkt nach der Zeit t den Ausdruck

15.2 Mechanisches thermisches Rauschen

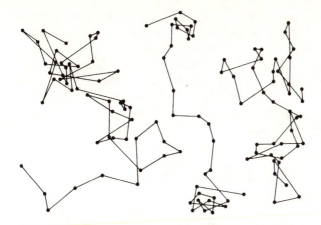

Abb. 15.1. Diese drei Sequenzen wurden durch Verbinden der aufeinanderfolgenden Positionen von Mastixkörnchen nach jeweils 30 s erzeugt.

$$\overline{x^2} = kT\frac{t}{3\pi r \eta}, \qquad (15.1)$$

wobei r der Radius des Teilchens und η die Viskosität des Mediums ist. Da ist schon wieder dieses kT! Abbildung 15.1 zeigt Skizzen ähnlich denen von Perrin; die in Abständen von 30 s gemessenen Positionen des Partikels sind durch Linien verbunden.

Beispiel 15.1. Ein Kolloidteilchen mit Radius 10^{-7} m ist in einer Flüssigkeit mit der Viskosität $0.001\,\mathrm{N\,s\,m^{-2}}$ suspendiert. Es wird mehrmals in Abständen von 100 s beobachtet. Wie weit bewegt sich das Partikel bei Raumtemperatur im Mittel in dieser Zeit?

Nach Gleichung (15.1) gilt

$$\overline{x^2} = kT\frac{t}{3\pi r \eta}\,.$$

In diesem Beispiel ist $T = 300\,\mathrm{K}$, $r = 10^{-7}\,\mathrm{m}$, $t = 100\,\mathrm{s}$, $\eta = 0.001\,\mathrm{N\,s\,m^{-2}}$ und $k = 1.38 \cdot 10^{-23}\,\mathrm{J\,K^{-1}}$. Damit ist

$$\begin{aligned}\overline{x^2} &= \frac{1.38 \cdot 10^{-23}\,\mathrm{J\,K^{-1}} \cdot 300\,\mathrm{K} \cdot 100\,\mathrm{s}}{3\pi \cdot 10^{-7}\,\mathrm{m} \cdot 0.001\,\mathrm{N\,s\,m^{-2}}}\\ &\simeq 4.4 \cdot 10^{-10}\,\mathrm{m^2}\,.\end{aligned}$$

Das Teilchen hat also im quadratischen Mittel nach 100 s die Entfernung

$$\Delta x = \sqrt{\overline{x^2}} \simeq 2.1 \cdot 10^{-5}\,\mathrm{m} = 2.1 \cdot 10^{-3}\,\mathrm{cm}$$

zurückgelegt.

Die Brownsche Bewegung erweist sich als störend, wenn man sehr präzise Stromstärkemessungen mit einem sensitiven Galvanometer machen möchte, an dem die Meßwerte mit Hilfe eines an einem Torsionsfaden aufgehängten Spiegels abgelesen werden. Der Spiegel wird von den Stößen der Moleküle in Brownsche Bewegung gebracht. Außerdem bewirkt die zufällige thermische Bewegung der Elektronen in dem Draht der Galvanometerspule ein schwankendes Drehmoment. Es kann daher kein konstanter Wert abgelesen werden, man muß sich mit einem zeitlichen Mittelwert begnügen.

15.3 Elektrisches thermisches Rauschen: Widerstandsrauschen

Betrachten wir ein gewöhnliches Stück Metalldraht. Im metallischen Zustand sind die Valenzelektronen nicht an die einzelnen Atome des Drahtes gebunden; sie können sich frei zwischen den Metallionen umherbewegen, mit thermischen Geschwindigkeiten und wechselnden, zufällig verteilten Bewegungsrichtungen, wie die Moleküle eines Gases. Häufig bezeichnet man daher die Gesamtheit der Leitungselektronen als Elektronengas. Dieses Elektronengas füllt das Innere des Drahtes mit einer makroskopisch betrachtet homogenen Dichte. Auf der atomaren, mikroskopischen Skala gibt es dagegen ständig momentane Abweichungen von dieser Homogenität. In einem kleinen Volumenelement mögen zu einem bestimmten Zeitpunkt 986 freie Elektronen sein; hundert Nanosekunden später sind es vielleicht 1029. Die gegenseitige elektrostatische Abstoßung wirkt diesen zufälligen Fluktuationen entgegen. Dennoch führt der rastlose Flug der Elektronen ständig zu kleinen Fluktuationen.

Stellen Sie sich ein sehr sensitives Voltmeter vor, das an die Enden dieses Drahtes angeschlossen wird. Wir nehmen einmal an, daß das Voltmeter und seine Anschlußkabel ideal rauschfrei sind. Zu einem bestimmten Zeitpunkt mögen in der linken Hälfte des Drahtes einige Elektronen mehr sein als in der rechten Hälfte. Zu diesem Zeitpunkt zeigt das Voltmeter eine Spannung an. Im nächsten Moment haben sich die Elektronen im Draht umverteilt, und das Voltmeter zeigt eine andere Spannung zwischen den Enden des Drahtes an. Die Spannung schwankt ständig mit einer mittleren Amplitude und einer bestimmten Frequenzverteilung. Untersuchen wir diese Eigenschaften etwas genauer.

Betrachten wir zunächst die Amplitude der Schwankung. Wir nähern uns diesem Problem, indem wir nach der Anzahl der Freiheitsgrade in dem Draht fragen. Zur Bestimmung der thermischen Energie können wir jedem Freiheitsgrad die Energie $\frac{1}{2}kT$ zuordnen und über alle Freiheitsgrade summieren. Die Anzahl der Freiheitsgrade unseres Drahtes ist die Anzahl seiner verschiedenen elektrischen Schwingungsmoden.

Wie eine gespannte Seite mechanisch schwingen kann, wenn man sie zupft oder streicht, so kann auch ein Stück Draht elektrisch oszillieren, wenn es angeregt wird. Die Oszillation kann in einer ganzen Reihe verschiedener Moden auftreten; dabei entspricht die Mode mit der niedrigsten Frequenz einer Oszil-

15.3 Elektrisches thermisches Rauschen: Widerstandsrauschen

lation der Saite bzw. des Drahtes als Ganzes. In der zweiten Mode schwingt die Saite in zwei Abschnitten und mit der zweifachen Frequenz. Ebenso weist der Strom in der zweiten elektrischen Schwingungsmode des Drahtes zwei Bäuche auf, die durch einen Knoten in der Mitte getrennt sind. Diese Mode hat die doppelte Frequenz der tiefsten Mode, und so weiter.

Die Frequenzen dieser Schwingungsmoden der Saite bilden das Spektrum:

$$\sum_n f_n = \sum_n \frac{nv}{2l},$$

wobei f_n die Frequenz der n-ten Mode, l die Länge der Saite und v die Ausbreitungsgeschwindigkeit einer Transversalwelle auf dieser Saite ist. Analog ist das Spektrum der elektrischen Schwingungsmoden in dem Draht durch

$$\sum_n f_n = \sum_n \frac{nv}{2l}$$

gegeben, wobei v die Ausbreitungsgeschwindigkeit einer Spannungswelle in dem Draht ist. Das Problem ist nun, herauszufinden, wieviele dieser Moden in dem Frequenzbereich enthalten sind, auf den unser Voltmeter anspricht. Jede dieser Moden enthält aufgrund der thermischen Bewegung der Elektronen eine mittlere Energie $\frac{1}{2}kT$. Die schwankende Spannung am Voltmeter erhält man durch eine Summation, die erstmals 1928 von H. Nyquist durchgeführt wurde. Das Ergebnis lautet

$$\overline{U^2} = 4kTR\Delta f. \tag{15.2}$$

Dabei ist $\overline{U^2}$ das mittlere Quadrat der Spannung, R der Widerstand des Drahtes und Δf die Breite des Frequenzbandes, auf das das Voltmeter anspricht. Im gleichen Jahr bestätigte J.B. Johnson experimentell die Abhängigkeit der thermischen Rauschspannung vom Widerstand des Elements, sei es ein Metalldraht, ein Kohlefaden oder eine Elektrolytlösung in Wasser. Die obige Formel gilt für Frequenzen im hörbaren Bereich, im Radiowellen- und im Mikrowellenbereich; sie muß jedoch modifiziert werden, wenn die Frequenz so hoch ist, daß die Quantenenergie hf der Oszillationen mit kT vergleichbar wird. Die vollständige Formel erhält man, indem man in Gleichung (15.2) kT durch $hf/(e^{hf/kT} - 1)$ ersetzt:

$$\boxed{\overline{U^2} = \frac{4Rhf}{e^{hf/kT} - 1} \Delta f.} \tag{15.3}$$

Ein Beispiel gibt Ihnen ein Gefühl für die Größenordnungen: Ein ideales Wechselspannungsmeßgerät, das in einem Frequenzbereich der Breite 1 MHz anspricht, mißt bei Raumtemperatur an einem 1000-Ω-Widerstand eine thermische Rauschspannung von 4 μV.

Es ist die ganze Zeit von idealen Voltmetern die Rede. So etwas gibt es natürlich nicht. Alle Voltmeter haben endlichen Widerstand (je höher, desto besser), und jeder Versuch, thermische Rauschspannungen mit einem wirklichen Voltmeter zu messen, wird durch das thermische Rauschen im Gerät selbst erheblich erschwert!

Beispiel 15.2. Ein Experimentator versucht, die thermische Rauschspannung eines Widerstandes $R = 1\,\mathrm{M\Omega}$ mit Hilfe eines Wechselspannungsmeßgerätes mit dem Innenwiderstand $R_\mathrm{i} = 20\,\mathrm{K\Omega}$ zu messen. Was liest er ab?

Nach Gleichung (15.2) liegt am Widerstand die Rauschspannung $\sqrt{4kTR\Delta f}$ an. Daraus ergibt sich als Stromstärke $\sqrt{4kTR\Delta f}/(R + R_\mathrm{i})$. Das Voltmeter zeigt dann die Spannung $R_\mathrm{i}\sqrt{4kTR\Delta f}/(R + R_\mathrm{i})$ an, also $R_\mathrm{i}/(R + R_\mathrm{i})$ mal der Leerlaufrauschspannung des Widerstandes. Hier ist $R_\mathrm{i} = 20\,\mathrm{k\Omega}$ und $R = 1\,\mathrm{M\Omega}$, also $R_\mathrm{i}/(R + R_\mathrm{i}) = 20\,000/1\,020\,000 = 1/51$. Das Voltmeter zeigt nur einen geringen Bruchteil der Leerlaufrauschspannung des Widerstandes an. Nur wenn der Widerstand des Meßgerätes erheblich größer als R ist, kann man damit die Rauschspannung richtig bestimmen.

Thermisches Rauschen ist ein wesentlicher begrenzender Faktor beim Empfang sehr schwacher Radiosignale. So wie man Sterne nicht in der Helligkeit des Tageshimmels erkennen kann, kann auch ein Radiosignal nicht erkannt werden, wenn es schwächer als das allgegenwärtige Rauschen ist. Die Sensitivität von Radioempfängern kann jedoch, wie man an Gleichung (15.2) sieht, auf zwei Arten verbessert werden. Erstens kann man das Frequenzband des Empfängers auf den Bereich einschränken, in dem empfangen werden soll. Dadurch schließt man einen großen Anteil des Rauschens aus. Zweitens kann man den Teil des Empfängers kühlen, der für das Rauschen hauptsächlich verantwortlich ist. Das ist normalerweise der Gitterwiderstand in der ersten Stufe des Vorverstärkers.

15.4 Akustisches thermisches Rauschen

Akustisches Rauschen gibt es immer. Die zufälligen Schwankungen des Luftdrucks am Trommelfell führen auch in Abwesenheit von Schallquellen zu Schwingungen des Trommelfells in einem breiten Frequenzbereich. Diese Schwingungen liegen gerade unter der Hörschwelle und stören daher nicht. Wäre das menschliche Ohr jedoch nur um eine Größenordnung sensitiver, so würde uns ständig ein sanftes Rauschen begleiten.

Es ist frustrierend zu erkennen, daß man keine Messung des akustischen thermischen Rauschens mit Geräten vornehmen kann, die die gleiche Temperatur wie die Luft haben. Wie soll man Rauschen messen mit einem Gerät, das selber rauscht?

15.5 Optisches thermisches Rauschen: Schwarzkörperstrahlung

Wie in mechanischen, elektrischen und akustischen Systemen führt auch in optischen Systemen die Wärmebewegung der Atome und Moleküle zu thermischem

15.5 Optisches thermisches Rauschen: Schwarzkörperstrahlung

Rauschen. Jede Oberfläche strahlt Energie ab mit einer Rate, die der Temperatur der Oberfläche entspricht. Stellen Sie sich einen geschlossenen Raum vor, dessen Decke, Wände und Boden die Temperatur T haben. Der Raum ist von Strahlung erfüllt, deren spektrale Energiedichte im thermischen Gleichgewicht mit den Oberflächen durch das klassische Rayleigh-Jeans-Gesetz beschrieben wird:

$$\rho = \frac{8\pi f^2 kT \Delta f}{c^3} \,. \tag{15.4}$$

Dabei ist ρ die Strahlungsenergie pro Volumen im Frequenzbereich Δf, h ist das Plancksche Wirkungsquantum, f die mittlere Frequenz des Bereichs Δf und c die Lichtgeschwindigkeit. Diese Spektralverteilung der thermischen Rauschstrahlung zeigen die geradlinigen Bereiche der Kurve im linken Teil von Abb. 15.2. Diese Formel stimmt bis zum infraroten Bereich des Spektrums gut mit dem Experiment überein. Sie wird jedoch wertlos, wenn die Quantenenergie hf der Strahlung größer als kT ist. Gleichung (15.4) sagt voraus, daß die Energiedichte mit steigender Frequenz immer weiter steigt. Da die Energiedichte offensichtlich nicht gegen unendlich gehen kann, muß man die Formel für hohe Frequenzen modifizieren. Eine solche Modifikation führte Max Planck im Jahre 1900 ein, indem er kT durch $hf/(e^{hf/kT} - 1)$ ersetzte:

$$\boxed{\rho = \frac{8\pi^2 h f^3}{c^3(e^{hf/kT} - 1)} \Delta f \,.} \tag{15.5}$$

Strahlung mit dieser spektralen Energieverteilung wird als Schwarzkörperstrahlung bezeichnet. Die Quantenvorstellung, auf der Plancks Herleitung beruhte, leitete zu Anfang des zwanzigsten Jahrhunderts den Übergang von der

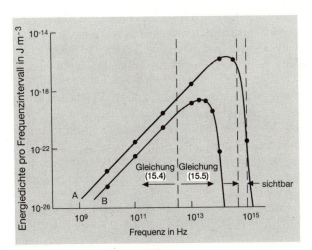

Abb. 15.2. Die Energiedichte der Schwarzkörperstrahlung bei zwei verschiedenen Temperaturen, bei tiefen Frequenzen nach dem Rayleigh-Jeans-Gesetz, bei hohen Frequenzen nach dem Planckschen Gesetz berechnet. A: 3000 K; B: 300 K.

klassischen Physik zur „modernen" Physik ein. Im rechten Teil von Abb. 15.2 wurden die Kurven nach der Planckschen Formel berechnet.

Jede optische Messung findet in Gegenwart der Hintergrundstrahlung der Umgebung statt. Wenn man einen Raum völlig verdunkeln würde und der Raum und sein ganzer Inhalt eine gleichförmige Temperatur hätten, wäre es unmöglich, irgendeinen Gegenstand in dem Raum durch seine eigene oder von ihm reflektierte Strahlung zu entdecken. Nur wenn der Gegenstand wärmer oder kälter als seine Umgebung wäre, könnte ein optisches Gerät ihn in einem verdunkelten Raum orten.

15.6 Thermisches Rauschen: Zusammenfassung

Wir haben gesehen, daß das thermische Rauschen in vielen Bereichen der Physik eine Rolle spielt, vor allem in den Bereichen, in denen es um kleinste Teilchen geht. In diesem Buch haben wir versucht, Phänomene so darzulegen, daß ihr Auftreten in der Mechanik, der Akustik, der Elektrizitätslehre und der Wärmelehre durch eine einzige Gleichung beschrieben werden kann. Die Theorie des thermischen Rauschens haben wir dagegen in etwa so beschrieben, wie sie sich klassisch entwickelt hat. Es dürfte keine Überraschung mehr sein, daß in allen dargelegten Gleichungen das Produkt kT vorkommt. Die Quintessenz der vorangehenden Abschnitte ist, daß das thermische Rauschen der Meßgenauigkeit in allen Bereichen eine prinzipielle Grenze setzt.

15.7 Andere Arten von Rauschen

Es soll nicht der Eindruck erweckt werden, daß thermisches Rauschen die einzige Form von Rauschen sei, die in der Natur vorkommt. Wir betrachten daher eine weitere Form des Rauschens, die auf der Quantelung der Ladung in elektrischen Systemen und der Quantelung der Strahlungsenergie in optischen Systemen beruht.

Stellen Sie sich vor, Wasser würde nur in ganzzahligen Vielfachen eines Kubikzentimeters vorkommen. Es würde dann aus einem Rohr nicht in einem kontinuierlichen, beliebig zerteilbaren Strom fließen, sondern in Klumpen zu je einem Kubikzentimeter herausfallen. Der „Fluß" des Wassers hätte statistische Eigenschaften: Wenn er zum Beispiel auf einen langzeitlichen Mittelwert von einem Liter pro Sekunde eingestellt wäre, würden vielleicht in einer Sekunde 997 Kubikzentimeter Wasser ankommen. In der nächsten Sekunde wären es dann vielleicht 1002 Kubikzentimeter, und so weiter. Die pro Sekunde ankommende Wassermenge wäre aufgrund der Quantisierung des Wassers ständigen Schwankungen unterworfen.

Elektrische Ladung tritt in quantisierten Paketen von je einer Elektronenladung auf. Betrachten wir den Stromkreis in Abb. 15.3a, der aus einer Batterie, einer Vakuumdiode, einem idealen, rauschfreien Gleichstrommeßgerät und ei-

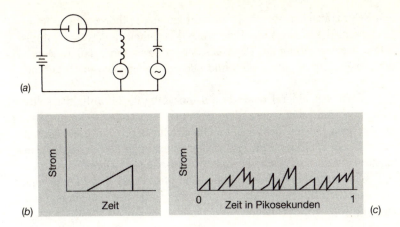

Abb. 15.3. Wenn ein einzelnes Elektron die Diode im Stromkreis (**a**) durchquert, verursacht es (**b**) eine Stromspitze. (**c**) Ein Gleichstrom von 1 µA weist aufgrund der Ladungsquantelung mikroskopische Fluktuationen auf.

nem idealen, rauschfreien Wechselstrommeßgerät besteht. Jedes Elektron, das das Vakuum in der Diode durchquert, erzeugt eine sägezahnförmige Stromspitze, während es von der Kathode zur Anode beschleunigt wird (Abb. 15.3b). Die Fläche unter dieser Spitze ist durch die Ladung des Elektrons gegeben.

Nehmen wir an, es wird ein Gleichstrom von 1 µA eingestellt, was einem Fluß von ungefähr $6 \cdot 10^{12}$ Elektronen in jeder Sekunde entspricht. Die Elektronen kommen in dieser einen Sekunde zufällig an, und wenn man die Ankunftsrate Mikrosekunde um Mikrosekunde untersuchen könnte, würde man erhebliche Schwankungen feststellen. Diese Schwankungen wirken sich als ein dem Gleichstrom überlagerter Wechselstrom aus. Für die Amplitude dieses Wechselstromes ergibt sich

$$\overline{i^2} = 2eI\Delta f \ . \tag{15.6}$$

Dabei ist e die Ladung eines Elektrons, I der über lange Zeit gemittelte Gleichstrom und Δf der Frequenzbereich, in dem die Schwankung gemessen wird. Bei der Herleitung dieser Gleichung geht man davon aus, daß die Dichte der Elektronen im Raum zwischen den Elektroden so klein ist, daß die Bewegung eines Elektrons nicht durch die Ladung anderer Elektronen beeinflußt wird. Die Formel gilt für Frequenzen unterhalb der Frequenz, die der Zeit entspricht, die ein Elektron zum Durchqueren der Röhre braucht.

Die Amplitude des Wechselstromanteils in einer Diode, durch die ein Gleichstrom von 1 A fließt, beträgt bei einem Frequenzbereich zwischen 0 und 1 MHz ungefähr 0.5 µA. Diese Art Rauschen bezeichnet man als Schrotrauschen. Beachten Sie, daß in Gleichung (15.6) kein kT vorkommt. Da es die Quantelung der Ladung und nicht die Wärmebewegung ist, die zum Schrotrauschen führt, ist das nicht verwunderlich.

Wenn man Schrotrauschen verstärkt und auf einen Kopfhörer gibt, hört es sich wie das Prasseln des Regens an. Beim Regen kommen die stetige Amplitude und die Frequenzverteilung des Prasselns dadurch zustande, daß Tausende einzelne Regentropfen zufällig aufprallen und alle das gleiche Geräusch hervorrufen.

Da Licht in Form einzelner Photonen auf eine Oberfläche auftrifft, sollte es nicht überraschen, daß Licht, sogar „stetiges" Licht, statistische Intensitätsschwankungen aufweist. Wenn Licht auf die Oberfläche einer photoelektrischen Diode fällt, entsteht ein zufälliger Fluß emittierter Elektronen. Dem Gleichstrom in der Photozelle ist also ein Wechselstromanteil überlagert. Dieses Rauschen läßt sich durch Gleichung (15.6) beschreiben. Die photoelektrische Diode unterscheidet sich von der Glühemissionsdiode nur durch den Mechanismus, über den Elektronen die Kathode verlassen.

Übungen

15.1 Ein 1-MΩ-Widerstand in einer thermisch isolierten Kammer wird in einem ansonsten widerstandsfreien Stromkreis mit einem 1-Ω-Widerstand außerhalb der Kammer verbunden. Der größere Widerstand erzeugt eine höhere Rauschspannung als der kleinere. Wenn er nun seine Rauschenergie an den kleineren Widerstand abgeben würde, würde er sich abkühlen und die Kammer in einen Kühlschrank verwandeln. Warum passiert das nicht?

15.2 Beachten Sie, daß nach Gleichung (15.6) mit steigendem Gleichstrom auch das Schrotrauschen stärker wird. Sollte man nicht das Gegenteil erwarten, da der größere Gleichstrom eine stärkere Glättung der Schwankungen ermöglicht?

15.3 Die elektrostatische Abstoßung der Elektronen im Elektronengas eines Metalls wird im Mittel durch die positiven Ionen ausgeglichen. In dem Gas befinden sich aber etwa 10^{23} Elektronen pro Kubikzentimeter. Jedes gewöhnliche Gas würde bei solchen Teilchendichten einen enormen Druck ausüben. Warum wird das Metall nicht durch diesen Druck auseinandergerissen?

15.4 Bestimmen Sie die Zeit, die ein Elektron braucht, um bei einer Spannung von 100 V von der Kathode zur 1 cm entfernten Anode zu gelangen, und berechnen Sie, wie viele Elektronen sich im Mittel zu jedem Zeitpunkt zwischen den Elektroden aufhalten.

15.5 Zeigen Sie durch graphische Integration der unteren Kurve in Abb. 15.2, daß die gesamte Strahlungsenergiedichte in einem Raum bei 300 K im thermischen Gleichgewicht ungefähr $6 \cdot 10^{-6}\,\mathrm{J\,m^{-3}}$ beträgt.

15.6 Rechnen Sie anhand der Kurven in Abb. 15.2 nach, daß das Produkt aus der Wellenlänge mit maximaler Energiedichte und der absoluten Temperatur eine Konstante ist. Diese Beziehung führt den Namen *Wiensches Verschiebungsgesetz*.

15.7 Bestimmen Sie die Konstante in Übung 15.6 und benutzen Sie sie zur Berechnung der Oberflächentemperatur der Sonne, deren Strahlung bei einer Wellenlänge von $5 \cdot 10^{-7}$ m maximal ist.

15.8 Ein Radiosignal der Stärke 1 µV wird auf den Eingang eines Radioempfängers gegeben, dessen Eingangswiderstand 1 kΩ beträgt. Der Empfänger hat eine Bandbreite von 100 kHz. Ist das Signal trotz des Empfägerrauschens zu erkennen?

15.9 Ein Pollenstaubkorn mit der Dichte $1.0\,\text{g cm}^{-3}$ und dem Radius 0.01 mm wird bei Raumtemperatur in Wasser (Viskosität $10^{-3}\,\text{N s m}^{-2}$) durch ein Mikroskop beobachtet. Wie lange sollte es ungefähr dauern, bis das Korn durch Brownsche Bewegung um 0.1 mm gewandert ist?

16. Strahlungsdruck

> Das Hauptziel der Physik ist es, ein Maximum an Phänomenen durch ein Minimum an Variablen zu beschreiben.
>
> *CERN Courier*

16.1 Einleitung

Haben Sie je das Gefühl gehabt, gegen das Sonnenlicht wie gegen einen starken Wind ankämpfen zu müssen? Natürlich nicht. Doch nach Maxwells epochemachender elektromagnetischer Theorie des Lichts trägt Licht Energie und Impuls: Wenn Licht auf einen Gegenstand fällt, übt es eine Kraft aus, die aber verschwindend gering ist. Eine ebene elektromagnetische Welle übt auf eine absorbierende Fläche pro Flächeneinheit die Kraft ϵE^2 aus. Dabei ist ϵ die Dielektrizitätskonstante des absorbierenden Materials und E die Amplitude des elektrischen Feldes. Wenn E einige Volt pro Meter beträgt, ist ϵE^2 ungefähr $10^{-9}\,\mathrm{N\,m^{-2}}$. (Zum Vergleich: In einer normalen Unterhaltung fängt das Ohr Schalldruckänderungen in der Größenordnung von $4 \cdot 10^{-2}\,\mathrm{N\,m^{-2}}$ auf.)

Sir William Crookes glaubte 1873, den Strahlungsdruck in einem teilweise evakuierten Gefäß gemessen zu haben, doch es stellte sich heraus, daß sein Radiometer nicht auf Strahlungsdruck, sondern auf die Wärmebewegung der Moleküle reagierte. Das kleine Windmühlenspielzeug, dessen Flügel sich im Sonnenlicht drehen, beruht *nicht* auf Strahlungsdruck; das Drehmoment rührt vielmehr daher, daß die Gasmoleküle von der geschwärzten und daher wärmeren Oberfläche mit größerer Impulsänderung zurückgeworfen werden als von der anderen, polierten Seite der Flügel. Diese Kräfte sind um vier bis fünf Größenordnungen stärker als die Kraft des Strahlungsdruckes. Sie müssen ausgeschaltet oder abgezogen werden, wenn wirklich der Strahlungsdruck gemessen werden soll.

Nichols und Hull gelang es 1902-3, den Strahlungsdruck auf einen von zwei Spiegeln an einem Torsionsfaden zu bestimmen. Diese Bestätigung der elektromagnetischen Theorie war befriedigend, doch Poynting war mit vielen anderen der Meinung, daß die Winzigkeit dieser Lichtkräfte „sie in irdischen Angelegenheiten nicht in Betracht kommen läßt". Seit der Erfindung des Lasers im Jahre 1960 gibt es jedoch Lichtquellen, die durch Strahlungsdruck auf kleine Partikel Beschleunigungen bis zum Millionenfachen der Erdbeschleunigung bewirken können. Interessante Anwendungen des Strahlungsdruckes sind nun möglich geworden.

16.2 Elektromagnetischer Strahlungsdruck

Welche physikalischen Vorgänge liegen dem Druck elektromagnetischer Strahlung auf eine absorbierende oder reflektierende Oberfläche zugrunde? In einem Wellenzug, der sich von Ihnen fortbewegt (Abb. 16.1), stehen die elektrischen und magnetischen Wechselfelder senkrecht aufeinander und auf der Ausbreitungsrichtung. Wenn dieser Wellenzug auf eine absorbierende Oberfläche trifft, werden die Elektronen in den Oberflächenschichten vom elektrischen Feld beschleunigt. Die Elektronen bewegen sich daraufhin im magnetischen Feld der Welle, was dazu führt, daß ihre Bahnen zur Ausbreitungsrichtung hin gekrümmt sind. Bei ihrer nächsten Kollision übertragen die Elektronen ihren Vorwärtsimpuls auf den Festkörper und üben somit einen Druck auf ihn aus. Wenn man anstatt einer ideal absorbierenden Oberfläche eine ideal *reflektierende* Oberfläche betrachtet, verdoppelt sich der übertragene Impuls, und damit auch der Strahlungsdruck.

Die Stärke dieses Druckes kann aus den Maxwellschen Feldgleichungen bestimmt werden, doch aus der Arbeit von G.F. Hull ergibt sich folgende einfachere Herleitung[1]: Stellen Sie sich einen Wellenzug mit einer Querschnittsfläche von einem Quadratmeter und der Länge $(c+v)\Delta t$ vor. Er fällt senkrecht auf einen Spiegel, der sich den Wellen mit der Geschwindigkeit v entgegenbewegt (Abb. 16.2). Nach der Zeit $\Delta t = 1\,\text{s}$ sind diese Wellen alle am Spiegel einge-

---

[1] G.E. Henry: Radiation pressure, Scientific American **196** 99–108 (1957)

P. Lebedev: Pressure of light, International Physical Congress, Paris **2** 133–40 (1900)

E.F. Nichols und G.F. Hull: Pressure due to radiation, Am. Acad. Sci. Proc. **38** (20) 559–99 (1903)

X. Zernov: Absolute measures of sound intensity, Ann. Phys. (New York) **21** (1) 131–40 (1906)

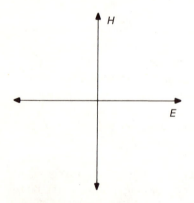

Abb. 16.1. Elektrisches und magnetisches Feld einer elektromagnetischen Welle stehen senkrecht aufeinander.

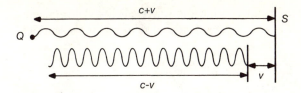

Abb. 16.2. Der Spiegel S bewegt sich nach links und komprimiert den reflektierten Wellenzug.

troffen, und die erste Welle hat nach der Reflexion von der Anfangsposition des Spiegels den Weg c zurückgelegt. Sie hat also am Ende der Sekunde den Abstand $c - v$ vom Spiegel. Durch die Reflexion wurden die Wellen somit um den Faktor $(c-v)/(c+v)$ gestaucht. Ihre Frequenz wurde folglich um den Faktor $(c+v)/(c-v)$ erhöht. Die Energie des einfallenden Wellenzugs ist seiner Frequenz proprtional und wurde daher um den gleichen Faktor erhöht. Dieser Energiegewinn ist die Arbeit, die der Spiegel über den Abstand v gegen den Strahlungsdruck P_r geleistet hat:

$$E\frac{c+v}{c-v} - E = P_\mathrm{r} v . \tag{16.1}$$

Mit $v \ll c$ erhalten wir

$$P_\mathrm{r} = \frac{2E}{c-v} \simeq \frac{2E}{c} . \tag{16.2}$$

Da E/c die Energiedichte u des einfallenden Wellenzuges ist, ergibt sich

$$\boxed{P_\mathrm{r} = 2u} . \tag{16.3}$$

Der Strahlungsdruck auf eine *reflektierende* Oberfläche ist also die zweifache Energiedichte der einfallenden Strahlung. Auf eine *absorbierende* Oberfläche wirkt die Hälfte dieses Druckes:

$$\boxed{P_\mathrm{a} = u} . \tag{16.4}$$

Beispiel 16.1. Berechnen Sie die Kraft, die das Sonnenlicht bei senkrechtem Einfall auf einen Quadratmeter der Erdoberfläche ausübt. Nehmen Sie vollständige Absorption an. Die Solarkonstante σ (die Rate, mit der Sonnenenergie bei senkrechtem Einfall und mittlerem Abstand zwischen Sonne und Erde auf einen Quadratmeter außerhalb der Erdatmosphäre fällt) beträgt $1350\,\mathrm{J\,m^{-2}\,s^{-1}}$.

Nach Gleichung (16.4) ist der Strahlungsdruck P_a auf eine ideal absorbierende Oberfläche durch die Strahlungsdichte u gegeben:

$$P_\mathrm{a} = u = \frac{\sigma}{c} = \frac{1350\,\mathrm{J\,m^{-2}\,s^{-1}}}{3\cdot 10^8\,\mathrm{m\,s^{-1}}} = 4.5 \cdot 10^{-6}\,\mathrm{N\,m^{-2}} .$$

In der klassischen Elektrodynamik wohnt die Energiedichte elektromagnetischer Strahlung je zur Hälfte dem elektrischen und dem magnetischen Feld inne:

$$u = \frac{1}{2}\epsilon_0 E^2 + \frac{1}{2}\mu_0 H^2 \; .$$

Der Strahlungsdruck P_r auf eine ideal reflektierende Oberfläche kann daher auch

$$\boxed{P_\mathrm{r} = \epsilon_0 E^2} \tag{16.5}$$

geschrieben werden. Eine noch einfachere Herleitung des elektromagnetischen Strahlungsdrucks beruht auf der Vorstellung von Strahlungsquanten. Ein Photon des Lichts trägt die Energie hf, wobei h das Plancksche Wirkungsquantum und f die Frequenz ist. Nach der Einsteinschen Beziehung zwischen Masse und Energie hat das Photon eine Masse von hf/c^2 und einen Impuls hf/c. Der Gesamtimpuls in einem Strahl mit Querschnittsfläche $1\,\mathrm{m}^2$ und Länge c ist also Nhf, wenn N die Anzahl Photonen pro Einheitsvolumen ist. Diesen Impuls überträgt die Strahlung pro Sekunde auf eine absorbierende Oberfläche. Der pro Sekunde und Einheitsfläche übertragene Impuls ist aber gerade der Strahlungsdruck, der sich also zu $P_\mathrm{a} = Nhf$ ergibt. Das ist auch die Energiedichte des Strahls.

16.3 Messung des Lichtdrucks

Die Messung des Strahlungsdruckes ohne störende thermische Einflüsse gelang erstmals 1901 P.N. Lebedev in Rußland und 1902–3 E.F. Nichols und G.F. Hull in den USA. Letztere bestätigten mit einer Genauigkeit von 6% die Maxwellsche Voraussage, daß der Strahlungsdruck gleich der Energiedichte des Lichts ist.

Die von Nichols und Hull benutzte Torsionswaage ist in Abb. 16.3 schematisch dargestellt. Zwei dünne Glasscheiben, C und D, die beide auf einer Seite versilbert sind, hängen an einem dünnen horizontalen Glasstab. Dieser Stab hängt an einer feinen Quarzfaser (ab) unter einer Glasglocke. Die Torsionskonstante der Faser wird aus ihrer Schwingungsfrequenz bestimmt. Wenn nun Licht auf eine der Scheiben fällt, kann die Kraft und damit der Strahlungsdruck berechnet werden. Die Experimentatoren führten ihre Messungen bei immer tieferen Drücken aus und zogen rechnerisch den Effekt der verbleibenden Gasatome und der geringfügigen Absorption des Silbers ab.

16.4 Strahlungsdruck mechanischer Wellen

Wie Sie sich vielleicht schon denken, hat der Druck, den elektromagnetische Wellen (z. B. sichtbares Licht) auf eine Oberfläche ausüben, ein Gegenstück bei anderen Arten von Wellen. Zum Beispiel werden Gegenstände, die im Ozean vor der Küste schwimmen, von den Wellen an den Strand getragen. Ein Ring auf einer gespannten Wäscheleine bewegt sich entlang der Leine, wenn sich auf dieser in nur einer Richtung Wellen ausbreiten.

Wir wollen die Physik des schwimmenden Gegenstandes mit Hilfe der oberen Skizze in Abb. 16.4 zu verstehen versuchen. Hier sind acht verschiedene Positionen des Gegenstandes dargestellt, die in einer Wellenperiode nacheinander von A bis A' durchlaufen werden. In den Positionen D, E und F wird der Gegenstand nach *oben* beschleunigt, in den Positionen H, A und B dagegen nach *unten*. Diese Beschleunigungen, und damit die entsprechenden Kräfte, sind durch Vektorpfeile dargestellt. Die Vektoren bei B und F enthalten Komponenten, die den schwimmenden Gegenstand in Richtung der Wellenausbreitung nach rechts beschleunigen. Die Vektoren bei D und H haben jedoch den gleichen Betrag wie die Vektoren bei B und F; sie stellen ebenso starke, aber entgegengesetzte Kräfte dar. Warum bewegt sich dann aber der Gegenstand im Mittel über eine Periode nach rechts?

In dieser Beschreibung haben wir vergessen, daß der schwimmende Gegenstand ein Oszillator ist, der durch die Wellen zu erzwungenen Schwingungen angeregt wird. Durch die Beschleunigungen, die er erfährt, schwimmt er auf einem Wellenberg etwas höher im Wasser als in einem Wellental. Wie bei allen erzwungenen Schwingungen (siehe Abschnitt 6.5) eilt seine Bewegung der Anregung nach, in diesem Fall also der Bewegung der Wasseroberfläche. Am höchsten schwimmt der Gegenstand nicht bei den Wellenbergen A und A', son-

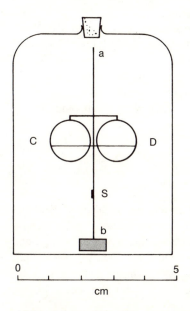

Abb. 16.3. Nichols und Hull benutzten zur Messung des Strahlungsdrucks zwei an einer Faser (ab) aufgehängte Glasscheiben (C und D). Der Drehwinkel wurde mit einem Lichtstrahl ermittelt, der am Spiegel S reflektiert wurde.

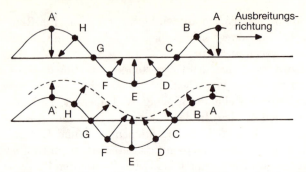

Abb. 16.4. Oben: Ein schwimmender Gegenstand erfährt Beschleunigungen, die durch diese Vektoren beschrieben werden. Unten: Diese Vektoren zeigen die Auftriebskräfte, die auf den Gegenstand wirken.

dern etwa am Punkt B. Ebenso liegt er nicht bei E am tiefsten im Wasser, sondern etwa bei F.

Wenn wir das bedenken, merken wir, daß die obere Skizze in Abb. 16.4 die Situation falsch wiedergibt. Wenn wir stattdessen die Auftriebskräfte darstellen, erhalten wir die untere Skizze. Aufgrund der Phasenverschiebung zwischen der Bewegung des Gegenstandes und der Bewegung der Wasseroberfläche sind die Auftriebskräfte auf der ansteigenden Seite der Wellenfront bei F, G und H größer als die Kräfte auf der anderen Seite bei B, C und D. Da erstere den Gegenstand in der Ausbreitungsrichtung der Welle beschleunigen, wird er, über eine Periode gemittelt, von der Welle mitgetragen.

Diese Betrachtung ergibt keine quantitative Abschätzung der im Mittel auf den Gegenstand wirkenden horizontalen Kraft. Larmor[2] und Lord Rayleigh[3] analysierten zur gleichen Zeit den Fall eines Wellenzuges auf einer Saite, der auf einen Ring eine longitudinale Kraft ausübt. Auf verschiedenen Wegen zeigten sie, daß die Kraft auf den Ring gleich der gesamten (einfallenden und reflektierten) Längendichte der Wellenenergie vor dem Ring ist. Die Analogie mit der elektromagnetischen Strahlung ist damit komplett.

16.5 Schalldruck

Wir werden in diesem Abschnitt eine Analogie finden, die nicht ganz exakt ist. Wenn sich elektromagnetische Strahlung im Vakuum ausbreitet, ist die Wellengeschwindigkeit unabhängig von Amplitude und Frequenz. Das gilt nicht, wenn sich Wellen in einem dispersiven Medium ausbreiten, und es gilt auch nicht für Schallwellen in Luft. Die Wellengeschwindigkeit hängt ein wenig von der Amplitude ab; daher ändern die Wellen bei der Ausbreitung ihre Form.

---

[2] J. Larmor: Encyclopaedia Britannica, 10. Auflage, Vol. **32**, p. 121 (1902)
[3] Baron Rayleigh: Phil.Mag. **III** 338–46 (1902), nachgedruckt in *Scientific Papers by John William Strutt, Baron Rayleigh* (Cambridge University Press, Cambridge 1912)

Für den Schalldruck leitete Rayleigh folgenden Ausdruck her:

$$P = \frac{1}{2}(\gamma + 1)E \,.\qquad(16.6)$$

Dabei ist E die Volumendichte der Energie vor der Oberfläche, P ist der mittlere Druck und γ ist das Verhältnis der spezifischen Wärmekapazitäten (siehe Abschnitt 14.3). Auf diese Formel kam Rayleigh, indem er zunächst einen allgemeinen Ausdruck für den mittleren Druck und das Volumen eines Abschnitts des Mediums herleitete. Wenn man die Beziehung $pv^\gamma = $ const für adiabatische Vorgänge einsetzt, erhält man den obigen Ausdruck für P. Der γ-Faktor in Rayleighs Gleichung wurde später von C. Schaefer angezweifelt.[4] Er ersetzte γ durch 1 und erhielt

$$P = E \,.\qquad(16.7)$$

Rayleigh erwähnte[5], daß die Diskrepanz zwischen $P = \frac{1}{2}(\gamma+1)E$ und $P = E$ mit denselben Ursachen zusammenhängt, die auch zur Änderung der Wellenform bei der Ausbreitung führen.

Zernov führte Messungen durch, um herauszufinden, welche der Formeln den Schalldruck besser beschreibt. Bei einer Frequenz von 512 Hz und einer sehr hohen Energiedichte um $0.05\,\mathrm{J\,m^{-3}}$ fand er, daß $P = \frac{1}{2}(\gamma + 1)E$ mit einer Genauigkeit von 3% die Drücke lieferte, die er mit seinem Schwingungsmanometer maß.

16.6 Auswirkungen des Strahlungsdrucks

Obgleich der Strahlungsdruck meist im Vergleich zu anderen makroskopischen Kräften sehr gering ist, gibt es einige Situationen, in denen er zu beobachtbaren Effekten führt. Einige solche Situationen wollen wir nun untersuchen.

Kometenschweife. Kometen sind Körper, die sich in Umlaufbahnen um die Sonne befinden. Sie bestehen gewöhnlich aus einer Gaswolke, einem helleren Kern und einem weniger hellen Schweif. Man vermutet, daß der Schweif aus Gasmolekülen und kleinen Partikeln besteht, die durch die Sonneneinstrahlung vom Kern des Kometen verdampfen. Kometenschweife zeigen von der Sonne *weg*, und der Schweif liegt in der Bahnebene des Kometen : er ist zweidimensional. Wahrscheinlich vermutete erstmals Johannes Kepler, daß Licht einen Druck ausüben könnte, als er 1619 postulierte, daß es der Druck des Sonnenlichts sei, der die Teilchen im Kometenschweif ausrichtet. Obwohl Keplers Annahme einige Kometenschweife erklärt (die von den Astronomen als Typ I bezeichneten, die sich durch lange, dünne Lichtstreifen auszeichnen), trägt wahrscheinlich auch

---
[4]C. Schaefer: Ann. Phys. (Leipzig) **35** 473–91 (1939)
[5]Baron Rayleigh: Phil. Mag. **10** 364 (1905)

Teilchenstrahlung, größtenteils Elektronen, zu der starken Kraft auf den Kometenschweif bei.

Interplanetarer Staub. Betrachten wir ein interplanetares Staubpartikel in einer stabilen Umlaufbahn um die Sonne. Die Bewegungsgleichung für dieses Partikel enthält die Gravitationskraft der Sonne und der Planeten, den radialen Druck des Sonnenlichts und den Rückstoß durch die von dem Partikel in alle Raumrichtungen ausgesandte Strahlung. Zunächst würde man meinen, daß der nach außen gerichtete Strahlungsdruck der Sonne das Teilchen immer weiter aus dem Sonnensystem heraustragen würde. Erstaunlicherweise durchläuft das Partikel jedoch eine nach *innen* gerichtete Spirale!

J.H. Poynting erkannte 1920, daß die Erklärung in den Absorptions- und Emissionsprozessen zu suchen ist. Das Partikel absorbiert Licht und Wärme von der Sonne und strahlt gleichmäßig in alle Richtungen Photonen ab. Im Bezugssystem der Sonne sind jedoch die Photonen, die in Vorwärtsrichtung entlang der Umlaufbahn des Partikels emittiert werden, durch den Dopplereffekt zu höheren Frequenzen hin verschoben, die nach hinten emittierten dagegen zu niedrigeren Frequenzen. Die Energiedichte vor dem Partikel ist somit größer als die Energiedichte dahinter, und das Partikel erfährt einen tangentialen Strahlungsdruck, der seine Bahnenergie aufzehrt. Es fällt daher nach innen und wird von der Sonne verschluckt. Der größte Teil des interplanetaren Staubes, der bei der Entstehung des Sonnensystems vorhanden war, ist längst durch diesen Prozeß verschwunden.

Quasare. Man vermutet, daß unter bestimmten Bedingungen der Strahlungsdruck die dominierende Kraft in Gas- und Staubwolken in der Nähe quasistellarer Objekte (Quasare) ist. Die Gravitationskraft auf ein (kugelförmiges) Teilchen ist seiner Masse proportional, also der dritten Potenz des Radius. Der Strahlungsdruck dagegen ist der Oberfläche, also dem Quadrat des Radius proportional. Wenn ein solches Teilchen in der Nähe einer Gravitations- und Strahlungsquelle freigesetzt wird, wird es abgestoßen, wenn sein Radius unter einem bestimmten kritischen Wert liegt; ist es dagegen größer, so wird es angezogen. Da in der Newtonschen Theorie sowohl der Strahlungsdruck als auch die Gravitationskraft mit dem Kehrwert des Abstandsquadrates abfallen, ändert sich daran mit der Entfernung nichts, und das Teilchen wird entweder für immer fortgetrieben oder verschluckt.

Unter Anwendung der allgemeinen Relativitätstheorie zeigte P.D. Nordlinger, daß die Kraft des Strahlungsdrucks stärker mit dem Abstand von der Quelle abnimmt als die Gravitationskraft. Ein Teilchen, das zunächst abgestoßen wird, gelangt demnach an eine Stelle, an der sich die beiden Kräfte gegenseitig aufheben. Es verharrt dann in diesem Gleichgewichtsabstand und kehrt dorthin zurück, wenn es ausgelenkt wird.

Satellitenumlaufbahnen. Für einen Erdsatelliten auf einer Umlaufbahn, die nicht durch den Erdschatten verläuft, oder aber auf einer kreisförmigen Umlaufbahn, ergibt sich keine Gesamtbeschleunigung durch den Strahlungs-

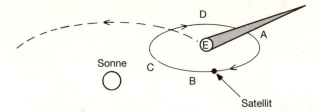

Abb. 16.5. Ein Erdsatellit erfährt keine Beschleunigung durch Strahlungsdruck, solange er sich im Erdschatten befindet.

druck. Auf der Hälfte der Bahn ist die Beschleunigung positiv, auf der anderen Hälfte negativ, und zwar symmetrisch. Für eine elliptische Bahn, die durch den Erdschatten führt, ergibt sich jedoch insgesamt eine Änderung in der Bahnenergie des Satelliten.

Betrachten Sie die Umlaufbahn in Abb. 16.5. Im Abschnitt ABC erfährt der Satellit durch den Strahlungsdruck des Sonnenlichts eine Verzögerung. Im Abschnitt CDA wird er dagegen beschleunigt. Da aber ein Teil dieses Abschnitts im Erdschatten liegt, gleicht die Beschleunigung nicht ganz die Verzögerung aus. Der Satellit verliert also bei jedem Umlauf an Energie, und damit an Höhe. An Satelliten mit großer Oberfläche und kleiner Masse wurde diese Änderung der Bahnhöhe tatsächlich gemessen. Die Ergebnisse stimmen gut mit den theoretischen Berechnungen überein.

Solarsegel. Es gibt zwei Arten von Vorschlägen für einen Solarantrieb von Raumfahrzeugen. In der einen Version wird durch die Sonnenstrahlung Wasserstoffgas erhitzt. Beim Ausströmen durch eine Düse treibt es dann das Raumschiff an. Die andere Idee sieht ein großes Segel in Leichtbauweise vor, auf das die Sonnenstrahlung genügend Druck ausüben würde, um das Raumschiff anzutreiben (Abb. 16.6). Sobald ein Raumschiff dem Gravitationsfeld der Erde oder eines anderen Planeten entkommen ist, kann auch eine verhältnismäßig kleine Kraft einen wesentlichen Einfluß auf seinen Flug haben. Möglicherweise könnte die Geschwindigkeit v des Raumschiffs mit Hilfe eines solchen Segels so nahe an die Lichtgeschwindigkeit c gebracht werden, daß ein Astronaut aufgrund der relativistischen Zeitdilatation, $\Delta t = \Delta t_0/\sqrt{1 - v^2/c^2}$, lebendig in die Nähe eines anderen Sterns, zum Beispiel des 16 Lichtjahre entfernten Altair, kommen könnte. Zur Rückkehr würde der Astronaut sein Segel so ausrichten, daß er vom Strahlungsdruck des Altair angetrieben würde. An der Stelle, an der der Druck der Strahlung von der Sonne und vom Altair sich ausgleicht, würde er sein Segel einziehen, und für den Rest des Heimwegs würde er sich im Gravitationsfeld der Sonne treiben lassen. Bei der Ankunft könnte er den Strahlungsdruck wieder zum Bremsen benutzen.

Levitation mit Lasern. Eine Laserquelle stellt nahezu monochromatisches, kohärentes Licht bereit, dessen Energie sich in einem schmalen Strahl konzentriert. Die Lichtintensität kann dabei 10 000mal größer sein als die In-

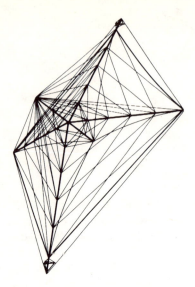

Abb. 16.6. Eine ins Auge gefaßte Version eines Solarsegelraumschiffs

tensität im gesamten sichtbaren Spektrum an der Oberfläche der Sonne. Der Druck dieser Strahlung ist erheblich. Man kann ihn benutzen, um Tropfen und andere Partikel einzufangen und festzuhalten. Dieser Methode bedient man sich bei Untersuchungen in der Physik der Wolken, der Dynamik von Flüssigkeiten und der Optik. Es wird dadurch möglich, die Wechselwirkungen der Tropfen mit einem elektrischen Feld, dem umgebenden Gas und mit anderen Tropfen zu beobachten. Praktische Anwendungen ergeben sich nun in einem Gebiet, das zur Zeit der ersten Messungen des Strahlungsdrucks durch Lebedev, Nichols und Hull eher esoterisch anmutete.

Beispiel 16.2. (a) Schätzen Sie die Kraft, die ein grüner Laserstrahl der Wellenlänge $\lambda = 500$ nm mit einem Watt Intensität auf einen ideal reflektierenden, kugelförmigen Tropfen mit einem Durchmesser von $0.5\,\mu$m ausübt, auf den er fokussiert ist. (b) Welche Beschleunigung bewirkt diese Kraft?

(a) $1\,\mathrm{W} = 1\,\mathrm{J\,s^{-1}}$. In einem zylindrischen Volumen mit Querschnittsfläche πr^2 und Länge c befindet sich 1 J Strahlungsenergie. Die Energiedichte u der einfallenden Strahlung ist $1/\pi r^2 c$. (Da wir eine kugelförmige Oberfläche betrachten, brauchen wir nicht den Faktor 2, der bei der Reflexion an einer ebenen Oberfläche auftreten würde.[6])

$$\text{Strahlungsdruck } P \;=\; \frac{1}{\pi r^2 c}\,.$$

---

[6]Anmerkung des Übersetzers: An verschiedenen Stellen der Kugeloberfläche wird der Strahl um verschiedene Winkel abgelenkt, was zu verschiedenen Impulsüberträgen führt. Wenn man aber über die ganze Fläche integriert, findet man, daß eine *reflektierende* Kugel den gleichen Druck erfährt wie eine *absorbierende* Scheibe mit dem gleichen Radius.

$$\text{Kraft } F = PA$$
$$= \frac{\pi r^2}{\pi r^2 c} = \frac{1}{c}.$$

Auf den Tropfen wirkt also die Kraft $F = 3.3 \cdot 10^{-9}$ N.

(b) Nehmen wir für die Dichte des Tropfens $\rho = 1\,\text{g cm}^{-3} = 10^3\,\text{kg m}^{-3}$ an. Seine Masse beträgt dann $m = \rho \frac{4}{3}\pi r^3 = 6.5 \cdot 10^{-17}$ kg. Die Beschleunigung ergibt sich damit zu

$$\begin{aligned} a &= \frac{F}{m} \\ &= \frac{3.3 \cdot 10^{-9}\,\text{N}}{6.5 \cdot 10^{-17}\,\text{kg}} \\ &\simeq 5.1 \cdot 10^7\,\text{m s}^{-2}. \end{aligned}$$

Die Beschleunigung beträgt einige Millionen g!

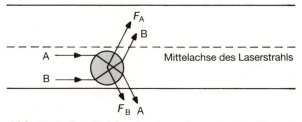

Abb. 16.7. Ein Teilchen in einem Laserstrahl erfährt eine Transversalkraft.

A. Ashkin beschreibt Experimente[7], in denen durchsichtige Plastikkugeln zweier Größen (2.5 und 0.5 μm) in einem Wasserbehälter suspendiert und mit einem horizontalen Laserstrahl beleuchtet wurden. Den Betrag der Kraft auf eine Plastikkugel findet man durch Summation der Beiträge aller einzelnen Strahlen. Jeder Strahl wird an der Oberfläche der Kugel teils reflektiert, teils gebrochen. Aus der Kraft, die sich ergibt, wenn die Kugel auf der Achse des Strahls liegt, kann man mit Hilfe des Stokeschen Gesetzes die Geschwindigkeit der Kugel im Wasser vorhersagen. Die größeren Kugeln erreichen dabei größere Geschwindigkeiten. Diese Voraussagen stimmen mit den gemessenen Geschwindigkeiten überein. Das deutet darauf hin, daß die Strahlungskraft in dieser Situation die einzige signifikante Kraft ist.

Wenn man den Strahl kurz abschaltet, wandern Kugeln, die sich vorher auf der Strahlachse befunden hatten, ab. Sie kehren aber auf die Achse zurück, sobald der Strahl wieder eingeschaltet wird. Abbildung 16.7 zeigt, wie diese interessante Fokussierung zustande kommt, weil sich der Brechungsindex der Kugel von dem der Umgebung unterscheidet. Die Zeichnung zeigt die Kräfte,

---

[7] A. Ashkin: The pressure of laser light, Scientific American **226** 63–71 (1972)

die bei der Brechung zweier typischer Lichtstrahlen (A und B) auftreten, wenn der Brechungsindex der Kugel höher ist als der der Umgebung und sie sich nicht auf der Achse des Strahls befindet. Die Kraft F_A ist größer als die Kraft F_B, so daß die resultierende Kraft die Kugel zur Strahlachse hinlenkt.

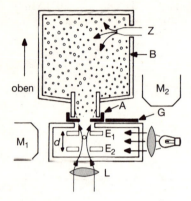

Abb. 16.8. Ein Flüssigkeitstropfen wird durch den Strahlungsdruck eines Laserstrahls in der Schwebe gehalten. $d \simeq 0.6$ cm.

Abbildung 16.8 zeigt einen experimentellen Aufbau, in dem der Strahlungsdruck benutzt wird, um Flüssigkeitstropfen in der Luft gegen die Schwerkraft in der Schwebe zu halten. Der Laserstrahl ist auf ein Loch H in der Abdeckung A ausgerichtet. Ein Zerstäuber Z sprüht eine Wolke von Flüssigkeitströpfchen in den Behälter B. Einige Tröpfchen fallen durch das Loch und werden, wenn sie eine geeignete Größe aufweisen, eingefangen und in der Schwebe gehalten. Mit Hilfe des Mikroskops M_1 wird die Situation zur Beobachtung, Messung und Steuerung auf einem Schirm vergrößert dargestellt. Durch Anlegen einer Potentialdifferenz an die Platten E_1 und E_2 kann man das Tröpfchen einem elektrischen Feld unterwerfen. Sobald der Strahl einige Tröpfchen gesammelt hat, wird die Öffnung H mit der verschiebbaren Glasplatte G verschlossen, der Behälter B wird entfernt, und man kann die Teilchen mit dem Mikroskop M_2 von oben betrachten. Der Apparat kann benutzt werden, um die Ladung der Tröpfchen und die Raten der Verdunstung, der Kondensation, der Aufladung und der Neutralisierung zu messen.

Auch bei der Untersuchung der Streuung an einzelnen Partikeln setzt man optische Levitation ein. Abbildung 16.9 zeigt die Verteilung von Licht, das an einem Glaspartikel mit einem Durchmesser von 20 μm gestreut wurde. Diese Art der Streuung bezeichnet man als *Mie-Streuung*. Sie wird benutzt, um die Größe von Partikeln zu messen, die groß gegenüber der verwendeten Wellenlänge sind.

Übungen

16.1 Was wird aus der Energie, die der Erdsatellit in Abb. 16.5 verliert?

Abb. 16.9. Dieses Beispiel der Mie-Streuung zeigt die Verteilung von Licht, das an einem 20-μm-Glaspartikel gestreut wurde. Das Glaspartikel, das in der Mitte des Bildes als sechszackiger Stern erscheint, wird durch den Strahlungsdruck des Lichtes in der Schwebe gehalten.

16.2 Skizzieren Sie eine Umlaufbahn, in der der Satellit bei jedem Umlauf Energie *hinzugewinnen* würde.

16.3 Warum ändert sich die Energie des Satelliten in Abb. 16.5 nicht, wenn die Umlaufbahn *kreisförmig* ist?

16.4 Zeigen Sie anhand eines Diagramms ähnlich dem in Abb. 16.7, daß eine Kugel aus dem Strahl herausgestoßen wird, wenn ihr Brechungsindex unter dem der Umgebung liegt.

16.5 Überlegen Sie, warum in den Strahlungsdruckexperimenten in Abb. 16.7 durchsichtige Kugeln verwendet wurden, nicht reflektierende oder absorbierende.

16.6 Vergleichen Sie den Aufbau in Abb. 16.8 bezüglich Zweck und Funktionsweise mit dem Aufbau zum Öltropfenexperiment von Millikan.

16.7 Zeigen Sie mit Hilfe des Ergebnisses aus Beispiel 16.1, daß die Sonnenstrahlung auf die Erde insgesamt eine Kraft von 750 MN ausübt. Nehmen Sie eine mittlere Reflektivität von 25% und einen Erdradius von 6500 km an.

16.8 Im Weltall wird ein reflektierendes Partikel von der Gravitation der Sonne angezogen, von ihrer Strahlung dagegen abgestoßen. Bestimmen Sie für ein Partikel der Dichte $2.0\,\text{g}\,\text{cm}^{-3}$ den Durchmesser, den es haben muß, damit sich diese beiden Kräfte ausgleichen. Die Sonnenstrahlung hat im Erdabstand von der Sonne ($150 \cdot 10^6$ km) die Intensität $1350\,\text{W}\,\text{m}^{-2}$, die Gravitationskonstante ist $G = 6.67 \cdot 10^{-11}\,\text{N}\,\text{m}^2\,\text{kg}^{-2}$, die Masse der Sonne beträgt $2 \cdot 10^{30}$ kg.

16.9 Ein interplanetares Raumschiff der Masse 500 kg soll von einer Erdumlaufbahn nach außen beschleunigt werden. Es hat ein ideal reflektierendes Segel, dessen Fläche von einem Quadratkilometer senkrecht auf der Einstrahlungsrichtung steht. Welche Beschleunigung kann man erwarten?

16.10 Zehn Gramm schwere Bälle treffen alle 100 m mit einer Geschwindigkeit von $1000\,\text{m}\,\text{s}^{-1}$ auf eine Wand, die sie vollständig absorbiert. Welchen Druck üben die Bälle aus?

16.11 Eine Sirene sendet in einem schmalen horizontalen Strahl 1 kW Schallleistung aus. Zeigen Sie, daß auf die Sirene eine Rückstoßkraft von ungefähr 3.6 N wirkt. Für Luft ist $\gamma = 1.4$.

16.12 Zeigen Sie, daß der Schallstrahl in Übung 16.11 bei einem Divergenzwinkel von 15° in 1 km Entfernung einen Druck von $6.7 \cdot 10^{-5}\,\text{N}\,\text{m}^{-2}$ ausübt.

17. Abstraktionen als Wegweiser in der Physik

> Der Mensch ist ganz und gar Symmetrie;
> ein Glied entspricht dem zweiten,
> und alles zusammen der Welt, denn sieh:
> Ein Teil ist mit dem andern verwandt,
> Kopf und Fuß sind einander bestens bekannt
> und versteh'n sich mit Mond und Gezeiten.
>
> *George Herbert*
> Man

17.1 Einleitung

Physiker[1], vor allem Theoretiker, versuchen Wissen über einen großen Bereich von Phänomenen sinnvoll zu organisieren. Sie beginnen mit einem Satz von Voraussetzungen und benutzen anerkannte Prinzipien und Vorgehensweisen, um das Verhalten einer bestimmten Gruppe von Systemen zu analysieren und vorherzusagen. Wenn sie dabei Erfolg haben, so ist das Ergebnis eine *Theorie*, die die Phänomene „erklärt".

Auf unbekanntem Gebiet ist einem Physiker jeder verfügbare Wegweiser willkommen. Analogien und Ähnlichkeiten zwischen zu untersuchendem und bereits verstandenem Verhalten führen oft zu schnellem Vorankommen. Bei der Anpassung einer Theorie an einen Satz von Beobachtungen oder Daten muß man im allgemeinen einige Annahmen machen. Dabei können Sie sich von dem Wahlspruch leiten lassen: „Zuviele Hypothesen verderben die Theorie." Dieses Prinzip ist als Ockhams Rasiermesser bekannt (nach dem Franziskanermönch William of Ockham, der im vierzehnten Jahrhundert lebte); es ist einer der Pfeiler der modernen Wissenschaft. Wenn wir eine einfache Erklärung gegenüber einer komplizierteren bevorzugen, gehen wir davon aus, daß die Natur bei geeigneter Betrachtung im Grunde einfach ist. Es kann sein, daß die Natur *nicht* einfach ist; das Verhalten der Bausteine des Atomkerns mag sich zum Beispiel für immer der menschlichen Erkenntnis entziehen. Die Wissenschaft kann jedoch nicht von einer solch pessimistischen Einstellung ausgehen. Ihr beachtlicher Erfolg gibt außerdem Mut zu einer optimistischeren Sichtweise.

---

[1] Anmerkung des Übersetzers: In diesen allgemeinen Ausführungen ist es schwierig, männliche und weibliche Formen zu mischen. Gemeint sind immer auch Physikerinnen.

17.2 Symmetrie

Die Symmetrie ist eine der entscheidenden Abstraktionen, die die Entwicklung der Physik leiten. Wir gebrauchen den Ausdruck *Symmetrie* im allgemeinen, um eine Entsprechung in Größe, Form und relativer Anordnung von Teilen zu beschreiben, die sich auf beiden Seiten einer Ebene befinden oder um eine Achse oder ein Zentrum verteilt sind. Meist ist es der *Raum*, den wir durch die Symmetrie beschreiben, aber die Ausdehnung der Bedeutung auf andere Bereiche ist für die Physik von großem Wert.

Symmetrie bedeutet, daß eine Eigenschaft invariant bleibt, wenn eine andere Eigenschaft sich ändert. Die *Form* eines Dreiecks ändert sich beispielsweise nicht durch *Translation* im Raum (Abb. 17.1). Ein Quadrat sieht nach einer *Rotation* um ein ganzzahliges Vielfaches von 90° genauso aus wie zuvor. Wir sagen, daß die Form des Quadrats axialsymmetrisch bei Drehwinkeln von 90° ist; die Form eines Kreises ist vollständig axialsymmetrisch.

Betrachten wir eine Waage, in deren beiden Schalen jeweils ein Messingwürfel mit einem Gewicht von 10 g liegt. Wir würden sagen, daß dieses System eine Symmetrie um die Mittelachse aufweist. Was ist aber, wenn wir einen der Arme verlängern und einen 30 g-Würfel mit einem 10 g-Würfel ins Gleichgewicht bringen? Offensichtlich besteht dann keine Formsymmetrie mehr, aber wir können immer noch sagen, daß das Drehmoment symmetrisch verteilt ist.

In der Physik interessieren wir uns vor allem für zwei Arten von Symmetrien: Symmetrien, die mit Erhaltungssätzen in Zusammenhang stehen und Symmetrien mathematischer Funktionen, die zu physikalisch wichtigen Vorhersagen führen.

Daß die Gesetze der Mechanik in allen Inertialsystemen die gleiche Form haben, ist zum Beispiel eine Konsequenz der Symmetrien in der Newtonschen Mechanik. Aus Symmetrieüberlegungen können wir sehr praktische Informationen gewinnen, zum Beispiel, daß ein isotroper Festkörper nur zwei Elastizitätskonstanten hat. Bei der Bestimmung der Bewegung eines Festkörpers stellt es

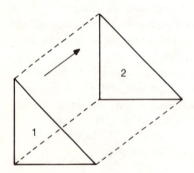

Abb. 17.1. Die Form des Dreiecks ändert sich nicht durch die Translation des Dreiecks von 1 nach 2.

sich als günstig heraus, die Bewegung in bezug auf körperfeste Achsen zu beschreiben. Die Lösung der Bewegungsgleichungen ist am einfachsten, wenn wir bei der Festlegung dieser Achsen die Symmetrien des Systems in Betracht ziehen. In der Optik können die Eigenschaften eines komplizierten Linsensystems allein aus seinen Symmetrien vorhergesagt werden.

In anderen Teilen des Buches haben wir äußere Ähnlichkeiten betrachtet, beispielsweise die Analogie zwischen einem Stromkreis und einem wärmeleitenden Stab. Wir suchen jetzt innere Ähnlichkeiten und wenden die Symmetrieprinzipien zum Beispiel auf ein mechanisches System und auf einen Vorgang aus der Kernphysik an.

17.3 Symmetrie und Erhaltungssätze

Wenn die Beschreibung physikalischer Gesetze bei einem Wechsel des Bezugssystems unverändert bleibt, weist das System eine Symmetrie (oder Invarianz) auf. Zum Beispiel ändert sich bei Wahl eines anderen Koordinatenursprungs nicht die Beschreibung der Bewegung von Körpern, denn die Kräfte zwischen ihnen hängen nur von ihrer relativen Lage ab. Ebenso ändert sich nichts an dem Verhalten eines Systems von Körpern, wenn es im ursprünglichen Koordinatensystem an einen anderen Ort gebracht wird. In der Newtonschen Mechanik führt diese Translationsinvarianz der physikalischen Gesetze zum Impulserhaltungssatz. In der speziellen Relativitätstheorie muß die Masse sich mit der Geschwindigkeit ändern, damit die Impulserhaltung und die Symmetrie der grundlegenden Gesetze erhalten bleiben.

Tabelle 17.1. Einige Symmetrien (Invarianzen) und Erhaltungssätze

Symmetrie unter ...	Erhaltungsgröße
Translation des Koordinatenursprungs (Naturgesetze hängen nicht vom Ort ab)	Linearer Impuls, p
Rotation im Raum (Naturgesetze hängen nicht von der Wahl der Achsen ab)	Drehimpuls, L
Translation in der Zeit (Naturgesetze hängen nicht von der Zeit ab)	Energie, E
Lorentztransformationen der speziellen Relativitätstheorie (Raumzeit ist isotrop)	Geschwindigkeit v des Schwerpunkts
Austausch ähnlicher Teilchen	Ununterscheidbarkeit ähnlicher Teilchen
bestimmten Transformationen der quantenmechanischen Wellenfunktion	Elektrische Ladung, Q

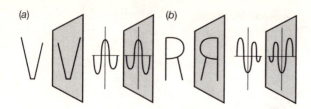

Abb. 17.2. Je nach seiner Symmetrie ist ein Muster nach der Reflexion (a) unverändert oder (b) invertiert.

In Tabelle 17.1 sind einige Symmetrien (Invarianzen) zusammen mit den zugehörigen Erhaltungssätzen aufgeführt. Auf diesem Gebiet findet noch immer eine Entwicklung statt. In manchen Fällen ist noch nicht klar, wie der Erhaltungssatz aus dem Symmetrieprinzip folgt und wie streng die Verbindung ist.

Die ersten vier Invarianzen (Symmetrien) in Tabelle 17.1 nennt man *kontinuierlich*, da die zugehörigen Änderungen infinitesimal sein können; eine endliche Änderung kann Stück um Stück zusammengesetzt werden. Die entsprechenden Erhaltungsgrößen sind klassische Größen, und sie sind additiv. Die anderen aufgeführten Invarianzen beziehen sich auf die Quantenmechanik. Diese Symmetrien sind im Gegensatz zu den anderen diskret: es gibt keine beliebig kleinen Änderungen.

17.4 Symmetrie und Parität

Eine Reflexion entspricht einem Vorzeichenwechsel in einer Koordinate. Eine mathematische Funktion kann sich dadurch ändern, muß es aber nicht. Der Graph von $y = \cos x$ ändert sich bei einer Reflexion nicht: $\cos(-x) = \cos x$ (Abb. 17.2a). Der Graph von $y = \sin x$ wird jedoch durch Reflexion invertiert: $\sin(-x) = -\sin x$ (Abb. 17.2b). Die Erhaltungsgröße, die mit der Reflexion in Zusammenhang steht, heißt *Parität*. Die Kosinusfunktion besitzt *gerade Parität*, da sie sich bei Reflexion nicht ändert. Die Sinusfunktion besitzt *ungerade Parität*, da sie bei Reflexion das Vorzeichen wechselt. Vorzeichenwechsel in *zwei* Koordinaten läßt die Form unverändert und kommt einer Rotation gleich. Im dreidimensionalen Raum führt der Vorzeichenwechsel in *drei* Koordinaten zu einer Inversion. Das kann man sich veranschaulichen, indem man einen rechten Handschuh umstülpt; durch Vorzeichenwechsel in allen drei Koordinaten erhält man einen linken Handschuh.

Wir können die Parität eines rotierenden Kreisels herausfinden, indem wir sein Spiegelbild betrachten (Abb. 17.3). Die gespiegelte Drehung entspricht einem wirklichen Experiment; der Drehimpuls L, das Gravitationsdrehmoment M und die Präzessionsachse P stehen in der richtigen Beziehung zueinander. Der rotierende Kreisel besitzt somit Reflexionssymmetrie.

17.4 Symmetrie und Parität

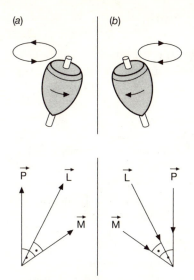

Abb. 17.3. (a) Die Vektoren zeigen für einen rotierenden Kreisel den Drehimpuls L, das Gravitationsdrehmoment M und die Präzessionsachse P. (b) Im Spiegelbild genügen L, M und P wiederum den Gesetzen der Mechanik; der Kreisel besitzt folglich Reflexionssymmetrie.

In Abb. 17.4a verletzt die Bahn eines Ions in der Nähe eines Magneten scheinbar die Reflexionssymmetrie. Doch ist es korrekt, den Pol des Magneten im Spiegelbild wieder mit N zu bezeichnen? Stellen Sie sich vor, das Magnetfeld würde durch einen Strom hervorgerufen (Abb. 17.4b). Die Reflexion ändert jetzt den Umlaufsinn sowohl des Stromes als auch des Ions. Die Elektrodynamik ist nicht verletzt, und die Reflexionssymmetrie gilt. Diese beiden letzten Fälle (Abbildungen 17.4a und b) sollten zeigen, daß wir nicht Symbole spiegeln (das N oder die Pfeile), sondern beobachtbare Größen, in diesem Fall die Richtung des Spulenstroms, Ladung und Geschwindigkeit des Ions und die Richtung seiner Ablenkung.

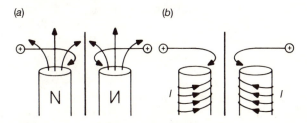

Abb. 17.4. (a) Scheinbar wird die Reflexionssymmetrie verletzt, wenn ein Ion in einem Magnetfeld abgelenkt wird. Das Spiegelbild genügt nicht $F = q(v \times B)$. (b) Bei korrekter Interpretation kehrt sich sowohl der Umlaufsinn des Ions als auch der des Stromes I um; die Reflexionssymmetrie ist erfüllt.

17.5 Symmetrie und Quantenmechanik

Parität bedeutet Symmetrie unter Spiegelungen. Die Paritätserhaltung besagt, daß man keinen fundamentalen Unterschied zwischen links und rechts machen kann. Die Naturgesetze sind in einem rechtshändigen Koordinatensystem die gleichen wie in einem linkshändigen. Das gilt für alle Vorgänge der klassischen Physik. Im Jahre 1956 wurde jedoch gezeigt, daß dieses Prinzip bei bestimmten Wechselwirkungen zwischen Elementarteilchen verletzt wird.

Es gibt drei Wechselwirkungen zwischen Elementarteilchen: die starke Wechselwirkung, die die Kernkräfte hervorruft, die elektromagnetische Wechselwirkung und die schwache Wechselwirkung.[2] In den ersten beiden bleibt die Parität erhalten. Wenn zum Beispiel links polarisierte Teilchen existieren (Teilchen, deren Drehimpulsvektor ihrem Geschwindigkeitsvektor entgegengesetzt ist), gibt es auch ungefähr ebensoviele rechts polarisierte Teilchen. C.N. Yang und T.D. Lee stellten jedoch die Hypothese auf, daß die Parität in der schwachen Wechselwirkung nicht erhalten ist[3], und dies wurde später experimentell bestätigt.

Das erste von zwei Experimenten, die sie vorschlugen, war eine Untersuchung der Emissionsrichtung von Elektronen (β^-) und Antineutrinos ($\bar{\nu}$) beim β-Zerfall eines radioaktiven Kobaltisotops:

$$^{60}_{28}\text{Co} \rightarrow \beta^- + \bar{\nu} + ^{60}_{28}\text{Ni} \ .$$

In diesem von C.S. Wu und ihren Kollegen durchgeführten Experiment wurden $^{60}_{28}$Co-Kerne bei einigen Grad über 0 K in einem Magnetfeld ausgerichtet. Die in verschiedenen Richtungen emittierten β-Teilchen wurden gezählt. Es stellte sich heraus, daß eine große Wahrscheinlichkeit für eine Emission nach unten bestand (Abb. 17.5, links); senkrecht nach oben wurden gar keine Elektronen emittiert. Das Antineutrino wurde meistens nach oben und nie senkrecht nach unten emittiert. Elektronen und Neutrinos tragen je eine halbe Spineinheit ($h/2\pi$). Bei dem Zerfall verringert sich das Drehmoment des Kobaltkerns von 5 auf 4 Einheiten. Der Spin der emittierten Teilchen mußte also in der gleichen Richtung wie der des Kerns liegen, wie in Abb. 17.5 links gezeigt. Betrachten wir den Kobaltkern aus einer Richtung, aus der seine Drehung im Uhrzeigersinn erscheint. Im wirklichen Experiment kommt das Elektron dann auf uns zu. Im gespiegelten Prozeß (Abb. 17.5, rechts) fliegt es jedoch, wenn wir die Drehung des Kobaltkerns wieder im Uhrzeigersinn sehen, von uns weg. Das passiert im wirklichen Experiment nie. Der gespiegelte Prozeß ist also unmöglich; die Spiegelsymmetrie ist in diesem Fall, in dem die schwache Wechselwirkung eine Rolle spielt, verletzt.

---

[2]Anmerkung des Übersetzers: Es ist inzwischen gelungen, die elektromagnetische und die schwache Wechselwirkung in der Weinberg-Salam-Theorie der elektroschwachen Wechselwirkung zusammenzufassen, ähnlich wie Maxwell elektrische und magnetische Phänomene in der elektromagnetischen Theorie zusammenfaßte. Wenn man die Gravitation hinzunimmt, bleiben aber immer noch drei Wechselwirkungen.

[3]T.D. Lee und C.N. Yang: Questions of parity conservation in weak interactions, Phys. Rev. **104** (1) 254-8 (1956)

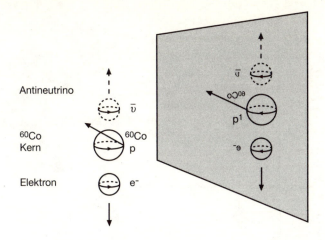

Abb. 17.5. Der Spin der emittierten β-Teilchen ist parallel zum Kernspin.

Die Helizität eines Teilchens bezieht sich auf eine schraubenähnliche Eigenschaft, die Komponente des Spinvektors eincs Teilchens entlang seiner Bewegungsrichtung. Neutrino und Antineutrino betrachtet man als Spiegelbilder voneinander. Aufgrund der Analogie zwischen dem Spin eines Teilchens und dem Umdrehungssinn eines Schraubengewindes bezeichnet man das Neutrino als linkshändige Schraube, das Antineutrino als rechtshändige Schraube.

Es gibt Grund zu glauben, daß ein Antineutrino, das sich von Ihnen fortbewegt, sich immer im Uhrzeigersinn dreht, wie eine rechtshändige Schraube. Im wirklichen β-Zerfall ist das so, im gespiegelten Prozeß dagegen nicht.

17.6 Symmetrie und Antimaterie

Eine diskrete Symmetrie, die nicht in Tabelle 17.1 aufgeführt ist, ist die Symmetrie zwischen Teilchen und Antiteilchen. Man glaubt, daß es zu jedem Teilchen ein entsprechendes Antiteilchen gibt, das die gleiche Masse und den gleichen Spin trägt, dessen Ladung sich aber im Vorzeichen unterscheidet (ein *ladungskonjugiertes* Teilchen). Bei einem neutralen Teilchen kann das Antiteilchen ununterscheidbar vom Teilchen sein (wie beim Photon), oder es kann die umgekehrte Helizität aufweisen (wie beim Neutrino). Zu jedem bekannten Prozeß gibt einen weiteren möglichen Prozeß, in dem jedes Teilchen durch sein Antiteilchen ersetzt ist. Der gewöhnliche β-Zerfall,

$$n \to p + e^- + \bar{\nu},$$

legt einen „Anti-β-Zerfall" nahe, in dem ein Antineutron in ein Antiproton, ein Positron und ein Neutrino zerfällt:

$$\bar{n} \to \bar{p} + e^+ + \nu.$$

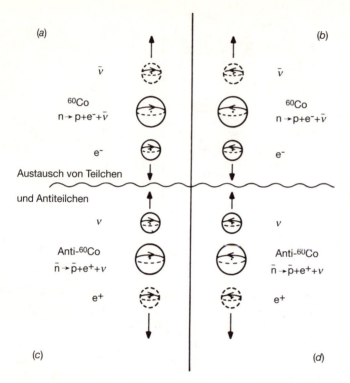

Abb. 17.6. (a) Der β-Zerfall von ^{60}Co; (b) gespiegelt; (c) nach Austausch von Teilchen und Antiteilchen; (d) nach Spiegelung *und* Austausch (CP).

Wenn Sie vom Zusammenbruch der Reflexionssymmetrie enttäuscht sind, entschädigt Sie vielleicht die erweiterte Sichtweise, die in Abb. 17.6 angedeutet ist. In (a) ist noch einmal der β-Zerfall von ^{60}Co gezeigt. In (b) ist der gespiegelte Prozeß gezeigt, der, wie wir schon gesehen haben, keinem wirklichen Experiment entspricht. In (c) ist jedes Teilchen aus (a) durch sein Antiteilchen ersetzt. Wenn die anderen Eigenschaften, zum Beispiel die Spinrichtung, gleichbleiben, ist auch dieser Prozeß nicht möglich. Das nach oben emittierte Teilchen ist rechtshändig; es kann kein Neutrino sein. In diesem und vielen anderen Beispielen verletzt die schwache Wechselwirkung das Prinzip der Symmetrie zwischen Teilchen und Antiteilchen. Der in (d) dargestellte Prozeß, der durch Spiegelung *und* Austausch aus (a) hervorgeht, *ist* jedoch möglich. Das nach oben emittierte Teilchen ist linkshändig, wie es sich für ein richtiges Neutrino gehört. Obwohl beide Symmetrieprinzipien einzeln verletzt sind, ist der Prozeß symmetrisch unter der Kombination von Spiegelung und Austausch.

Den Austausch von Teilchen und Antiteilchen kürzt man mit C (für „charge conjugation") ab, die Spiegelung mit P wie Parität. Die eben beschriebene Doppeloperation heißt dann CP. Der β-Zerfall von ^{60}Co verletzt die C-Symmetrie und die P-Symmetrie, erfüllt aber die CP-Symmetrie.

Aus der Quantenmechanik und der speziellen Relativitätstheorie kann man ableiten, daß jeder fundamentale Prozeß unter der dreifachen Operation CPT symmetrisch ist. Mit T ist dabei die Zeitumkehr gemeint, die jedes Teilchen seine Bahn rückwärts durchlaufen läßt. Betrachten wir nun einen Prozeß, der die CP-Symmetrie verletzt. Die dreifache Operation CPT ergibt einen möglichen Prozeß. Die dritte Operation, T, hat also einen möglichen Prozeß in einen unmöglichen verwandelt. Wenn wir die Operation umkehren, sehen wir, daß die Zeitumkehr einen möglichen Prozeß in einen unmöglichen verwandeln kann. Die Zeitumkehrsymmetrie ist also verletzt! Wenn das wirklich so ist, ist in den Naturgesetzen in fundamentaler Weise eine Zeitrichtung ausgezeichnet!

17.7 Dimensionsanalyse: Modelle

Ein weiterer interessanter Aspekt der Ähnlichkeit in der Physik, und auch in allen anderen Wissenschaften, ist die Modellbildung. Ein Modell ist eine Darstellung, manchmal bildlich, manchmal mathematisch, die uns erlaubt, konkreter über einen Aspekt der physikalischen Welt nachzudenken. Am Anfang dieses Jahrhunderts schlugen Rutherford und Bohr ein Planetenmodell des Atoms vor, in dem die Elektronen auf Umlaufbahnen den Kern umkreisen wie die Planeten die Sonne. Dieses Modell erwies sich als äußerst fruchtbar, und es hat bis heute überlebt, wenn auch in abstrakterer Form.

Eng verbunden mit erfolgreicher Modellbildung sind die Konzepte der Ähnlichkeit[4] und der Dimensionsanalyse. In wissenschaftlichen Untersuchungen und beim technischen Entwurf macht man oft Gebrauch von der Ähnlichkeit zweier Systeme. Geometrische, kinematische und dynamische Ähnlichkeiten werden berücksichtigt. R.C. Tolman erhob die Ähnlichkeit zum allgemeinen Prinzip: „Die fundamentalen Bausteine, aus denen das Universum besteht sind von solcher Natur, daß aus ihnen ein Miniaturuniversum konstruiert werden könnte, das in jeder Hinsicht unserem Universum ähnelt."[5]

P.W. Bridgman hat die Dimensionsanalyse popularisiert, die zuvor von Dupré (1869) und von Lord Rayleigh (1915) vorgeschlagen worden war. Bridgman benutzte die Ähnlichkeit in Verbindung mit physikalischen Größen, die die gleiche Dimension haben, beispielsweise R^2 und $4\pi^2 f^2 L^2$ im Ausdruck für die elektrische Impedanz.

17.8 Dimensionsanalyse

Durch Messungen wird die Physik quantitativ. Das Ergebnis einer Messung wird ausgedrückt durch eine Zahl und eine Einheit, einen Vergleichsmaßstab:

---

[4] Anmerkung des Übersetzers: Gemeint ist hier nicht „similarity", eine allgemeine Ähnlichkeit, sondern „similitude", eine quantitative Ähnlichkeit, wie sie zum Beispiel zwischen ähnlichen Dreiecken besteht.

[5] R.C. Tolman: Phys. Rev. **3** (2) 244 (1914)

0.5 kg, 2 m oder 30 s. Kilogramm, Meter und Sekunde sind dabei willkürliche Einheiten für die physikalischen Eigenschaften Masse $[m]$, Länge $[l]$ und Zeit $[t]$. Es hat sich als günstig erwiesen, bestimmte willkürlich gewählte Größen als *Grundgrößen* zu definieren und die anderen als abgeleitet zu betrachten. So hat zum Beispiel die Geschwindigkeit die Dimension Länge durch Zeit, oder $[l][t]^{-1}$. In der Mechanik reichen drei Grundgrößen aus. In der Physik wählt man dafür meist Masse, Länge und Zeit, in den Ingenieurwissenschaften oft auch Kraft, Länge und Zeit. Wenn es um Phänomene außerhalb der Mechanik geht, kann es zweckmäßig sein, weitere Grundgrößen einzuführen. Für den Elektromagnetismus kann man beispielsweise die Ladung $[Q]$ als vierte Grundgröße hinzunehmen. Das elektrische Potential ist dann eine abgeleitete Größe und hat die Dimension $[m][l]^2[t]^{-2}[Q]^{-1}$.

Dimensionsanalyse ermöglicht die Überprüfung von Gleichungen. Beide Seiten einer Gleichung, wie auch jeder einzelne Term, müssen die gleiche Dimension haben. $F = \sqrt{ma}$ kann also nicht richtig sein. Viel wichtiger ist aber, daß die Dimensionsanalyse es auch bei Problemen, die sich nicht streng mathematisch lösen lassen, ermöglicht, die *Form* der gesuchten Beziehung vorauszusagen. Dimensionslose Faktoren, die die Dimensionsanalyse nicht liefern kann, müssen dann im Experiment bestimmt werden. Komplizierte Probleme der Aero- und Hydrodynamik sind auf diese Weise behandelt worden.

17.9 Das Π-Theorem

Eine Gleichung, die formal wahr bleibt, selbst wenn die Grundeinheiten geändert werden, nennt man eine *vollständige* Gleichung. Ein zu Anfang ruhender Körper fällt nur dann im freien Fall um den Abstand $s = 4.9t^2$, wenn s in Metern und t in Sekunden gemessen wird. Wenn s in Fuß und t in Minuten angegeben wird, ist die Gleichung falsch; sie ist also nicht vollständig. $s = \frac{1}{2}gt^2$ ist dagegen eine vollständige Gleichung, denn sie gilt in allen konsistenten Einheitensystemen.

Betrachten wir eine Gruppe von n physikalischen Größen $x_1, x_2, \ldots x_n$ (von denen einige dimensionsbehaftet sein mögen), die durch eine und nur eine vollständige Gleichung verbunden sind, nämlich $\phi(x_1, x_2, \ldots x_n) = 0$. Die Dimensionen dieser n Größen sind durch m Basisgrößen $a, b, c, \ldots$ ausgedrückt sind. E. Buckingham hat gezeigt, daß diese Funktion ϕ immer als Funktion F von $n - m$ unabhängigen, dimensionslosen Produkten $\pi_1, \pi_2, \ldots \pi_{n-m}$ ausgedrückt werden kann, die aus den n Variablen zusammengesetzt sind:

$$\boxed{F(\pi_1, \pi_2, \ldots \pi_{n-m}) = 0 \:.} \quad (17.1)$$

Diese Aussage wird als Π-Theorem bezeichnet. Selbst wenn man ϕ nicht kennt, kann man oft auf die Struktur von Gleichung (17.1) schließen und so nützliche Informationen über das betrachtete System gewinnen.

17.9 Das Π-Theorem

Beispiel 17.1. Nehmen Sie an, daß Sie *nicht* wissen, daß die Schwingungsdauer eines mathematischen Pendels proportional zu $\sqrt{l/g}$ ist. Sie möchten die Schwingungsdauer τ bestimmen.

Wählen Sie Masse, Länge und Zeit als Grundgrößen, also $m = 3$. Zählen Sie nun alle Parameter auf, die für die Bewegung des Pendels relevant sein könnten (Tabelle 17.2).

Nach Tabelle 17.2 ist $n = 5$, also $n - m = 2$. Wir erwarten also zwei unabhängige dimensionslose Produkte. Eines ist θ, die Winkelamplitude, das andere ist $l/(\tau^2 g)$. Beachten Sie, daß die Masse nicht in einem dimensionslosen Produkt auftauchen kann, da sie nur in der zweiten Zeile von Tabelle 17.2 steht. Die Schwingungsdauer hängt also nicht von der Masse ab, und das Π-Theorem liefert $F(\theta, l/\tau^2 g) = 0$, oder

$$\tau = \Theta(\theta)\sqrt{l/g}\,, \tag{17.2}$$

wobei $\Theta(\theta)$ eine beliebige Funktion von θ ist. Wenn wir die zusätzliche Annahme machen, daß θ vernachlässigbar klein ist, haben wir $n = 4$, $n - m = 1$ und $F(l/\tau^2 g) = 0$. Da dies für alle Werte der Variablen gilt, ist

$$\tau \propto \sqrt{l/g}\,. \tag{17.3}$$

Das Π-Theorem sagt also voraus, daß die Schwingungsdauer des Pendels der Wurzel aus seiner Länge proportional und der Wurzel aus der Gravitationsbeschleunigung umgekehrt proportional ist. Die Proportionalitätskonstante (2π) kann nicht durch Dimensionsanalyse bestimmt werden.

Um unser obiges Beispiel mit Modellbildung in Verbindung zu bringen, können Sie sich vorstellen, daß Sie die Schwingungsperiode eines großen, teuren Pendels, das Sie auf der Weltausstellung zeigen möchten, zuvor in einem Modell mit einem Hundertstel der Länge bestimmen möchten. Da g für das große Pendel den gleichen Wert hat wie für das Modell, sagt (17.3) voraus, daß die Schwingungsdauer des Modells gerade 1/10 von der des großen Pendels sein wird.

Tabelle 17.2. Parameter eines mathematischen Pendels

Größe	Symbol	Dimension
Länge des Fadens	l	$[l] = \mathrm{m}$
Masse	m	$[m] = \mathrm{kg}$
Gravitationsbeschleunigung	g	$[lt^{-2}] = \mathrm{m\,s^{-2}}$
Winkelamplitude	θ	
Schwingungsdauer	τ	$[t] = \mathrm{s}$

17.10 Dimensionslose Kennzahlen

Jede Kombination von Größen, in der sich die Dimensionen gegenseitig aufheben, bezeichnet man als dimensionslose Kennzahl. Solche Kennzahlen sind wichtig bei der Untersuchung komplizierter Systeme und als Kriterien für Modelluntersuchungen. Unmengen solcher Kennzahlen sind tabelliert worden; viele sind nach Pionieren auf dem jeweiligen Gebiet benannt. In der Strömungsmechanik ist zum Beispiel die Reynoldsche Kennzahl $R = vD\rho/\eta$ sehr wichtig. Dabei ist v die Geschwindigkeit eines Körpers in einer Flüssigkeit der Viskosität η und der Dichte ρ; D ist eine Länge, die die Größe des Körpers charakterisiert.

Die Benutzung dimensionsloser Kennzahlen bei der Untersuchung komplizierter Systeme hat unter anderem den Vorteil, (a) daß die Anzahl zu bestimmender „Variablen" abnimmt, (b) daß die Umrechnung in Modellen gewonnener Daten vereinfacht wird und (c) daß sie Ergebnisse liefert, die sowohl vom Maßstab des Modells als auch vom benutzten Einheitensystem unabhängig sind.

17.11 Modelle in der Physik

Modelle physikalischer Phänomene machen oft einige vereinfachende Annahmen und gehen dann von einem Bild oder mechanischen Modell aus, um das Phänomen und seine Abhängigkeit von bestimmten relevanten physikalischen Größen zu verstehen. Ein Modell kann bildlich sein, wie zum Beispiel die Vorstellung vom Riesen Atlas, der die Welt auf seinen Schultern trägt oder das Bild, das man sich in der kinetischen Theorie von einem Gas aus kleinen elastischen Molekülen in zufälliger Bewegung macht. Ein Modell kann darstellend sein, zu Demonstrationszwecken oder für Experimente, wie zum Beispiel ein frühes Planetarium zur Interpretation der Planetenbewegungen. Manchmal ist ein Modell bewußt vorläufig: eine Übersimplifizierung, um ein kompliziertes physikalisches Phänomen abzubilden, für das keine angemessene Darstellung bekannt ist. Beispiele dafür sind Modelle der chemischen Bindung und der elektrischen Leitung in Metallen.

17.12 Modelle in der Technik

Ähnlichkeiten spielen eine große Rolle bei der Konstruktion verkleinerter Modelle, an denen Informationen für den Bau von großen, komplizierten und teuren Strukturen gewonnen werden. Die Struktur kann dabei ein Flugzeug, ein Hochwasserschutzsystem, ein Konzertsaal oder ein Telephonnetz sein. Die Dimensionsanalyse zeigt den Effekt, den die Skalierung einiger Größen, zum Beispiel der Größe und der Masse hat, wenn andere Größen, zum Beispiel die Viskosität, konstant bleiben. Die Dimensionsanalyse mag zeigen, daß es unmöglich ist, genaue Informationen über das Verhalten einer Struktur aus einem Skalenmodell zu beziehen. Sie kann aber auch aufzeigen, wie der Effekt zweier Variablen sich ausgleichen kann oder welche mathematischen Näherungen gemacht werden sollten, um nützliche Informationen zu erhalten.

17.13 Operatoren und Operationen

Die Wissenschaft wird oft, und zu Recht, als eine Methode zur Systematisierung des Wissens angesehen. Es liegt daher auf der Hand, alle Aktivitäten zur Problemlösung in einen gemeinsamen formalen Rahmen zu stellen. Seit Sie leben, haben sie die verschiedensten Probleme gelöst, von den numerischen und symbolischen Problemen der Mathematik und der Naturwissenschaften bis zum Entwurf von Dingen, die sie brauchen oder haben möchten. Aber haben Sie je gedacht, daß das Lösen von Problemen, so vielfältig es sein mag, in einem einzigen philosophischen Rahmen untergebracht werden kann?

Das Lösen eines Problems kann man sich vorstellen als Auffinden eines Weges von einem bestimmten Element P_m des Universums aller möglichen Probleme zu einem oder mehreren Elementen L_n des Universums aller möglichen Lösungen. Dieser Weg liegt in einer Matrix, die wir als Operationsmatrix bezeichnen werden. Sie enthält alle Dinge, die Sie zur Lösung des Problems tun könnten, von der Multiplikation mit 48 bis zur Verschiebung Ihres Urlaubs. Dieses verallgemeinerte Konzept ist in Abb. 17.7 dargestellt.

Von allen möglichen Lösungen sind wir nur an denen interessiert, die die Bedingungen unseres Problems erfüllen. Diese bezeichnen wir als gültige Lösungen. Die Probleme, die in Lehrbüchern gestellt werden, haben meistens, aber nicht immer, nur eine gültige Lösung. Andererseits gibt es für manche Probleme gar

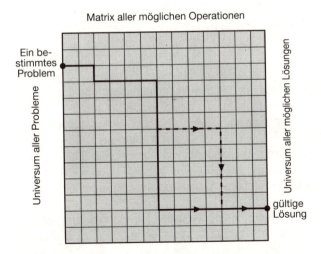

Abb. 17.7. Manchmal gibt es mehr als einen Weg von einem bestimmten Problem zu einer gültigen Lösung.

keine gültige Lösung, und man muß zwischen verschiedenen Näherungslösungen die beste auswählen.

Im allgemeinen gibt es verschiedene Wege durch die Operationsmatrix von einem Problem zu einer gültigen Lösung. Eine dieser Alternativen zeigt die gestrichelte Linie in Abb. 17.7. In den meisten Fällen wird jedoch einer der Wege deutlich bevorzugt, weil er die wenigsten Operationen benötigt oder weil er einem selbstauferlegten Kriterium der „Eleganz" genügt. So kann man zum Beispiel die Lösung zu dem Problem „Bestimme das Produkt aus sechzehn und vier" in einem einzigen Schritt erhalten, indem man auf die Zahl sechzehn die Multiplikation mit vier anwendet. Die gleiche gültige Lösung könnte man aber auch erhalten, indem man zunächst sechzehn mit fünf malnimmt und dann in einem zweiten Schritt sechzehn abzieht. Beim Entwurf von Flußdiagrammen und Computerprogrammen spielt die Betrachtung von Alternativen eine große Rolle.

Die einfachsten Probleme sind die, zu denen man durch Anwendung einer einzigen Operation auf die Eingabedaten (z.B. sechzehn mal vier) eine gültige Lösung gewinnen kann. Die kniffligeren Probleme sind natürlich die, die eine ganze Reihe von Operationen erfordern, oft in einer durch die Logik vorgegebenen Reihenfolge, wie beispielsweise beim Beweis eines Satzes in der Geometrie.

Die einzelnen Elemente der Operationsmatrix sind die Operationen selbst. Eine Operation ist alles, was sie mit etwas machen, um ein Ergebnis zu erhalten. Eine Operation braucht eine Eingabe – das, worauf die Operation angewandt wird. Diese Eingabe bezeichnet man oft als Operand. Sie hat auch eine Ausgabe, das Ergebnis der vom Operator auf den Operanden angewandten Operation. In Tabelle 17.3 stehen einige Operationen, mit denen Sie sicher schon zu tun hatten.

Beachten Sie, daß einige der aufgeführten Operatoren materielle Gegenstände, Geräte oder Systeme sind, wie zum Beispiel Verstärker, Fabriken, Transformatoren, usw. Andere Operatoren sind mathematischer Art und werden durch Symbolmanipulation auf Papier angewandt. Ein mathematischer Operator ist eine Anweisung, die einem Menschen oder einem Computer sagt, was er mit den Daten machen soll.

Es ist die Aufgabe eines linearen Verstärkers, die Amplitude einer Eingangsspannung zu erhöhen und ein Ausgangssignal zu erzeugen, daß die gleiche Wellenform, aber größere Amplitude aufweist. In der symbolischen Darstellung dieses Vorgangs nimmt man ein Eingangssignal, $U = f(t)$, wendet darauf die Multiplikation mit einer Zahl N an und erhält ein Ausgangssignal $U = Nf(t)$. Die wirkliche Operation und ihre symbolische Darstellung sind in Tabelle 17.3 durch geschweifte Klammern zusammengefaßt. Obwohl nur einige solche Paare gezeigt sind, kann jeder Operator und jede Operation durch geeignete Symbole dargestellt werden.

Die Nützlichkeit mathematischer Operationen bei der Anwendung auf die Naturwissenschaften besteht darin, daß wirkliche Operatoren und Operationen auf dem Papier durch analoge mathematische Operatoren und Operationen simuliert werden können. So kann man Lösungen zu Problemen erhalten,

Tabelle 17.3. Einige Operatoren und Operationen

Operand	Operator	Operation	Ergebnis
Rohstoffe	Fabrik	Fabrikation	Waren
Wasser	Wärme	Kochen	Dampf
$\{$ Zahl n	Multiplikator n	Quadrieren $n \cdot n$	Quadratzahl n^2
Eingangsleistung bei I_1, U_1	Transformator	Transformation	Ausgangsleistung bei I_2, U_2
$\{$ Elektrisches Signal $U = f(t)$	Linearer Verstärker $\times 100$	Verstärkung (Multiplikation)	Verstärktes Signal $U = 100 f(t)$
$\{$ Sinuswelle $A\,\mathrm{e}^{\mathrm{i}\omega t}$	Phasenschieber $\mathrm{e}^{\mathrm{i}\theta}$	Phasenverschiebung (Multiplikation)	Phasenverschobene Welle $A\,\mathrm{e}^{\mathrm{i}(\omega t+\theta)}$
$f(x)$	$\dfrac{\mathrm{d}}{\mathrm{d}x}$	Ableitung	Steigung
$f(x)$	$\int_{x_1}^{x_2}$	Integration	Fläche
Leinwand	Farbe, Pinsel	Malen	Bild
$\{$ Sinuswelle $A \sin 2\pi f t$	Frequenzverdoppler	Frequenzverdopplung	Sinuswelle doppelter Frequenz $A \sin 4\pi f t$

ohne ständig ins Feld oder ins Labor gehen zu müssen, um Experimente durchzuführen. Wie teuer und verschwenderisch wäre es, wenn ein Ingenieur bei der Frage „Wie stark muß das Seil dieser Hängebrücke sein, um die zu erwartende Last zu tragen?" wirklich eine solche Brücke *bauen* müßte, um zu sehen, ob sie die Last aushält! Wie hätte je ein Mensch auf den Mond gelangen können, wenn nicht vorher ein genaues Programm für die Reise errechnet worden wäre? Es war ja noch niemand da gewesen, aber es war unabdingbar, vorher zu wissen, was passieren würde. Man mußte also darauf vertrauen, daß die Mathematik die reale Situation zuverlässig wiedergibt.

Bei der Untersuchung von Kontaktpunkten zwischen rein mathematischen Konzepten und möglichen wissenschaftlichen Anwendungen bemerkte Browder[6]: „Um eine Metapher aus der Industrie zu benutzen – die Mathematik, und vor allem die reine Mathematik, ist die Werkzeugindustrie der Naturwissenschaften, und wir können nicht nur die Werkzeuge benutzen, die in der Vergangenheit hergestellt wurden. Es sei denn, wir glauben, daß die Naturwissenschaften nie wieder wichtige Probleme zu lösen haben werden. Das wäre offensichtlich ein

---

[6] F.E. Browder: Does pure mathematics have a relation to the sciences?, Am. Sci. **64** 542-9 (1976)

Irrglaube... Die potentielle Nützlichkeit von mathematischen Konzepten und Methoden bei der Förderung des wissenschaftlichen Verständnisses hat sehr wenig damit zu tun, was wir voraussehen können, bevor die Konzepte und Methoden entwickelt werden."

Um diesen Punkt zu illustrieren, erinnert uns Browder daran, daß 200 v. Chr. der griechische Geometer Apollonius von Perga seine berühmte Abhandlung über Kegelschnitte schrieb – eine Übung in reiner Mathematik, da seine Ergebnisse im Altertum nicht angewandt wurden. Im Jahre 1604 las jedoch Kepler die Schriften des Apollonius und wandte sie in der Optik und der Untersuchung parabolischer Spiegel an. Im Jahre 1609 machte Kepler die geniale Beobachtung, daß die Bahnen der Planeten mit Ellipsen beschrieben werden sollten, nicht mit Kreisen und Epizyklen. Damit legte er den Grundstein für Newtons Theorie der Gravitation. In unserem Jahrhundert werden mathematische Konzepte sehr viel schneller angewandt, zum Beispiel in der Matrizenmechanik, in der Wellenmechanik und in Robotern.

Problemlösen besteht also aus der Anwendung geeigneter realer oder symbolischer Operationen auf die Eingabe des Problems, um eine Ausgabe zu erhalten, die die Spezifikationen einer gültigen Lösung erfüllt. Es bleibt aber noch eine harte Nuß zu knacken: Wie wählen wir die Operation oder Folge von Operationen aus, die zu einer gültigen Lösung führt?

Am naheliegendsten ist es, zufällig eine Operation nach der anderen auszuprobieren, einzeln oder in zufälligen Folgen, in der Hoffnung, eine Ausgabe zu erhalten, die die Spezifikationen des Problems erfüllt. In Anbetracht der enormen Anzahl möglicher Operationen und Operationsfolgen ist es jedoch evident, daß die Wahrscheinlichkeit, durch Zufall eine gültige Lösung zu finden, verschwindend gering ist. Es muß also einen besseren Weg geben.

Manchmal deutet die Formulierung eines Problems auf die Operationen hin, die zu seiner Lösung erforderlich sind. Das Problem „Was ist sechzehn mal vier?" zeigt deutlich, daß Multiplikation eine geeignete Operation ist. Aber was macht man in den komplizierteren Fällen, in denen solche Hinweise fehlen? Hier kommen Einfallsreichtum und Scharfsinn des Problemlösenden zum Tragen. Die Aufgabe wird oft durch das Erkennen von Ähnlichkeiten erleichtert – das ist das Thema dieses Buches. Ein Problem kommt selten allein. Die Probleme bilden Familien, und wenn ein Problem aus einer Familie gelöst ist, ist zu erwarten, daß die Anwendung einer ähnlichen Folge von Operationen auf andere Mitglieder der Familie ebenfalls zu gültigen Lösungen führen wird.

Manchmal kann ein Problem, das nicht als Mitglied einer Familie erscheint, mit etwas Geschick so umformuliert werden, daß es mit einer Familie in Verbindung gebracht werden kann. Dr. Frank Kocher hat zu diesem Thema folgenden Beitrag gegeben: Stellen Sie sich einen Raum vor, der nur einen heißen Herd, einen Tisch und einen Kessel mit kaltem Wasser auf dem Fußboden enthält. Das Problem besteht darin, das Wasser zu erhitzen, und die Lösung ist, den Kessel vom Boden aufzuheben und ihn auf den Herd zu stellen. Nehmen wir an, wir verlassen den Raum, kehren später zurück und finden den Kessel nunmehr auf dem Tisch vor anstatt auf dem Fußboden. Die allermeisten werden den Kessel vom Tisch nehmen und ihn auf den Herd stellen, aber ein Schlaumeier, der seine Augen nach Ähnlichkeiten offenhält, nimmt den Kessel vom Tisch, stellt ihn auf den Boden und sagt: „Jetzt habe ich das Problem auf ein bereits gelöstes zurückgeführt." Auf ähnliche Weise gelangte Descartes zur Lösung der allgemeinen Gleichung vierten Grades. Er führte eine Substitution der Variablen durch, die zu einer reduzierten Gleichung führte, für die bereits eine Standardlösung bekannt war.

Übungen

17.1 Eine Größe ist *invariant*, wenn sie in verschiedenen Inertialsystemen den gleichen Wert hat. Eine Größe ist *erhalten*, wenn sie sich nicht mit der Zeit ändert. Kann eine Größe invariant, aber nicht erhalten sein? Zeigen Sie, daß Energie sowohl erhalten als auch invariant ist. Zeigen Sie, daß auch die durch $E^2 - (pc)^2 = (m_0 c^2)^2$ definierte Ruhemasse eines Systems sowohl erhalten als auch invariant ist. Dabei ist E die Gesamtenergie im Laborsystem und p der Betrag des Gesamtimpulses im Laborsystem.

17.2 Der Zerfall A $\rightarrow$ B + C eines bestimmten Teilchens A in zwei andere Teilchen würde keine bekannten Naturgesetze verletzen, wenn nicht die Ruhemasse von A um Δm kleiner wäre als die Summe der Ruhemassen von B und C. Ist dieser Zerfall möglich, wenn A sich im ansonsten leeren Raum mit einer kinetischen Energie von mehr als $(\Delta m)c^2$ bewegt?

17.3 Können Sie eine Methode vorschlagen, mit der man von der Erde aus herausfinden kann, ob ein entfernter Stern aus Materie oder Antimaterie besteht? Nehmen Sie an, daß Ihnen zur Untersuchung sowohl das Licht von der Oberfläche des Sterns zur Verfügung steht, als auch die Neutrinos, die in den Kernreaktionen erzeugt werden. Diese Kernreaktionen liefern die Energie des Sterns und lassen sich in der Summe durch

$$^1_1\text{H} + {}^1_1\text{H} + {}^1_1\text{H} + {}^1_1\text{H} \rightarrow {}^4_2\text{He} + e^+ + e^+ + \nu + \nu$$

darstellen lassen.

17.4 Temperatur mißt man immer durch indirekte experimentelle Beobachtungen; es gibt keinen physikalischen Prozeß zur Addition von Temperaturen. Eine Temperatur nahe bei 0 K wird in einem magnetischen Experiment bestimmt. Die Temperatur im „magnetischen" Bereich mag nicht mit der mit einem optischen Pyrometer gemessenen Plasmatemperatur übereinstimmen. Inwieweit ist es dennoch gerechtfertigt, die *Temperatur* als *Grundgröße* in der Dimensionsanalyse zu benutzen?

17.5 Die Dimensionsanalyse hat sich vor allem in der Mechanik, der Hydrodynamik, der Aerodynamik und der Wärmeübertragung als nützlich erwiesen. Warum, denken Sie, wurden dann Diskussionen über Dimensionen im Elektromagnetismus als „reich an bedeutungslosem Geschwafel", „große, blühende

Verwirrung" und „eine Sammlung von Dummheiten" bezeichnet? (Diese Zitate sind nicht das letzte Wort zum Wert der Dimensionsanalyse.)

17.6 In einem eindimensionalen Temperaturfeld ist $\partial T/\partial t = a\partial^2 T/\partial x^2$, wobei T die Temperatur ist und t die Zeit. Die Potentialverteilung in einem Leiter wird durch

$$\frac{\partial V}{\partial t} = \frac{1}{RC}\frac{\partial^2 V}{\partial x^2}$$

beschrieben. Die sogenannte Fourier-Zahl at_0/l^2 entspricht der Größe t_0/RCl^2. Warum würden Sie eine elektrische Analogie benutzen, um Temperaturänderungen in der Erde bis zu einer Tiefe von 10 m zu untersuchen? Schlagen Sie eine Vorgehensweise vor!

17.7 Fügen Sie der Liste in Tabelle 17.3 drei weitere Operatoren und Operationen hinzu.

17.8 Was sagen Sie zu der folgenden Behauptung: „In der Lösung eines Problems gibt es nichts, was nicht schon implizit in der Eingabe enthalten wäre."

17.9 Die Zuordnung von Dimensionen ist reine Konventionssache. Geben Sie die Dimension eines Trägheitsmoments (a) im Masse-Länge-Zeit-System und (b) im Kraft-Länge-Zeit-System an. (c) Betrachten Sie ein System S, in dem die Einheit der Arbeit das Energieäquivalent einer Masse von einem Gramm ist ($E = mc^2$). Nehmen Sie Masse und Zeit als Grundgrößen mit den Einheiten Gramm und Sekunde. Was sind die Dimensionen von Länge, Geschwindigkeit und Kraft im System S, wenn die Newtonsche Bewegungsgleichung $F = ma$ beibehalten werden soll? (d) Zeigen Sie, daß die Längeneinheit im System S die Entfernung ist, die Licht in einer Sekunde zurücklegt.

17.10 Wenn die Platten eines geladenen Kondensators plötzlich durch einen Leiter verbunden werden, hängt die Periode T, mit der die Ladung zwischen den Platten oszilliert, vom Widerstand R und der Induktivität L des Leiters und von der Kapazität C des Kondensators ab. (a) Bestimmen Sie die allgemeine Form der Gleichung für T durch Dimensionsanalyse. Wie hängt T (b) von C und (c) von R ab, wenn L vernachlässigbar ist?

17.11 Bestimmen Sie durch Dimensionsanalyse die Beschleunigung eines Punktes, der sich mit konstanter Geschwindigkeit auf einem Kreis bewegt.

17.12 Benutzen Sie die Dimensionsanalyse, um die Ausbreitungsgeschwindigkeit einer Welle in tiefem Wasser zu bestimmen. Da die Schwerkraft dominiert, können Sie Oberflächenspannung und Viskosität vernachlässigen. Nehmen Sie an, daß die Tiefe zu groß ist, um die Geschwindigkeit zu beeinflussen.

17.13 Lord Rayleigh schlug vor, die Schwingung eines Sterns, eines flüssigen, durch seine eigene Gravitation zusammengehaltenen Körpers, durch Dimensionsanalyse zu bestimmen. Nehmen Sie an, daß die Frequenz f einer Eigenschwingung durch den Durchmesser D, die Dichte ρ und die Gravitationskonstante G beeinflußt werden kann. Zeigen Sie, daß die Frequenz nicht vom Durchmesser abhängt und der Wurzel aus der Dichte proportional ist.

17.14 Das Wasser in einem 20 m breiten Fluß fließt mit einer Geschwindigkeit von $2\,\mathrm{m\,s^{-1}}$ um eine Biegung mit dem Radius 100 m. Wieviel höher ist der Wasserspiegel auf der Außenseite der Kurve als auf der Innenseite? Bestimmen Sie die Eingangsdaten. Zählen Sie in logischer Reihenfolge die Operatoren und Operationen auf, die zur Lösung dieses Problems gebraucht werden, und beschreiben Sie sie.

18. Allerlei Ähnlichkeiten

> Eine einzelne Tatsache kann jeder beobachten; ein gewöhnlicher Mensch ebenso wie ein Weiser. Doch nur der wahre Physiker sieht das Band, das mehrere Tatsachen verknüpft, die in einem wichtigen, aber verborgenen Zusammenhang stehen.
>
> *Jules Henri Poincaré*

18.1 Einleitung

In den vorangehenden Kapiteln haben wir uns mit zahlreichen Ähnlichkeiten zwischen Phänomenen aus verschiedenen Bereichen von Physik und Technik beschäftigt. Die ausgewählten Fälle sollten das Spektrum der Ähnlichkeiten illustrieren, nicht erschöpfen. Viele Gelegenheiten, Ähnlichkeiten aufzuzeigen, wurden notgedrungen ausgelassen. Wir möchten nun in diesem letzten Kapitel einige der noch nicht besprochenen Ähnlichkeiten erwähnen, die uns besonders interessant erscheinen.

18.2 Gedanken zur Thermodynamik

Die Thermodynamik befaßt sich mit der Beziehung zwischen Wärmeenergie und anderen Energieformen, insbesondere der Arbeit. Arbeit wird in vielen physikalischen Systemen geleistet. Die geleistete Arbeit oder die vorhandene Energie wird oft durch das Produkt zweier Größen ausgedrückt. In der Mechanik sind diese beiden Größen zum Beispiel die Kraft F und der Weg Δx. In der Rotationsmechanik sind es das Drehmoment τ und die Winkelauslenkung $\Delta\theta$. Ein Gewicht mg, das um eine Höhe Δh fällt, leistet die Arbeit $mg\Delta h$. Ebenso leistet eine elektrische Ladung q, die eine Potentialdifferenz ΔU durchläuft, die Arbeit $q\Delta U$. Unter dem Druck p komprimiertes Gas leistet bei einer Ausdehnung um das Volumen ΔV die Arbeit $p\Delta V$. Wenn wir diese Beispiele sammeln und noch ein paar hinzufügen, erhalten wir die Ähnlichkeitstabelle 18.1.

18. Allerlei Ähnlichkeiten

Tabelle 18.1.

Physikalisches System	Erste Größe	Zweite Größe	Arbeit oder Energie
Fallendes Gewicht	mg	Δh	$mg\Delta h$
Sich abwickelnde Spiralfeder	τ	$\Delta\theta$	$\tau\Delta\theta$
Expandierendes Gas	p	Δv	$p\Delta v$
Stromkreis	q	ΔU	$q\Delta U$
Geschobener Gegenstand	cmg[†]	Δx	$cmg\Delta x$
Fahrendes Schiff	F[‡]	Δx	$F\Delta x$

Beachten Sie, daß in den ersten vier Situationen von Tabelle 18.1 die *vom* System geleistete Arbeit zuvor *am* System geleistet worden sein muß. In der Zwischenzeit wohnt sie dem System als potentielle Energie inne.

In den letzten beiden Situationen wird Arbeit *am* System geleistet, aber es besteht keine Möglichkeit, sie zu speichern und später wieder freizusetzen. Gegen Reibung geleistete Arbeit geht als Wärme verloren, und Arbeit, die zum Antrieb des Schiffes geleistet wird, geht in Wellen und Turbulenzen im Wasser verloren.

In Anbetracht der Ähnlichkeiten in Tabelle 18.1 könnte man naiv erwarten, daß man von einem System die Arbeit $Q\Delta T$ leisten lassen kann, indem man eine Wärmemenge Q durch eine Temperaturdifferenz ΔT fallen läßt. Die thermodynamische Bestimmung des Wirkungsgrades eines Carnot-Prozesses zeigt jedoch, daß man von einer Wärmemenge Q, die einer Wärmequelle bei der Temperatur T entnommen wird, höchstens die Arbeit

$$W = \frac{Q\Delta T}{T} \tag{18.1}$$

leisten lassen kann. Nun werden Sie fragen: „Warum ist die Regelmäßigkeit der Ausdrücke für die Energie in der letzten Spalte von Tabelle 18.1 in diesem speziellen Fall verletzt? Was ist so besonders an der Wärme, daß man dafür eine Gleichung braucht, die den anderen *nicht* ähnelt?"

Die Wärme unterscheidet sich von den anderen Größen darin, daß sie nicht die richtige Dimension hat, um in der zweiten oder dritten Spalte von Tabelle 18.1 zu stehen. Wärme hat bereits die Dimension einer Energie.

Das Beispiel der Wärme ist nicht so anomal, wie es zunächst scheint. Betrachten wir eine analoge Situation in der Mechanik, in der eine Masse m auf einem Berggipfel ruht und darauf wartet, ins Tal zu rollen und dabei Arbeit zu leisten. Auf dem Gipfel hat die Masse den Abstand r_1 vom Erdmittelpunkt,

---

[†] c ist der Reibungskoeffizient.
[‡] F ist der Propellerschub.

und damit die potentielle Energie $\int_0^{r_1} mg(r)\,dr$. Diese Energie entspricht einer Wärmemenge Q_1 bei einer Quelltemperatur T_1. Nachdem die Masse ins Tal gerollt ist, hat sie den Abstand r_2 vom Erdmittelpunkt, und damit die potentielle Energie $\int_0^{r_2} mg(r)\,dr$. Die Arbeit, die sie leisten konnte, ist die Differenz zwischen diesen beiden Integralen. Obwohl die Masse so tief wie möglich liegt, hat sie noch die potentielle Energie $\int_0^{r_2} mg(r)\,dr$. Diese Energie ist nicht als Arbeit verfügbar, weil die Masse sich dem Erdmittelpunkt nicht weiter nähern kann. Diese nicht verfügbare Restenergie entspricht der Wärmemenge Q_2, die eine Wärmekraftmaschine wieder abgibt, weil die Temperatur T_2 des Kondensors nicht weiter gesenkt werden kann. Diese Analogie ist in Abb. 18.1 dargestellt.

Vielleicht haben Sie einmal die folgende Behauptung gehört oder gelesen: „Man kann Arbeit mit einem Wirkungsgrad von 100% in Wärme verwandeln, so daß für alle 4.19 J umgesetzter Arbeit eine Kalorie Wärme produziert wird. Man kann jedoch mit keiner physikalisch realisierbaren Wärmekraftmaschine eine Kalorie Wärme in 4.19 J zurückverwandeln." Diese Aussage ist etwas schwammig; wir wollen sie präzisieren. Es ist wahr, daß man Wärme durch eine Temperaturdifferenz schicken muß, wenn Arbeit geleistet werden soll. Stellen Sie sich eine Wärmekraftmaschine vor, die zwischen einer Quelltemperatur von 600 K und einer Kondensortemperatur von 300 K arbeitet. Diese Maschine könnte prinzipiell zwei Kalorien Wärme aus der Quelle entnehmen, *eine* Kalorie zur Verrichtung von Arbeit verwenden und eine Kalorie an den Kondensor abgeben. In diesem Zusammenhang ist die obige Aussage richtig, doch die eine Kalorie Wärmeenergie, die „verschwindet", wird zu 100% in Arbeit umgewandelt.

Abbildung 18.1 legt eine Analogie nahe zwischen einem „Wärmetod" des Universums und einem „Schwerkrafttod" der Erde. Wenn alle Wärmequellen im Universum verbraucht sind, wird es keine Temperaturdifferenzen mehr geben, die man zur Arbeitsleistung in Wärmekraftmaschinen einsetzen könnte. Das Universum wird dann gleich viel Energie enthalten wie jetzt, doch die Energie wird nicht zum Leisten von Arbeit verfügbar sein. Ebenso wird es keine Berghänge mehr geben, auf denen Massen ins Tal rollen können, wenn die höhergelegenen Massen die Täler aufgefüllt haben. Die Erde ist dann tot, was das Leisten von Arbeit durch fallende Massen betrifft. Sie hat zwar noch eine sehr große potentielle Energie, doch diese Energie ist nicht verfügbar.

18.3 Wellenfortpflanzung in verlustbehafteten Medien

Wechselstromübertragungsleitung. Bei der Betrachtung des Gleichstroms in einer langen Zweidrahtleitung in Abschnitt 4.4 haben wir sowohl den Eigenwiderstand der Drähte als auch die Leckleitung zwischen ihnen berücksichtigt. Wenn es um die Übertragung von Wechselstrom geht, müssen wir weitere Eigenschaften der Übertragungsleitung in die Betrachtung einbeziehen. Abbildung 18.2 zeigt, daß eine typische Übertragungsleitung für Wechselstrom aus einer Reihe von Einheitsabschnitten mit dem Eigenwiderstand r, dem Ableitwiderstand R, der Induktivität L und der Querkapazität C besteht. Eigenwi-

18. Allerlei Ähnlichkeiten

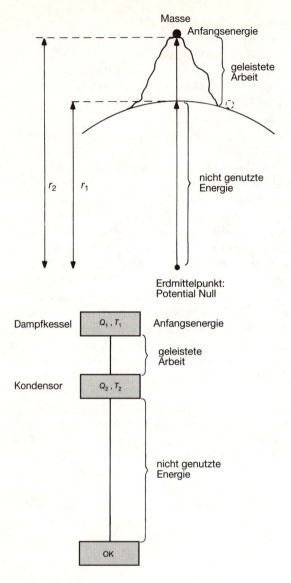

Abb. 18.1. Die Gravitationsenergie einer Masse kann wie die thermische Energie einer Wärmequelle nur zum Teil genutzt werden.

stand, Induktivität und Querkapazität sind auf eine Längeneinheit bezogen; für den Ableitwiderstand muß dagegen wie in Abschnitt 4.4 der Leitwert G auf die Längeneinheit bezogen werden. Diese Eigenschaften sind in Abb. 18.2 durch diskrete Elemente dargestellt; in Wirklichkeit sind sie gleichmäßig auf die Leitung verteilt.

18.3 Wellenfortpflanzung in verlustbehafteten Medien

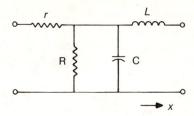

Abb. 18.2. Eine Wechselstromleitung setzt sich aus solchen Einheitsabschnitten zusammen.

Wenn ein Wechselstrom $i_0 = i_a \sin 2\pi f t$ bei $x = 0$ in eine solche Leitung eingespeist wird, zeigt sich[1], daß der Strom an jedem Punkt x der Leitung durch

$$i = i_0 \, e^{-\Gamma x} \tag{18.2}$$

gegeben ist. Die Konstante Γ bezeichnet man als Ausbreitungskoeffizient. Sie setzt sich aus der Dämpfungskonstante α und der Phasenkonstante ϕ zusammen: $\Gamma = \alpha + i\phi$. Man kann für α und ϕ folgende Ausdrücke herleiten:

$$\begin{aligned}\alpha &= \frac{1}{\sqrt{2}}\sqrt{rG - 4\pi^2 f^2 LC + \sqrt{(r^2 + 4\pi^2 f^2 L^2)(G^2 + 4\pi^2 f^2 C^2)}}\,, \\ \phi &= \frac{1}{\sqrt{2}}\sqrt{-rG + 4\pi^2 f^2 LC + \sqrt{(r^2 + 4\pi^2 f^2 L^2)(G^2 + 4\pi^2 f^2 C^2)}}\,.\end{aligned} \tag{18.3}$$

Beim Entwurf von Übertragungsleitungen können G und L so klein gewählt werden, daß bei normalen Übertragungsfrequenzen das Verhalten der Leitung durch r und C bestimmt wird. Das gilt insbesondere für Unterwasserleitungen, bei denen man die Leiter nicht weit voneinander entfernen kann, um die Kapazität zu verringern. Wenn wir für G und L in (18.3) Null einsetzen, erhalten wir

$$\alpha = \phi = \sqrt{\pi f r C}\,,$$

und damit

$$i = i_a \, e^{-x\sqrt{\pi f r C}} \sin(2\pi f t - x\sqrt{\pi f r C})\,. \tag{18.4}$$

Diese Gleichung zeigt, daß der Strom entlang der Leitung dem Betrag nach exponentiell abfällt und eine Phasenverzögerung erleidet, die durch $x\sqrt{\pi f r C}$ gegeben ist. Dieses Ergebnis bedeutet physikalisch, daß der Strom nach und nach durch das Laden und Entladen der Kapazitäten aufgebraucht wird.

Der durch (18.4) beschriebene exponentielle Abfall ist bei höheren Frequenzen f stärker. Das wirkte sich früher bei der Übertragung mit Unterwasserkabeln aus. Die Punkte und Striche des Morsealphabets, die auf den Leitungen übertragen werden sollten, enthielten scharfe Kanten. Die hochfrequenten Fourierkomponenten breiteten sich jedoch schneller aus und wurden stärker abgeschwächt,

---

[1] Page und Adams: *Principles of Electricity* (Van Nostrand, New York, NY), Kapitel 15
W.B. Smythe: *Static and Dynamic Electricity* (Hemisphere, Washington, DC 1989), Kapitel 10

so daß die empfangenen Signale keine scharfen Kanten mehr enthielten; die Striche und Punkte wurden bis zur Unkenntlichkeit geglättet. Die heutigen Unterwasserkabel enthalten zusätzliche Induktivitäten, die für eine gleichmäßige Frequenzcharakteristik im Bereich der menschlichen Sprache sorgen (siehe Abschnitt 11.2).

Temperaturwellen in der Erde. Wenden wir uns nun einem analogen Vorgang bei der Wärmeleitung zu. Wir möchten das Eindringen der täglichen und jährlichen Temperaturschwankungen in die Erde analysieren. Die Erdoberfläche wird während des Tages erhitzt und kühlt sich in der Nacht ab. Diese Temperaturschwankung kann man näherungsweise als sinusförmig annehmen: $T = T_m + T_a \sin 2\pi f t$, wobei T_m die mittlere Temperatur ist und T_a die Amplitude der Temperaturschwankungen an der Oberfläche. Wir möchten nun herausfinden, wie die Temperatur unterhalb der Oberfläche schwankt.

Die Wärmeflußgleichung, der die Lösung dieses Problems genügen muß, lautet

$$\frac{\partial T}{\partial t} = \frac{\kappa}{\rho c} \frac{\partial^2 T}{\partial x^2} \, . \tag{18.5}$$

Dies ist eine Kontinuitätsgleichung. Sie besagt, daß die Rate, mit der sich die Temperatur eines Volumenelements ändert, der Rate proportional ist, mit der Wärme in das Volumenelement hineinfließt. Die Proportionalitätskonstante $\kappa/\rho c$ bezeichnet man als Temperaturleitfähigkeit des Mediums; sie setzt sich aus der Wärmeleitfähigkeit κ, der Dichte ρ und der spezifischen Wärmekapazität c zusammen.

Wie möchten nun den Wärmefluß in einer Situation bestimmen, in der die Oberfläche des Mediums periodischen Temperaturschwankungen unterworfen ist. Wir brauchen also eine Lösung von Gleichung (18.5), die der Randbedingung

$$T_{x=0} = T_m + T_a \sin(2\pi f t)$$

genügt. Lord Kelvin entwickelte eine solche Lösung und benutzte sie bei seiner Untersuchung der Temperaturwellen in der Erde; danach ergibt sich die Temperatur in einer Tiefe x zu

$$\boxed{T = T_m + T_a e^{-x\sqrt{\pi f \rho c/\kappa}} \sin(2\pi f t - x\sqrt{\pi f \rho c/\kappa}) \, .} \tag{18.6}$$

Diese Gleichung zeigt, daß die Amplitude der Temperaturschwankungen mit dem Abstand von der Oberfläche exponentiell abfällt. Außerdem erleiden die Schwankungen eine Phasenverzögerung, die durch $x\sqrt{\pi f \rho c/\kappa}$ gegeben ist. Die Ähnlichkeit zwischen Gleichung (18.6) und Gleichung (18.4) legt es nahe, die Erde als Übertragungsleitung für Temperaturwellen anzusehen. Die Wärmeleitfähigkeit κ der Erde entspricht dem Kehrwert des Eigenwiderstandes r der elektrischen Leitung, und die Größe ρc, die auf das Einheitsvolumen bezogene Wärmekapazität, entspricht der Kapazität C pro Längeneinheit der elektrischen Leitung. Wir bemerken an dieser Stelle, daß bei der Wärmeleitung keine Größe auftritt, die der elektrischen Induktivität entspricht, und daß die Induktivität der in diesem Abschnitt betrachteten Übertragungsleitungen als vernachlässigbar angenommen wurde. Die Analogie zwischen dem thermischen und dem elektrischen Modell ist daher gültig.

Gleichung (18.6) zeigt, daß der exponentielle Abfall der Temperaturschwankungen mit dem Abstand von der Oberfläche von der Frequenz der Schwankungen abhängt. Je höher die Frequenz, desto steiler der Abfall. Diese Voraussage bestätigt sich in der Natur. Jahreszeitliche Schwankungen können in der Erde bis zu 20 m tief nachgewiesen werden, während tägliche Schwankungen in mehr als 1 m Tiefe fast keine Auswirkungen mehr haben.

pn-Übergang. Wir wollen uns nun kurz mit der Theorie von pn-Übergängen befassen. In einer pn-Diode wird der Strom von Teilchen geleitet, die beim Durchqueren des pn-Übergangs zu Minoritätsladungsträgern[2] werden. Diese Minoritätsträger diffundieren vom Übergang weg und rekombinieren dabei mit den Majoritätsträgern. Die Konzentration der Minoritätsträger nimmt also mit dem Abstand vom Übergang ab, und dieser Konzentrationsgradient hält die Diffusion in Gang. Wenn ein Wechselstrom $i_a \sin(2\pi f t)$ durch den Übergang fließt, beträgt die Konzentration direkt hinter dem Übergang $c_a \sin(2\pi f t)$. Die Konzentration c der Minoritätsträger im Abstand x vom Übergang ergibt sich zu

$$\boxed{c = c_a \, e^{-gx} \sin(2\pi f t - hx)\,,} \tag{18.7}$$

mit

$$g^2 = \frac{1}{2}\left(\frac{1}{D\tau} + \sqrt{\frac{1}{D^2\tau^2} + \frac{4\pi^2 f^2}{D^2}}\right)$$

und

$$h^2 = \frac{1}{2}\left(-\frac{1}{D\tau} + \sqrt{\frac{1}{D^2\tau^2} + \frac{4\pi^2 f^2}{D^2}}\right)\,.$$

In diesen Gleichungen ist D die Diffusionskonstante der Minoritätsträger und τ ihre mittlere Lebensdauer vor der Rekombination. Die Ähnlichkeit zwischen den Gleichungen (18.7), (18.6) und (18.4) springt sofort ins Auge. Wir können also einen Halbleiter in der Nähe eines pn-Übergangs als verlustbehaftete Übertragungsleitung für Minoritätsträger ansehen, die den Übergang durchquert haben.

Bei der Diffusion gibt es, wie bei der Wärmeübertragung, keine Eigenschaft, die der Trägheit in der Mechanik oder der Induktivität in der Elektrizitätslehre entspricht. Gleichungen (18.7), (18.6) und (18.4) sind Lösungen ähnlicher Differentialgleichungen zweiter Ordnung. Diese nennt man manchmal diffusionsartige Gleichungen, um sie von den „normalen" Wellengleichungen wie Gleichung (7.1) zu unterscheiden, in denen Trägheit oder Induktivität auftritt.

Reizt es Ihre Phantasie, daß der Strom in einem 5000 Kilometer langen Unterwasserkabel das gleiche physikalische Verhalten zeigt wie die Konzentration von Minoritätsträgern in einer 10^{-3} cm dicken Schicht eines Halbleiters? Solche Ähnlichkeiten sind der Natur eigen.

---

[2]In einem p-Halbleiter sind die Elektronen die Minoritätsladungsträger, in einem n-Halbleiter sind es die positiven Löcher.

18.4 Steuerung durch Rückkopplung

Der schottische Ingenieur und Philosoph James Watt hat die Dampfmaschine in vieler Hinsicht verbessert. Ungefähr 1800 erfand er den Fliehkraftregler, der automatisch die Geschwindigkeit einer rotierenden Dampfmaschine regelt. In diesem Gerät (Abb. 18.3) sind zwei Massen C mit Scharnieren an einem vertikalen Schaft S befestigt, dessen Umdrehungsgeschwindigkeit der der Dampfmaschine proportional ist. Erhöht sich die Rotationsgeschwindigkeit, so wird die erhöhte Zentripetalkraft dadurch aufgebracht, daß die Massen an den Scharnieren nach außen schwingen. Dadurch wird der Schaft S nach unten gedrückt, und durch Bewegung des Ventils V wird der Dampfstrom vermindert. Wird die Geschwindigkeit der Maschine herabgesetzt, so sinken die Massen und öffnen das Ventil. So bleibt die Geschwindigkeit der Maschine bei verschiedenen Belastungen annähernd konstant.

Der Fliehkraftregler ist ein Beispiel für Rückkopplung: „Ausgangssignale" eines Gerätes werden auf den „Eingang" zurückgeleitet, um die Funktion des Gerätes zu verbessern. Im Fliehkraftregler findet *negative* Rückkopplung statt, denn er *verringert* den Dampfstrom bei höheren Rotationsgeschwindigkeiten. Wenn er falsch installiert wird, so daß bei höheren Geschwindigkeiten mehr Dampf zugeführt wird, kommt es zu *positiver* Rückkopplung, die die Maschine durch immer höhere Geschwindigkeiten möglicherweise zerstört.

Ein noch älteres Beispiel der Rückkopplung ist ein Dialog. Wenn nur einer der Gesprächspartner spricht, gibt es keine Garantie, daß der andere das Gesagte verstanden hat. Wenn aber zwei Personen ständig Rücksprache halten, kann es zu einer kritischen und wissenschaftlichen Unterhaltung kommen.

Der Mathematiker Norbert Wiener prägte 1948 den Begriff *Kybernetik*, um die Theorie der Steuerung und Kommunikation in Maschinen und Tieren zu bezeichnen. Die Idee der Rückkopplung liegt dieser Theorie zugrunde, wie auch der *Automation*. Den letzteren Begriff prägte der amerikanische Industrielle D.S.

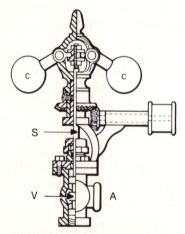

Abb. 18.3. Die Geschwindigkeit einer Dampfmaschine bleibt konstant, wenn der Fliehkraftregler das Dampfventil V reguliert.

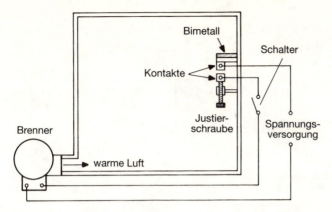

Abb. 18.4. Die Raumtemperatur wird durch die einfache An-Aus-Funktion des Thermostaten geregelt.

Harder 1936 für die Anwendung mechanischer und elektronischer Verfahren zur Minimierung menschlichen Arbeitseinsatzes.

Rückwärtsregelung. Man unterscheidet zwischen Vorwärtsregelung und Rückwärtsregelung. In einem *vorwärts geregelten* System hängt die Regelung nicht von der Ausgabe ab. Stellen Sie sich vor, Sie möchten den Temperaturverlauf in einem Schmelzofen so regeln, daß die Temperatur zunächst auf einen bestimmten Wert steigt, einige Minuten konstant bleibt und schließlich zunächst langsam, dann immer schneller sinkt. Sie könnten eine Kurvenscheibe entwerfen, die langsam von einem Uhrwerk gedreht wird und durch Druck auf ein Ventil zur richtigen Zeit die richtige Menge Heizgas in den Ofen strömen läßt. Wenn aber jemand ein Fenster öffnet, wenn sich der Gasdruck ändert oder wenn sonst eine Störung eintritt, kann Ihr vorwärts geregeltes System nicht reagieren und wird daher nicht das gewünschte Ergebnis erzielen.

In einem *rückwärts geregelten* System wird die Regelung von der Ausgabe beeinflußt. Ein einfaches Beispiel ist der Temperaturregler in einer gewöhnlichen Heizung (Abb. 18.4). Am Thermostaten wird mit einer Schraube der Abstand zwischen den Kontakten verändert und damit die gewünschte Temperatur eingestellt. Ein Bimetall mißt die Temperatur mit Hilfe der verschiedenen thermischen Expansion zweier Metalle. Das gezeigte Bimetall ist so beschaffen, daß es sich nach unten biegt, wenn die Temperatur sinkt. Wenn die Raumtemperatur unter den eingestellten Wert sinkt, schließen sich die Kontakte. Wenn außerdem der Hauptschalter geschlossen ist, wird der Brenner in Gang gesetzt. Wenn sich der Raum über die eingestellte Temperatur hinaus erwärmt hat, biegt sich das Bimetall zurück, der Kontakt wird unterbrochen, und der Brenner wird abgeschaltet. Sollte die Raumtemperatur wieder unter den eingestellten Wert fallen, schließen sich die Kontakte wieder, bis die gewünschte Temperatur erreicht ist. Die Raumtemperatur wird so unabhängig von der Außentemperatur, vom Wind und von anderen Einflüssen in der Nähe des gewünschten Wertes gehalten.

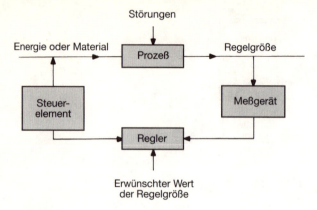

Abb. 18.5. Wenn der gewünschte Wert der Regelgröße am Regler eingestellt wird, werden Abweichungen von diesem Wert durch die Rückkopplungsschleife ausgeglichen.

Ein rückwärts geregeltes (oder rückgekoppeltes) System hat einen Sensor, der die zu regelnde Größe mißt, und einen Regler, der den tatsächlichen Wert mit dem erwünschten vergleicht und eine Korrektur veranlaßt, wenn beide nicht übereinstimmen (Abb. 18.5). Ein Vorgang, in dem ein Mensch die Regelung ausübt, kann auch als rückwärts geregeltes System angesehen werden, wenn der Mensch den Fehler, also die Differenz aus gewünschtem und tatsächlichem Wert, bestimmt und die entsprechende Korrektur durchführt.

Einige Regelungsmechanismen. In den bisherigen Beispielen ging es um einfache An-Aus-Regelung. Stellen Sie sich jedoch vor, Sie möchten das Wasser in einem Tank bei 50 °C halten, indem Sie den Dampfzufluß regeln (Abb. 18.6). Bei ganz abgedrehtem Dampf hätte das Wasser ungefähr die Temperatur 10 °C; bei ganz geöffnetem Ventil würde die Temperatur etwa 80 °C betragen. Sie würden wahrscheinlich jede Abweichung der gemessenen Temperatur von der gewünschten Temperatur, 50 °C, feststellen und entsprechend das Ventil ver-

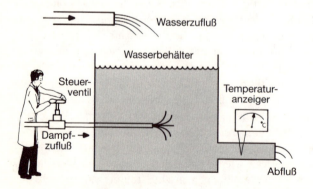

Abb. 18.6. Bei Justierung des Dampfflusses bleibt die Wassertemperatur im Behälter konstant.

stellen. Bei einer kleinen Abweichung würden Sie die Einstellung des Ventils nur wenig ändern, bei einer großen Abweichung dagegen mehr. Es handelt sich also nicht um eine einfache An-Aus-Regelung. Mit etwas Erfahrung könnten Sie vielleicht sogar die Einstellung des Ventils von der *Rate* abhängig machen, mit der sich die Temperatur ändert. Diese und andere Arten der Regelung werden häufig in automatische Regelsysteme eingebaut, die schneller und genauer reagieren, als ein Mensch reagieren könnte.

Durch die An-Aus-Wirkung des Thermostaten in Abb. 18.4 bleibt die Raumtemperatur idealerweise bei einem ganz bestimmten Wert konstant. Es gibt noch eine andere Art der An-Aus-Wirkung, bei der erst dann eine Korrekturmaßnahme ergriffen wird, wenn die Regelgröße aus einem erlaubten Bereich herauswandert.

Bei einem *Proportionalregler* besteht ein linearer Zusammenhang zwischen dem Wert der Regelgröße und der Einstellung des Kontrollelements (wie zum Beispiel des Ventils in Abb. 18.6). In einem Regler mit *Stellgeschwindigkeit* bewegt sich das Steuerelement mit konstanter Rate zwischen seinen beiden Extremeinstellungen. Eine naheliegende Verfeinerung ist ein Regler mit mehreren Stellgeschwindigkeiten, die je nach Größe des Fehlers ausgewählt werden. Es gibt Proportionalregler mit variabler Stellgeschwindigkeit, die als Rückstellregler bezeichnet werden. Es gibt sogar noch ausgefeiltere Regelungsmechanismen wie zum Beispiel die Differentialregelung, die die zweite Ableitung der Regelgröße verwendet. Im allgemeinen benutzt man den einfachsten Regelungsmechanismus, der die Anforderungen des zu kontrollierenden Prozesses erfüllt.

Stabilität und Genauigkeit. Man kann die *Sensitivität* eines Regelsystems etwas locker als Korrekturaufwand pro Fehler definieren. *Instabilität* ist die Tendenz der Regelgröße, entweder zwischen bestimmten Grenzen oder mit unbeschränkter Amplitude zu oszillieren. Eine zu hohe Sensitivität führt zu Instabilität. Instabilität hängt mit Zeitverzögerungen im Sensor, im Regler und im geregelten Prozeß selbst zusammen. Ein Wasserbad braucht zum Beispiel einige Zeit, um zugeführte Wärme zu absorbieren.

Abbildung 18.7a zeigt das Verhalten eines absolut instabilen Systems. Systeme, die wie in Abb. 18.7b gezeigt reagieren, nennt man relativ stabil. Nach einer Störung nähern sich diese Systeme mit gedämpften Oszillationen einem neuen Gleichgewicht. Das durch die untere Kurve beschriebene System hat eine höhere Stabilität als das andere.

Eine Erhöhung der Genauigkeit eines Rückkopplungssystems bedeutet eine Reduktion sowohl der Einschwingfehler als auch der Fehler im stationären Zustand. Oft kann man durch Erhöhung der Sensitivität eine größere Genauigkeit erreichen; weil aber dadurch gleichzeitig auch die Stabilität beeinträchtigt wird, muß man einen Kompromiß finden.

Servolenkung. Rückkopplungsregelung wurde erstmals 1850 in Amerika auf das Steuern von Schiffen angewandt. Auf Rückkopplung basierende hydraulische Steuersysteme wurden um 1870 für die britische Royal Navy hergestellt. Ein Steuersystem mit einem elektrischen Servomechanismus ist in Abb. 18.8 dargestellt. Ein Servomechanismus ist ein rückgekoppeltes System, das einen

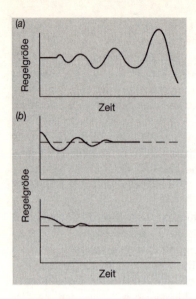

Abb. 18.7. Das in (a) dargestellte System ist instabil und oszilliert mit wachsender Amplitude. Die in (b) dargestellten Systeme sind relativ stabil, und Oszillationen in der Regelgröße sterben schnell aus.

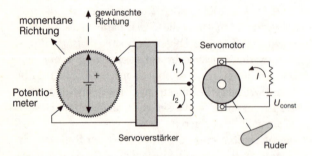

Abb. 18.8. Wenn ein Schiff nicht in die Richtung fährt, die am Kreiselkompaß eingestellt ist, korrigieren Servoverstärker und Servomotor den Fehler, der am Potentiometer bestimmt wird.

Sensor, einen Verstärker und einen Servomotor benutzt, um eine mechanische Bewegung mit geringer Leistung in eine mechanische Bewegung umzusetzen, die erheblich mehr Leistung erfordert. In dem gezeigten System ist die Widerstandsspule eines Spannungsteilers am Rumpf des Schiffes befestigt. Die gewünschte Fahrtrichtung ist am Kreiselkompaß eingestellt. Jede Abweichung des Kurses von dieser Richtung wird, in Betrag und Vorzeichen, von der Spannung signalisiert, die der Spannungsteiler an den Verstärker liefert. Das Ruder wird von einem Servomotor bewegt. Dieser wird durch Änderung des Feldstroms bei konstantem Ankerstrom geregelt. Die Feldspule des Motors hat einen Mittelan-

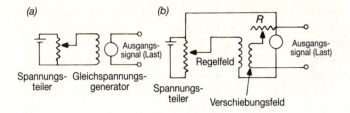

Abb. 18.9. Die gewünschte Generatorspannung erhält man im vorwärts geregelten System (**a**), indem man am Spannungsteiler einen geeigneten Feldstrom einstellt. Im rückwärts geregelten System (**b**) führt eine Änderung in der Ausgangsspannung durch Änderung des Stroms durch die Regelfeldspule zu einer Korrektur.

schluß; der Strom in den beiden Abschnitten wird von dem Gegentaktservoverstärker geliefert. Die Bewegung am Ausgang wird von einem unausgeglichenen Strom durch die Feldwindungen verursacht.

Spannungsregelung. Ein einfaches Spannungsregelungssystem für einen Gleichstromgenerator zeigt Abb. 18.9a. Durch Einstellen des Spannungsteilers kann die Ausgangsspannung des Generators geändert werden. Es handelt sich offensichtlich um eine Vorwärtsregelung: das System reagiert nicht auf Änderungen in der Last, und bei einem üblichen Doppelschlußgenerator sinkt die Spannung mit zunehmendem Laststrom. Wir könnten eine Rückwärtsregelung einführen, indem wir einen menschlichen Operateur einstellen, der ständig das Voltmeter beobachtet und den Spannungsteiler entsprechend einstellt. Eine humanere Verbesserung ist in Abb. 18.9b dargestellt: ein Teil des Ausgangs wird zurückgeleitet und mit der Referenzspannung verglichen. Jede Differenz führt zu einer Korrektur. Die Leerlaufspannung wird über den Regelwiderstand in Verbindung mit dem Verschiebungsfeld eingestellt. Wenn die Klemmenspannung sinkt, erzeugt die Spannungsdifferenz einen Strom durch das Regelfeld, und der Generator wird auf der gewünschten Spannung gehalten.

Abbildung 18.10 zeigt einen einfachen elektronischen Spannungregler mit Rückkopplung. Er hält die Spannung am Lastwiderstand innerhalb einer kleinen Toleranz konstant. Nehmen wir an, die Versorgungsspannung U oder der

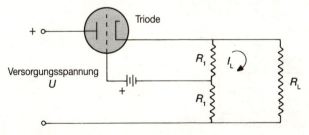

Abb. 18.10. Durch Änderung der Triodenvorspannung wird die Spannung am Lastwiderstand R_L konstant gehalten.

Lastwiderstand R_L nimmt ab. Dann sinkt die Spannung am Widerstand R_1, das Gitter erhält positiveres Potential, und der Laststrom I_L steigt. Das bringt die Lastspannung wieder auf den gewünschten Wert.

Verstärkerrückkopplung. Um in einem elektronischen Verstärker Rückkopplung einzuführen, wird ein Teil des Ausgangssignals an den Eingang geleitet. Ein Verstärker mit Rückkopplung hat im allgemeinen eine bessere Frequenzcharakteristik. Um einen solchen Verstärker zu analysieren, betrachten wir Abb. 18.11. Das sinusförmige Eingangssignal hat die Stärke U_s, der Verstärker ist durch den frequenzabhängigen Verstärkungsfaktor A charakterisiert. Ohne Rückkopplung gilt $U_o = AU_s$. Bei Rückkopplung ist das Eingangssignal $U_i = U_o + U_f$. Der Rückkopplungsterm ist $U_f = BU_o$, wobei B der Bruchteil des Ausgangssignal ist, der an den Eingang geleitet wird. Die Gesamtverstärkung des Systems ist somit

$$\text{Verstärkung} = \frac{U_o}{U_i} = \frac{A}{1 - AB}. \tag{18.8}$$

Der Ausdruck $(1 - AB)$ ist eine komplexe Zahl, so daß Betrag und Phasenwinkel des Verstärkungsfaktors mit Rückkopplung sich von den Werten ohne Rückkopplung unterscheiden.

Bei der Frequenz, für die $AB = 1$ gilt, geht der Nenner in Gleichung (18.8) gegen Null, der Zähler jedoch nicht. Der Verstärker schwingt dann mit ungefähr dieser Frequenz. Wenn es außerdem eine Frequenz gibt, bei der $|AB| > 1$ und der Phasenwinkel von AB Null oder ein Vielfaches von 360° beträgt, schwingt der Verstärker auch mit dieser Frequenz.

Biologische Rückkopplungsregelung. Viele Arten von biologischer Regelung beruhen auf Rückkopplung; manche bezeichnet man als willkürlich, andere als unwillkürlich. Die Ohren dienen als Schallsensoren, wenn Sie Ihren Kopf zum Schall hin ausrichten wollen – eine willkürliche Steuerung. Wenn man mit dem Finger auf etwas zeigt, kommt es zu Rückkopplung des Ergebnisses in Form von visueller Information.

Ein Beispiel unwillkürlicher Steuerung ist die Anpassung der Pupille an verschiedene Helligkeiten. Ein weiteres Beispiel ist die Regelung des Blutzuckerspiegels, bei der Chemorezeptoren ständig die Zuckerkonzentration überwachen. Wenn die Konzentration über den Normalbereich (ungefähr 70-100 mg/100 ml) hinauswächst, bedeuten sie der Bauchspeicheldrüse, Insulin ins Blut abzugeben und so die Konzentration zu senken. Wenn dieser Regelkreis ausfällt, kommt es zu Diabetes.

Abb. 18.11. Rückkopplung verbessert im allgemeinen die Verstärkung, kann aber auch zu Oszillationen führen.

18.4 Steuerung durch Rückkopplung   253

Diese Beispiele zeigen, daß Rückkopplungsregelung in allen Bereichen der Physik und der Technik Anwendung findet. Sie könnten dieses Thema in einem einsemestrigen Schnupperkurs kennenlernen oder tiefer einsteigen und, wie viele vor Ihnen, eine lebenslange Laufbahn in der Regelungstheorie und ihren Anwendungen einschlagen. Als unser abschließendes Modell einer überall anzutreffenden Idee ist die Regelungstheorie unübertroffen.

Übungen

18.1 Wasser wird von einer Kolbenpumpe aus dem Boden gepumpt und in das Eingangsende eines langen Schlauches mit elastischen Wänden gespeist. Beschreiben Sie den Fluß in verschiedenen Abständen entlang des Schlauches durch eine Reihe qualitativer Graphen. Nehmen Sie an, daß der Fluß am Eingang die gleichgerichtete Hälfte einer Sinuswelle ist.

18.2 Beziehen Sie die Bedingungen und Ergebnisse aus Übung 18.1 auf die Strömung des Blutes durch das Gefäßsystem. Die Wände der Aorta und der Hauptarterien sind elastisch.

18.3 Nehmen Sie in Gleichung (18.7) an, daß die Minoritätsträger nicht rekombinieren, sondern unendliche Lebensdauer haben. Wie vergleicht die so modifizierte Gleichung mit Gleichungen (18.6) und (18.4)? Welche Größen entsprechen einander?

18.4 Wenn man eine volle Kaffetasse trägt, verschüttet man manchmal weniger, wenn man *nicht* hinsieht. Erklären Sie diese Beobachtung mit Bezug auf Rückkopplungssteuerung.

18.5 Zeigen Sie in einem Blockdiagramm, welchen Sensor und welchen Regler Sie benutzen würden, um (a) die Leistungsabgabe eines Kernreaktors zu regeln, (b) die Heizleistung des zur Heizung eines Hauses verwendeten Gases konstant zu halten, wenn das Gas durch Mischung von Erdgas und Butan hergestellt wird und (c) die Temperatur in einem elektrischen Kühlschrank zu regeln.

18.6 Zeichnen Sie für jedes der folgenden Systeme funktionelle Blockdiagramme, aus denen Eingangsenergie oder -material, Prozeß, Störungen, Meßgerät, Regler und Steuerelement hervorgehen: (a) der Kühler eines Autos; (b) Körpertemperaturregelung in einem warmblütigen Tier; (c) eine Fahrerin in einem Auto, das bergab auf einer gewundenen Straße fährt; (d) ein stetig arbeitendes Stahlwerk; (e) Verkehrsregelung auf einer Autobahn mit Zubringern.

18.7 Ein Mann vergräbt seine Wasserleitung 1 m tief unter der Erde und hofft, daß sie im Winter nicht einfriert. Er freut sich, als sein Wasser am 21. Dezember immer noch läuft. Er ist sehr verwundert, als das Rohr zwanzig Tage später zufriert. Erklären Sie, warum das passiert, und berechnen Sie, wie lange er noch warten muß, bis das Rohr wieder auftaut. Nehmen Sie an, daß die Oberflächentemperatur einer sinusförmigen jährlichen Schwankung mit einer mittleren Temperatur von 5 °C und einer Amplitude von 20 °C folgt.

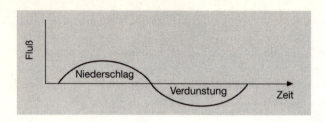

Abb. 18.12.

18.8 Nehmen Sie einen sinusförmigen Fluß von Feuchtigkeit an der Oberfläche eines porösen Bodens an, wie in Abb. 18.12 angedeutet. Stellen Sie die Flußgleichung auf und lösen Sie sie. Vergleichen Sie das Ergebnis mit Abb. 18.6, und identifizieren Sie die einander entsprechenden Größen.

18.9 Die Verstärkung eines Regelsystems ist als das Verhältnis von Ausgangssignal und Eingangssignal im stationären Zustand definiert. (a) Zeigen Sie, daß beim Fliehkraftregler (Abb. 18.3) die Höhe der rotierenden Massen nur von der Geschwindigkeit abhängt. (b) Nehmen Sie als Ausgangssignal die Höhe der Massen. Berechnen Sie den Verstärkungsfaktor im Fliehkraftregler, wenn die Geschwindigkeit von 50 auf 75 Umdrehungen pro Minute steigt, und wenn sie von 250 auf 275 Umdrehungen steigt. Erläutern Sie!

18.10 In Tiefen von 2, 4 bzw. 8 m schwankt die Temperatur jährlich um 5.6, 2.8 bzw. 0.7 °C. Zeigen Sie, daß die Ausbreitungsgeschwindigkeit von Temperaturwellen in der Erde $18.1 \, \text{m} \, \text{a}^{-1}$ beträgt.

18.11 Welche Amplitude hat die Temperaturschwankung in Übung 18.10 an der Oberfläche? Welche Phasenverzögerungen herrschen in den genannten Tiefen?

Lösungen

Kapitel 2 2.7 30 Tonnen im Jahr 2000
  2.14 (a) Am Vortag, (b) vier Tage später

Kapitel 3 3.1 8700 Jahre
  3.2 18 Uhr 22
  3.6 41% des ursprünglichen Wertes
  3.8 35%

Kapitel 4 4.5 3.9%
  4.6 $1.0\,\mathrm{mol\,l^{-1}}$
  4.8 $1.4\,\mathrm{cm^{-1}}$
  4.9 $1.5 \cdot 10^{14}$
  4.13 $-19.9\,°\mathrm{C}$ und $19.998\,°\mathrm{C}$
  4.14 $5\,\mathrm{W}$

Kapitel 5 5.3 $h_{\mathrm{end}} = I/F\rho g$
  5.6 $\tau = 0.001\,\mathrm{s}$
  5.8 (a) $8\,\mathrm{m\,s^{-1}}$ (b) $20\,\mathrm{s}$
  5.9 Beim tieferen Wert müßte die Förderung um 15% pro Jahrhundert abnehmen.

Kapitel 6 6.6 (a) vervierfacht sich, (b) verdoppelt sich, (c) bleibt gleich
  6.11 $\sqrt{\rho_1 g/\rho L}/2\pi$
  6.12 $(L/CR^2)^{1/2}$
  6.14 (a) $a = 10\,\mathrm{cm}\,\mathrm{e}^{-0.04606\,\mathrm{s}^{-1}\cdot t}$ (b) $15.61\,\mathrm{s}$
  6.18 (a) b/a (b) a^4/b^3 (c) $2\pi a^4(m_1 + m_2)/b^3 m_1 m_2$

Kapitel 7 7.10 (a) $33\,\mathrm{m}$ (b) $9\,\mathrm{cm}$ (c) $42\,\mathrm{m\,s^{-1}}$ (d) $1.3\,\mathrm{Hz}$ (e) $0.8\,\mathrm{s}$
  7.12 (a) $0.20\,\mathrm{cm}$ (b) $5.0\,\mathrm{cm}$ (c) $60\,\mathrm{cm\,s^{-1}}$ (d) $12\,\mathrm{Hz}$ (e) $-0.19\,\mathrm{cm}$
  7.13 $1.35\,\mathrm{W\,m^{-2}}$

Kapitel 8 8.1 (a) $y_{\mathrm{b}} = 2a\cos(2\pi x_{\mathrm{b}}/\lambda)\sin(2\pi vt/\lambda)$
    (b) $v_y = \mathrm{d}y_{\mathrm{b}}/\mathrm{d}t = 4\pi va/\lambda \cos(2\pi x_{\mathrm{b}}/\lambda)\cos(2\pi vt/\lambda)$
  8.2 $458, 917, 1375, 1833, \ldots\,\mathrm{Hz}$
  8.4 $3872\,\mathrm{N}$
  8.5 $T_n = 0.6 \cdot 10^{-8}\,\mathrm{s}/n$

Kapitel 9	9.1	$6.6\,\text{m}\,\text{s}^{-1}$
	9.4	7
	9.5	1.00074
	9.6	$7.25 \cdot 10^{-5}\,\text{cm}$, $4.83 \cdot 10^{-5}\,\text{cm}$
	9.7	$0.41\,\text{s}^{-1}$
Kapitel 10	10.6	Ungefähr $0.7°$
	10.8	$1.1\,\text{mm}$
Kapitel 13	13.7	$u = d\omega/dk$
	13.8	(a) $u = v - \lambda(dv/d\lambda)$ – Rayleigh-Gleichung
		(b) $u = v\left(1 + \dfrac{\lambda\,dn}{n\,d\lambda}\right)$
Kapitel 14	14.1	$8.6 \cdot 10^3\,\text{m}\,\text{s}^{-1}$
	14.2	$11.6 \cdot 10^3\,\text{K}$
	14.3	(a) $15\,\text{keV}$ (b) $6.2 \cdot 10^{10}\,\text{atm}$
	14.4	$2.8\,\text{m}$
	14.5	$3.4 \cdot 10^6$
	14.7	(a) $5536\,\text{m}$ (b) $5536\,\text{m}$
	14.9	0.36
Kapitel 15	15.4	$33.7 \cdot 10^{-8}\,\text{s}$, $2.10 \cdot 10^{10}$ Elektronen
	15.7	Ungefähr $5800\,\text{K}$
	15.8	Ja, gerade noch
	15.9	Ungefähr drei Tage
Kapitel 16	16.8	Ungefähr $20\,\text{Å}$
	16.9	$0.014\,\text{m}\,\text{s}^{-2}$
Kapitel 17	17.9	(a) $[ml^2]$ (b) $[Flt^2]$ (c) $[l] = [t]$, [Geschwindigkeit] $= 1$
	17.10	(a) $T = CR \cdot f(CR^2/L)$
	17.11	$a = \omega^2 r$
	17.12	$v \propto \sqrt{l/g}$
Kapitel 18	18.9	(b) 31%, 4%
	18.11	$11.2\,°\text{C}$; 0.93, 1.38, $2.77\,\text{rad}$

Zitate

Die Zitate zu Beginn der Kapitel sind den folgenden Quellen entnommen:

Kapitel 2 Albert A. Bartlett: The Physics Teacher **14** (7) 394 (1976)
Kapitel 3 Harry F. Olson: *Dynamical Analogies* (Van Nostrand, Princeton, NJ 1943)
Kapitel 5 William Shakespeare: *Measure for Measure*, 5. Akt, 1. Szene
Kapitel 7 George Bernhard Shaw: *Man and Superman, III*
Kapitel 8 Norbert Wiener: *I am a Mathematician* (MIT Press, Cambridge, MA 1956)
Kapitel 9 Sir Robert Stawell Ball: *Wonders of Acoustics, or the Phenomena of Sound* (Scribner & Co., New York 1872)
Kapitel 11 J.B.S. Haldane: *Possible Worlds and Other Papers* (Chatto & Windus, London 1945) Erstveröffentlichung 1927
Kapitel 12 Eric M. Rogers: American Journal of Physics **37** 692 (1967)
Kapitel 13 Sir James Hopwood Jeans: *Physics and Philosophy* (Cambridge University Press, Cambridge, UK 1942)
Kapitel 14 Pierre Duhem: *The Aim and Structure of Physical Theory* (Princeton University Press, Princeton, NJ 1954) p. ix
Kapitel 15 Lucretius: *De Rerum Natura*, Buch II, Zeilen 141-44
Kapitel 17 George Herbert: *Man*

Weiterführende Literatur

Kapitel 1

Bassett, C.R. und Pritchard, M.D.W.: Educational analogs for the study of intermittent heating, Physics Education **2** 44-6 (1967)

Cheng, D.K.: *Analysis of Linear Systems* (Addison-Wesley, Reading, MA 1959) Kapitel 4, 8

Cowan, J.D. und Kirschbaum, H.S.: *Introduction to Circuit Analysis* (Charles E Merrill, Columbus, OH 1961) Kapitel 12

Duhem, P.: *The Aim and Structure of Physical Theory* (Princeton University Press, Princeton, NJ 1991) Kapitel 4

Gianceli, D.C.: *Physics Principles with Applications* (Prentice-Hall, Englewood Cliffs, NJ 1991)

Holmes, B.W.: Putting: how a golf ball and hole interact, American Journal of Physics **52** (2) 129-136 (1991)

Meehan, R.L.: *Getting sued and other tales of the engineering life* (MIT Press, Cambridge, MA 1981) (Golf, pp. 1122-1130)

Murphy, G., Shippy, D. und Luo, H.L.: *Engineering Analogies* (Iowa State University Press, Ames, IA 1963) §100 – §700

Polya, G.: *Mathematical Discoveries; on Understanding, Learning and Teaching Problem Solving* (Wiley, New York 1962-5)

Serway, R.A.: *Physics for Scientists and Engineers with Modern Physics* (Saunders College Publishing, Philadelphia 1992)

Sorensen, R.: Thought Experiments, American Scientist **79** #2 250-263 (1991)

Thompson, N. (ed.): *Thinking Like a Physicist: Physics Problems for Undergraduates* (IoP Publishing, Bristol 1987)

Wagner, S.: *Mathematics in Action* (W. H. Freeman, New York 1991) [mit Literaturverzeichnis]

Kapitel 2

Bartlett, A.A.: The exponential function – parts I and II, The Physics Teacher **14** 393-401, 518-9 (1976)

—: The exponential function – part III, The Physics Teacher **15** 37-8 (1977)

—: The exponential function – parts IV and V, The Physics Teacher **15** 98, 225-6 (1978)

Killingbeck, J. und Cole, G.H.A.: *Mathematical Techniques and Physical Applications* (Academic Press, New York 1971) §4-8

Malthus, T.R.: *The Theory of Population* (Foundation for Classical Reprints, Albuquerque, NM 1993)

Meadows, D.H.: *Die Grenzen des Wachstums* (Deutsche V.-A., Stuttgart 1990)

Meadows, D.H., Meadows, D.L. und Randers, J.: *Die neuen Grenzen des Wachstums* (Deutsche V.-A., Stuttgart 1992)

Youse, B.K. und Stalnaker, A.: *Calculus for the Social and Natural Sciences* (International Textbook, Scranton 1969) §97

Kapitel 3

Bartlett, A.A.: The exponential function – part I, The Physics Teacher **14** 393-401 (1976)

Bateman, H.: Proc. Cambridge Phil. Soc. **15** 423 (1910)

Johnson, R.E. und Kiokemeister, F.L.: *Calculus with Analytical Geometry*, 3. Auflage (Allyn and Bacon, Boston, MA 1964) pp. 273-4

McGraw-Hill: *Encyclopedia of Science and Technology, Vol. 4* (McGraw-Hill, New York 1992)

Rutherford, E.: *Radioactive Substances and their Radiations* (Cambridge University Press, Cambridge 1913) Dieser Klassiker behandelt den exponentiellen Verlauf radioaktiver Zerfallsketten. Die allgemeine Theorie findet man auch in Bateman (1910).

Sutton, O.G.: *Mathematics in Action* (G. Bell and Sons, London 1962) pp. 49, 223

Kapitel 4

Blanchard, C.H. et al.: *Introduction to Modern Physics* (Prentice-Hall, Englewood Cliffs, NJ 1969) p. 349

Fairbank, J.D. et al.: *Near Zero: New Frontiers of Physics* (W.H. Freeman, New York 1986)

Weidner, R.T. und Sells, R.L.: *Elementary Modern Physics* (Prentice Hall, Englewood Cliffs, NJ 1980)

Worthing, A.G. und Halliday, D.: *Heat* (Wiley, New York 1948) Kapitel 7

Zemansky, M.W. und Dittman, R.: *Heat and Thermodynamics* (McGraw-Hill, New York 1981)

Kapitel 5

Daly, H.E. (ed.): *Toward a Steady-state Economy* (W.H. Freeman, San Francisco, CA 1977) Kapitel 1, 3

Kapitel 6

Barker, J.R.: *Mechanical and Electrical Vibrations* (Wiley, New York 1964) Eine analytische Behandlung oszillierender Systeme aus der Ingenieursicht.

Berkeley Physik-Kurs, Bd. 3: *Schwingung und Wellen* (Vieweg, Wiesbaden 1989)

Bishop, R.E.D.: *Vibration* (Cambridge University Press, New York 1965) Eine allgemeine Behandlung von Schwingungen und technischen Problemen, die auf den Christmas Lectures an der Royal Institution, London, beruht.

Brasewell, R.N.: The Fourier Transform, Scientific American **260** #6 pp. 86-95 (1989) [Sonnenfleckenzyklus, Sägezahnsignale in der Elektronik, Wärmeleitung, Gezeitenvorhersage, CAT, ...]

Cheng, D.K.: *Field and Wave Electromagnetics* (Addison-Wesley, Reading, MA 1989)

Davies, B.: Mathematical models in oscillation theory, Physics Education **13** 282-6 (1978)

Firestone, F.A.: Twixt earth and sky with rod and tube; the mobility and classical impedance analogies, J. Acoust. Soc. Am. **28** (6) 1117-53 (1956)

—: The mobility and classical impedance analogies, American Institute of Physics Handbook (McGraw-Hill, New York) **3** 140-79 (1957)

French, A.P.: *Vibrations and Waves* (MIT Introductory Physics Series) (W.W. Norton, New York 1971)

Frøyland, J.: *Introduction to Chaos and Coherence* (IoP Publishing Ltd., Bristol 1992)

Jones, B.K.: Parametric oscillators and amplifiers – parts I and II, Physics Education **8** 310-314, 374-6 (1973)

Morrill, B.: *Mechanical Vibrations* (Ronald Press, New York 1957) Kapitel 8

Nettel, S.: *Wave Physics: Oscillations, Solitons, Chaos* (Springer, Berlin, Heidelberg 1992)

Olson, H.F.: *Dynamical Analogies* (Van Nostrand, New York 1958) §§V, VI, XI, XIII, XIV. Ein ausgezeichnetes Buch, das Analogien zwischen elektrischen, translationsmechanischen, rotationsmechanischen und akustischen Systemen aufzeigt.

Rocard, Y.: *General Dynamics of Vibrations* 2. Auflage (Frederick Ungar, New York 1960) Kapitel 2, §19

Sharman, R.V.: Vibration, wave motion, and sound, Physics Education **1** 271-5 (1966)

Skoglund, V.J.: *Similitude: Theory and Applications* (International Textbook, Scranton 1967)

Thompson, W.T.: *Mechanical Vibrations* (Prentice-Hall, Englewood Cliffs, NJ 1972)

Waldron, R.A.: *Waves and Oscillations* (Van Nostrand, New York 1964)

Kapitel 7

Benade, A.H.: *Fundamentals of Musical Acoustics* (Dover, New York, NY 1990)
Beranek, L.L.: *Acoustics* (American Institute of Physics, New York 1986)
Bondi, H.: Gravitational Waves, Endeavour **20** 121-30 (1961)
Brillouin, L.: *Wave Propagation in Periodic Structures* (Dover, New York 1953)
Deutsch, D.: Paradoxes of Musical Pitch, Scientific American **267** #2 88-95 (1992)
Ghatak, A.K.: *An Introduction to Modern Optics* (McGraw-Hill, New York 1972)
Gough, W., Richards, J.P.J. und Williams, R.P.: *Vibrations and Waves* (Halsted Press, New York 1983)
Johnston, I.: *Measured Tones: The Interplay of Physics and Music* (IoP Publishing, Bristol 1989)
Kay, R.H.: The hearing of complicated sounds, Endeavour **35** 104-9 (1976)
Kock, W.: *Sound Waves and Light Waves* (Anchor Books, Garden City, NY 1965)
Mason, E.A. et al.: Rainbows and glories in molecular scattering, Endeavour **30** 91-6 (1971)
Meyer-Arendt, J.R.: *Introduction to Classical and Modern Optics* (Prentice-Hall, Englewood Heights, NJ 1991)
Pierce, J.R.: *Almost All About Waves* (MIT Press, Cambridge, MA 1974)
Reid, J.S.: Phonon gas, Physics Education **11** 348-53 (1976)
Sataloff, R.T.: The Human Voice, Scientific American **267** #6 108-115 (1992)
Taylor, C.: *Exploring Music – the Science and Technology of Tones and Tunes* (IoP Publishing, Bristol 1992)
Thompson, W.T.: *Mechanical Vibrations* (Prentice-Hall, Englewood Cliffs, NJ 1972)
Zollner, M. und Zwicker, E.: *Elektroakustik* (Springer, Berlin, Heidelberg 1993)
Zwicker, E. und Fastl, H.: *Psychoacoustics*, Springer Ser. Inform. Sci., Vol. 22 (Springer, Berlin, Heidelberg 1990)

Kapitel 8

Brown, A.F.: Seeing with sound, Endeavour **35** 123-8 (1976)
Morse, P.M.: *Vibration and Sound* (McGraw-Hill, New York 1981)
Pierce, J.R.: *Almost All About Waves* (MIT Press, Cambridge, MA 1974)
Rao, S.S.: *Mechanical Vibrations* (Addison-Wesley, Reading, MA 1993)
Rushton, W.A.H.: Effect of humming on vision, Nature **216** 1173 (1967)
Sharman, R.V.: Vibration, wave motion and sound, Physics Education **1** 271-5 (1966)

Sutton, O.G.: *Mathematics in Action* (G Bell & Sons, London 1962) Kapitel 4, pp. 91-130. Dieser Band bietet eine einfache Darstellung der Rolle, die die Mathematik in ausgewählten Bereichen der angewandten Wissenschaften spielt.

Towne, D.H.: *Wave Phenomena* (Addison-Wesley, Reading, MA 1967)

Williams, P.C. und Williams, T.P.: Effect of humming on watching television, Nature **239** 407 (1972)

Kapitel 9

De Witte, A.J.: Interference in scattered light, Am. J. Phys. **35** 301-13 (1967)

Durelli, A.J. und Parks, V.J.: *Moiré Analysis of Strain* (Prentice-Hall, Englewood Cliffs, NJ 1970)

Feynman, R.P., Leighton, R.B. und Sands, M.: *Feynman Vorlesungen über Physik*, Bd. 1 (Oldenbourg, München 1991)

Hariharan, P.: *Optical Interferometry* (Academic Press, New York 1986)

Gabor, D. und Stroke, G.W.: Holography and its applications, Endeavour **28** 40-7 (1969)

Givens, M.P.: Introduction to holography, Am. J. Phys. **35** 1056-64 (1967)

Jaffe, B.: *Michelson and the Speed of Light* (Doubleday-Anchor, New York 1960)

Jenkins, F.A. und White, H.E.: *Fundamentals of Optics* (McGraw-Hill, New York 1976)

Martienssen, W. und Spiller, E.: Coherence and fluctuations in light beams, Am. J. Phys. **32** 919-26 (1964)

Meyer-Arendt, J.: *Introduction to Classical and Modern Optics* (Prentice-Hall, Englewood Cliffs, NJ 1989) §2.5, §2.6, §2.8

Michelson, A.A.: *Light Waves and Their Uses* (University of Chicago Press, Chicago 1903)

Oster, G.: Moiré patterns in physics, Endeavour **27** 60-4 (1968) Überblick über Anwendungen, Verweis auf Baukästen, die bei Edmund Scientific Co., Barrington, NJ, USA erhältlich sind.

Kapitel 10

Beranek, L.L.: *Acoustics* (McGraw-Hill, New York 1954) Kapitel 4

Cosslet, V.E.: *Modern Microscopy* (G. Bell & Sons, London 1966) Kapitel 4

Erikson, K.R., Fry, F.J. und Jones, J.P.: Ultrasound in medicine, IEEE Trans. Sonics Ultrasonics **SU21** (3) 144-70 (1974)

Farago, P.S.: Polarised electrons, Endeavour **33** 143-8 (1974)

Frank, N.H.: *Introduction to Electricity amd Optics* 2. Auflage (McGraw-Hill, New York 1950) Kapitel 16

Frankl, D.R.: *Electromagnetic Theory* (Prentice-Hall, Englewood Cliffs, NJ 1986)

Houston, R.A.: *A Treatise on Light* (Longmans, London 1938) Kapitel 2

Jenkins, F.A. und White, H.E.: *Fundamentals of Optics* 4. Auflage (McGraw-Hill, New York 1976) Kapitel 1 §10

Kinsler, L.E. und Frey, A.R.: *Fundamentals of Acoustics* 2. Auflage (Wiley, New York 1962) Kapitel 7

Kock, W.E.: *Sound Waves and Light Waves* (Doubleday-Anchor, New York 1965)

Kraus, J.D.: *Electromagentics* 3. Auflage (McGraw-Hill, New York 1989) Kapitel 13

Lorrain, P. und Corson, D.R.: *Electromagnetic Fields and Waves* 2. Auflage (W.H. Freeman, San Francisco, CA 1970) Kapitel 13

Mayer-Arendt, J.R.: *Introduction to Classical and Modern Optics* (Prentice-Hall, Englewood Cliffs, NJ 1989) §1.2-§1.9

Povey, M. und McClements, J.: *Developments in Acoustics and Ultrasonics* (Institute of Physics, New York, NY 1992)

Kapitel 11

Beranek, L.: *Acoustics* (McGraw-Hill, New York 1954) Kapitel 26, 27

Brillouin, L.: *Wave Propagation in Periodic Structures* (Mc Graw-Hill, New York 1953)

Karakash, J.: *Transmission Lines and Filter Networks* (Macmillan, New York 1950)

Kinsler, L.E. und Frey, A.R.: *Fundamentals of Acoustics* (Wiley, New York 1950) Kapitel 8

Mott, N.F. und Gurney, R.W.: *Electronic Processes in Ionic Crystals* 2. Auflage (Dover, New York 1964)

Ramo, S.: *Fields and Waves in Communication in Electronics* (Wiley, New York 1984)

Kapitel 12

Blume, L.F. et al.: *Transformer Engineering* 2. Auflage (Wiley, New York 1951) Kapitel IV

Boylestad, R.L.: *Introductory Circuit Analysis* (MacMillan, New York, NY 1993) Kapitel 22

Department of Electrical Engineering, MIT: *Magnetic Circuits and Transformers* (Wiley, New York 1943)

Firestone, F.A.: Twixt earth and sky with rod and tube: the mobility and classical impedance analogies, J. Acoust. Soc. Am. **28** (6) 1117-53 (1956) [der Artikel ist auch in *American Physical Society Handbook* (McGraw-Hill, New York 1957), pp. 3-140] erschienen.

Kimbark, E.E.: *Electrical Transmission of Power and Signals* (Wiley, New York 1956)

Laithwaite, E.R.: Electromagnetic puzzles, Physics Education **4** 96-100, 114-5 (1969) [Diese Aufgaben sind von der Art, die man durch einfache Analogien lösen kann.]

MacInnes, I.: The lever as an impedance matching device, Physics Education **7** 509-10 (1972)

Millman, J. und Halkias, C.C.: *Integrated Electronics: Analog Digital Circuits & Systems* (McGraw-Hill, New York, NY 1972)

Nordenberg, H.M.: *Electronic Transformers* (Reinhold, New York 1964)

Skilling, H.H.: *Electrical Engineering Circuits* 2. Auflage (Wiley, New York 1965)

Kapitel 13

Bishop, A.R. und Schneider, T.: *Solitons and Condensed Matter Physics*, Springer Ser. Solid-State Sci., Vol. 8 (Springer, Berlin, Heidelberg 1981)

Born, M. und Wolf, E.: *Principles of Optics* (Pergamon, Oxford 1980)

Davidson, C.W.: *Transmission Lines for Communications* (Halsted, New York, NY 1989)

Feynman, R.P., Leighton, R.B. und Sands, M.: *Feynman Vorlesungen über Physik*, Bd. 1 (Oldenbourg, München 1991) Kapitel 31

Good, R.H. Jr. und Nelson, T.J.: *Classical Theory of Electric and Magnetic Fields* (Academic Press, New York 1971)

Herman, R.: Solitary Waves, American Scientist **80** #4 (1992)350-361

Jenkins, F.H. und White, H.E.: *Fundamentals of Optics* 3. Auflage (McGraw-Hill, New York 1957)

Oliver, P.J. und Sattinger, D.H. (Hrsg.): *Solitons in Physics, Mathematics and Nonlinear Optics* (Springer, New York 1990)

Weisskopf, V.F.: How light interacts with matter, Sci. Am. **219** (3) 60 (1968)

Wood, R.W.: *Physical Optics* 3. Auflage (Macmillan, New York 1934)

Kapitel 14

Dougal, R.C.: The presentation of the Planck radiation formula, Physics Education **11** (6) 438-43 (1976)

Feynman, R.P., Leighton, R.B. und Sands, M.: *Feynman Vorlesungen über Physik*, Bd. 1 (Oldenbourg, München 1991) Kapitel 39–44

Kent, T.: *Experimental Low Temperature Physics* (American Institute of Physics, New York 1992)

Leighton, R.B.: *Principles of Modern Physics* (McGraw-Hill, New York 1959) Kapitel 10

Loeb, L.B.: *Kinetic Theory of Gases* (McGraw-Hill, New York 1934)

Mott, N.F.: *Conduction in Non-crystalline Materials* (Oxford University Press, New York 1987)

Sproull, R.L.: *Modern Physics* (Wiley, New York 1959)

Kapitel 15

Barnes, R.B. und Silverman, S.: Brownian motion as a natural limit to all measuring processes, Rev. Mod. Phys. **6** 162-92 (1934)

Frank, N.H.: *Introduction to Electricity and Optics* 2. Auflage (McGraw-Hill, New York 1950) Kapitel 20

Furth, R.: Limits of Measurement, Sci. Am. **183** (1) 48-50 (1950)

Jenkins, F.A. und White, H.E.: *Fundamentals of Optics* 4. Auflage (McGraw-Hill, New York 1976) Kapitel 21

Kerker, M.: Brownian movement and molecular reality prior to 1900, J. Chem. Education **51** 764-8 (1974)

Kittel, C.: *Elementary Statistical Physics* (Wiley, New York 1967) Kapitel 19

Nelson, E.: *Dynamical Theories of Brownian Motion* (Princeton University Press, Princeton, NJ 1967)

Perrin, M.J.: *Brownian Movement and Molecular Reality* (Taylor & Francis, London 1910)

Kapitel 16

Ashkin, A. und Dziedzic, J.M.: Radiation pressure on a free liquid surface, Phys. Rev. Lett. **30** 139-42 (1973)

—: Optical levitation of liquid drops by radiation pressure, Science **187** 1073-5 (1975)

Brenig, W.: *Statistische Theorie der Wärme: Gleichgewichtsphänomene* (Springer, Berlin, Heidelberg 1992)

Brenig, W.: *Statistical Theory of Heat: Nonequilibrium Phenomena* (Springer, Berlin, Heidelberg 1989)

Frank, N.: *Introduction to Electricity and Optics* 2. Auflage (McGraw-Hill, New York 1950) §20-2

Hull, G.F.: Elimination of gas action in experiments on light pressure, Phys. Rev. **20** 188, 292-9 (1905)

Nichols, E.F. und Hull, G.F.: A preliminary communication on the pressure of heat and light radiation, Phys.Rev. **13** 307-20 (1901)

—: The pressure due to radiation, Phys. Rev. **17** 26-50, 91-104 (1903)

Richtmyer, F.K., Kennard, H. und Lauritsen, T.: *Introduction to Modern Physics* (McGraw-Hill, New York)

Saha, M.N. und Srivastava, B.N.: *A Treatie on Heat* (The Indian Press, Allahabad 1935) pp. 564-73

Smith, R.A.: Light scattering, Endeavour **29** 71-6 (1970)

Kapitel 17

Bassett, C.R. und Pritchard, M.D.W.: The teaching of structural problems by the use of electrical analogues, Physics Education **3** 242-5 (1968)

Buchdahl, H.A.: *An Introduction to Hamiltonian Optics* (Cambridge University Press, Cambridge 1970) Ein Buch für Studenten im Hauptstudium, mit Übungen und Lösungen. Die Hamiltonsche Method liefert Ergebnisse über das Verhalten von Linsensystemen in bezug auf deren Symmetrien.

Bridgman, P.W.: *Dimensional Analysis* (Yale University Press, New Haven 1963)

Gruber, B.: *Symmetry in Science* (Plenum, New York 1980)

Hesse, M.: Operational definition and analogy in physical theories, Br. J. Phil. Sci. **2** 281-94 (1952)

Isenberg, C.: Problem solving with soap films – parts I and II, Physics Education **10** 452-6, 500-503 (1975) Ein analoges System aus Platten, Nadeln und Seifenblasen ermöglicht eine einfache Lösung schwieriger mathematischer Probleme in zwei Dimensionen. Einige praktische Anwendungen werden besprochen.

MacLeod, A.M.: An elementary introduction to TTL (transistor-transistor logic), Physics Education **10** 440-5 (1975)

—: A second step in TTL circuitry, Physics Education **11** 111-16 (1976)

—: Arithmetic operations using TTL, Physics Education **11** 336-40 (1976)

Papoulis, A.: *Systems and Transforms with Applications in Optics* (McGraw-Hill, New York 1968)

Polya, G.: *Mathematics and Plausible Reasoning:* Vol. I *Induction and Analogy in Mathematics;* Vol. II *Patterns of Plausible Inference* (Princeton University Press, Princeton 1954)

Shubnikov, A.V. und Kopstik, V.A.: *Symmetry and Science in Art* (Plenum, New York 1974)

Streater, R.F. und Wightman, A.S.: *PCT, Spin and Statistics and All That* (W.A. Benjamin, New York 1964)

Sutton, O.G.: *Mathematics in Action* (Harper Torch Books, New York 1960)

Wigner, E.P.: *Violations of symmetry in physics* (313, Sci. Am. 1965) (6) 28-36

Kapitel 18

Adler, I.: *Thinking Machines* (John Day, New York 1961)

Barbe, E.C.: *Linear Control Systems* (International Textbook, Scranton 1963)

Barenblatt, G.I.: *Dimensional Analysis* (Gordon Breach, New York 1987)

Bear, J.: *Computer Wimp No More* (Ten Speed Press, Berkeley, CA 1992)

Bruns, R.A. und Saunders, R.M.: *Analysis of Feedback and Control Systems* (McGraw-Hill, New York 1955)

Cassidy, D.C.: Heisenberg, Uncertainty and the Quantum Revolution, Scientific American **266** #5 106-112 (1992)

Cline, D.B.: Beyond Truth and Beauty: a fourth family of particles, Scientific American **259** #2 60-66 (1988)

Del Toro, V. und Parker, S.R.: *Principles of Control Systems Engineering* (McGraw-Hill, New York 1960)

Dorf, R.C.: *Modern Control Systems* (Addison-Wesley, Reading, MA 1992)

Gutzwiller, M.C.: Quantum Chaos, Scientific American **266** #1 78-84 (1992)

Hagan, J.: Quantum Philosophy, Scientific American **267** #1 96-104 (1992)

Hadley, W.A. und Longobardo, G.: *Automatic Process Control* (Addison-Wesley, Reading, MA 1963)

Hardie, A.M.: *The Elements of Feedback and Control* (Oxford University Press, London 1964)

Henry, R.C.: Quantum Mechanics Made Transparent, American Journal of Physics **58** #11 1089-1100 (1990)

Gross, E.K.U. und Runge, E.: *Many Particle Physics* (IoP Publishing, Bristol 1991)

Ibach, H. und Lüth, H.: *Festkörperphysik* (Springer, Berlin, Heidelberg 1990)

Kittel, C.: *Introduction to Solid State Physics* (Wiley, New York 1986)

Martin, H.R.: *Introduction to Feedback Systems* (McGraw-Hill, New York 1968)

Renteln, P.: Quantum Gravity, American Scientist **79** #6 508-526 (1991) [mit Bibliographie]

Ruthen, R.: Catching the Wave, Scientific American **266** #3 90-99 (1992) [Gravitationswellen]

Shapiro, S.L. und Tenkolsky, S.A.: Black Holes, Naked Singularities and Cosmic Censorship, American Scientist **79** #4 330-343 (1991)

Weidner, R.T. und Sells, R.L.: *Elementary Modern Physics* (Allyn & Bacon, Boston 1980)

Wheeler, J.A.: *At home in the Universe* (IoP Publishing, Bristol 1992)

Wiener, N.: *Cybernetics* (Wiley, New York 1948)

Literaturführer

Wenn Sie Information über ein bestimmtes physikalisches Thema suchen – eine Einführung in ein Ihnen unbekanntes Gebiet, oder vielleicht numerische Daten – werden Ihnen die folgenden Literaturführer vielleicht helfen.

Arons, A.B.: *A Guide to Introductory Physics Teaching* (Wiley, New York 1990)

Coblans, H. (ed.): *Use of Physics Literature* (Butterworths, London 1975)

Gray, R.I.: *Unified Physics* (Naval Surface Warfare Center, Dahlgren, VA 1988) [Die Geschichte der vereinheitlichter Theorien in der Physik wird auf hohem Niveau dargestellt. Die Bibliographie hat 1025 Einträge.]

Guide to Reference Books 10. Auflage und Supplement (American Library Association, Chicago 1986 und 1992) Enthält Material aus allen Gebieten. Neue Ausgaben erscheinen regelmäßig.

Howes, R. und Fainberg, A.: *The Energy Sourcebook* (American Institute of Physics, New York 1991)

Parker, C.C. und Turley, R.V.: *Information Sources in Science and Technology* (Butterworths, London 1986)

Walford, A.J. (ed.): *Guide to Reference Material* (Library Association, London 1982) Ein Band dieses allgemeinen Führes ist den Natur- und Ingenieurwissenschaften gewidmet.

Shaw, D.F.: *Information Sources in Physics* (Butterworths, London 1985)

The New Challenges for 1993, Scientific American **267** #6 16-56

Sachverzeichnis

Aberration 118
Aberration, chromatische 118
Aberration, sphärische 118
Abfall, exponentieller 25, 37, 49, 64, 243
Abgeleitete Größen 228
Abkühlungsgesetz, Newtonsches 31, 33, 39
Absorption elektromagnetischer Wellen 37, 89, 164
Absorptionsbande 164, 169
Absorptionskoeffizient 37
Absorptionsvermögen, spezifisches 38
Abstimmkreis 74, 97
Abstimmung 98
Achromatische Linse 119
Adiabatische Volumenelastizität 82
Ähnlichkeiten, Nützlichkeit von 5
Äther 110
Amplitude, komplexe 69
Analogien 5, 6, 9, 10, 21, 25, 29, 43, 51, 52, 55, 57, 72, 75, 84, 88, 95, 96, 135, 149, 151, 155, 234
Analogrechner 57
Anharmonische Oszillationen 60
Annäherung, exponentielle 47
Anomale Dispersion 164
Anpassungstransformator 117
Antenne 74, 126
Antimaterie 225
Antineutrino 225
Anwendungen, medizinische 128, 148, 160
Apollonius 234
Arecibo-Radioteleskop 133
Astigmatismus 119
Atmosphärischer Druck 45

Aufladen eines Kondensators 50
Auflösungsvermögen 108, 120
Ausbreitungsgeschwindigkeit auf einer Zweidrahtleitung 95
Ausbreitungsgeschwindigkeit 82
Ausbreitungskoeffizient 243
Ausbreitungsrichtung 80
Auspufftopf 141
Auto 34, 45, 66, 115, 135, 140, 141, 145, 149, 152, 153
Automation 246
Autopilot 57

Bandpaßfilter 74, 138
Bandsperrfilter 139, 144
Barkhausen, H. 172
Bauch 94, 98, 100
Beersches Gesetz 38
Beispiele aus der Biologie 45, 129, 145, 159
Bernoulli, J. 156
Bespulung 139, 244
Betazerfall 224
Beugungsgitter 103
Bevölkerungswachstum 15
Biologie 45, 129, 145, 159
Blasinstrumente 98, 155
Blindwiderstand 71, 153
Boltzmann, L. 179
Brechungsindex 107, 113, 117, 122, 126, 134, 158, 163
Bridgman, P.W. 227
Browder, F.L. 233
Brown, R. 193
Brownsche Bewegung 4
Buckingham, E. 228

Caesar, G.I. 34

Carnotscher Wirkungsgrad 240
Cauchysche Dispersionsformel 164
Cephei-Stern 57, 76
Charakteristische Impedanz 157
Chromatische Aberration 118
Chronometer 77
CPT-Symmetrie 227
Crookes, W. 205
Curie (Einheit) 31

Dämpfung 61
Dämpfungskonstante 43
De Broglie-Wellen 130, 134, 156
Descartes, R. 235
Dichtewelle 87
Dicke eines Luftfilms 103
Dielektrizitätskonstante 170
Differentialregelung 249
Diffusion 4
Diffusionskonstante 4
Diffusionsleitwert 5
Digitales Strömungselement 7
Dimensionsanalyse 227
Dimensionslose Kennzahlen 230
Diskontinuität, Reflexion an einer 89, 155
Dispersion 118, 163
Dispersion, anomale 164
Dispersion, normale 164
Dispersion, relative 174
Dispersionsformel, Cauchysche 164
Dispersionsformel, Sellmeiersche 164, 169, 173
Dispersionsrelationen 174
Dissonanz 103
Doppellinse 118, 126
Doppelspaltinterferenz 105
Dupré, A. 227

Echokammer 98
Effektivwert 89, 157
Eigenfrequenz 58, 67, 69, 75, 97, 98
Einschwingen 68
Einspulentransformator 160
Einstein, A. 110
Elastizität 82, 83
Elektrische Leitfähigkeit 6
Elektrische Leitung in Festkörpern 145

Elektromagnetische Welle 79
Elektromagnetische Welle in einem Festkörper 165
Elektronen 85, 96, 130, 165
Elektronen, Bahnen von 6
Elektronen, Fokussierung von 130
Elektronenhülle 165
Elektronenlawine 19
Elektronenlinse 130
Elektronenmikroskop 6, 130
Elektronenstrahl 130
Energie, im elektrischen Feld 85
Energie, potentielle 61, 76, 88, 156, 240, 241
Energieabsorbierende Filter 142
Energiefluß 89
Energielücke 145
Energietransport durch Wellen 84
Energieverlust in einer Welle 87
Entladen eines Kondensators 28
Entspiegelnde Beschichtung 158, 161
Erdbeben 90, 113, 135, 146
Erde, Temperaturschwankungen in der 244
Erhaltungsgröße 221, 235
Erhaltungssätze 220
Erhitzen 52
Erschütterungsfreie Lagerung 140
Erzwungene Schwingung 67, 165
Euler, L. 156
Exponentielle Annäherung 47
Exponentieller Abfall 25, 37, 49, 64, 243
Exponentieller Abfall, der Radioaktivität 30
Exponentieller Abfall, der Spannung 28
Exponentieller Abfall, der Strahlungsintensität 37
Exponentieller Abfall, der Temperatur 31, 39
Exponentieller Abfall, des Wasserstandes 25
Exponentieller Abfall, in einer Zweidrahtleitung 39
Exponentielles Wachstum 13
Exponentielles Wachstum, der Bevölkerung 15

Exponentielles Wachstum, der Wissenschaft 18
Exponentielles Wachstum, einer Elektronenlawine 19
Exponentielles Wachstum, eines Sparkontos 13
Exponentielles Wachstum, halblogarithmisch aufgetragen 17
Exponentielles Wachstum, und Sättigung 19

Fabry-Perot-Interferometer 107, 158
Fahrrad 147
Faradaysches Induktionsgesetz 149
Farbfilter 38, 136
Federkonstante 58
Feinstruktur von Spektrallinien 108, 110
Fernsehempfänger 102, 136
Filter, akustische 141
Filter, Bandpaß- 74, 138
Filter, Bandsperr- 139, 144
Filter, elektrische 136
Filter, energieabsorbierende 142
Filter, Hochpaß- 138
Filter, hydraulische 141
Filter, Ionengitter als 144
Filter, mechanische 139
Filter, mehrstufige 137, 144
Filter, periodische 143
Filter, Tiefpaß- 138
Fizeau, A.H.L. 172
Fliehkraftregler 246
Flipflop 8
Flüssigkeitsströmung 3
Flüstertüte 158
Flugzeug 57, 103
Fluß, elektrischer Ladung 2
Fluß, Wärme- 2, 39, 244
Flußleitwert 3, 26, 48
Fortschreitende Welle 93
Fraunhofersche Linien 174
Freie Elektronen 96
Frequenzcharakteristik 139, 144
Füllen eines Wasserbehälters 47

Gatter 8
Gedämpfte Schwingung, mit periodischer Triebkraft 67

Gedämpfte Schwingung 61
Geige 60, 75, 153
Geometrische Kollimation 115, 128, 129
Getriebe 151, 156
Grammophon 152
Grenzfrequenz 138
Grenzgeschwindigkeit 53
Grundgrößen 228
Gruppengeschwindigkeit 168, 170
Gütefaktor 66, 76, 77, 78
Gummimembranmodell 6

Halblogarithmische Auftragung 17
Halbwertszeit 30
Harder, D.S. 247
Harmonische Schwingung 60
Harmonischer Oszillator 60
Helizität 225
Helmholtz, H.L.F. 165
Hochpaßfilter 138
Hologramm 111
Holographie 111
Hornantenne 126
Horngleichung 156
Hull, G.F. 205
Huygenssches Prinzip 105

Imaginärteil 69, 71, 72
Impedanz 72, 153
Impedanz, charakteristische 157
Impedanz, innere 153
Impedanzanpassung 147, 153, 155
Impedanztheorem 153
Induktion 149
Infrarot 164, 166, 169, 173
Intensität 37, 45, 88, 116, 117, 133
Interferenz 101
Interferenz, destruktive 101
Interferenz, Doppelspalt- 105
Interferenz, konstruktive 101
Interferometer, Fabry-Perot- 107
Interferometer, Lloyd-Spiegel- 106
Interferometer, Michelson- 109
Interferometer, Rayleigh- 107
Interferometrie 101
Interferometrie, mit dünnen Filmen 104

Interferometrie, mit Wegunterschieden 103
Invariante Größe 235
Invarianz 221
Ionisation 19
Ionisationskammer 19
Ionosphäre 34, 172
Isolierungstransformator 160

Johnson, J.B. 197

Kamera 118, 120, 142, 147, 158, 161
Kennzahlen, dimensionslose 230
Kepler, J. 234
Klassifikation 1
Klavier 102, 114, 155
Knoten 94
Kobalt 224
Kocher, F. 234
Kohärente Strahlung 111
Kollimation, geometrische 115, 128, 129
Koma 119
Kommunikation 115, 157, 158, 163
Komplexe Amplitude 69
Kompressibilität 82
Korona 148
Kritische Dämpfung 65
Krümmung einer Welle 80
Kruskal, M.D. 173
Kurbelwelle 151
Kybernetik 246

Längendichte 83
Lagerung, erschütterungsfreie 140
Lagrange, J.L. 156
LC-Filter 137
LC-Kreis 63
Lebensdauer, mittlere 30
Leckleitwert 40
Leckstrom 39
Lee, T.D. 224
Leistungsübertragung 153
Leitfähigkeit, elektrische 6
Leitfähigkeit, Wärme- 2, 10, 11
Leitwert, Diffusions- 5
Leitwert, elektrischer 2
Leitwert, Fluß- 3, 26, 48
Leitwert, Wärme- 3

Lichtgeschwindigkeit 110, 117, 122, 168, 172
Lichtjahr 172
Linearer Zusammenhang 1, 249
Linse 116
Linse, achromatische 119
Linse, Elektronen- 130
Linse, Mikrowellen- 120
Linse, Raster- 121
Linsendefekte 118, 133
Linsengleichung 121, 133
Lloyd-Spiegel 106
Logarithmisches Dekrement 66
Longitudinalwelle 79, 82, 90

Magnetische Fokussierung 132
Malthus, T.R. 21
Massenabsorptionskoeffizient 46
Maximierung der übertragenen Leistung 153
Maxwell, J.C. 179
Maxwell-Boltzmann-Verteilung 179
Medizinische Anwendungen 128, 148, 160
Michelson, A.A. 110, 172
Michelson-Interferometer 109
Mikroskop 120
Mikroskop, akustisches 129
Mikroskop, Elektronen- 130, 133
Mikroskop, Licht- 129, 131
Mikroskop, Protonen- 133
Mikrowellen 120
Mikrowellen, Reflexion von 96
Mikrowellenlinse 120
Mittlere Lebensdauer 30
Modellbildung 227
Moirémuster 102
Molekülstrahlen 129
Morley, E.W. 110

Neper 43
Neutrino 225
Newton, I. 31, 106
Newtonsches Abkühlungsgesetz 31, 39
Nichols, E.F. 205
Nonius 114
Nordlinger, P.D 212
normale Dispersion 164
Nyquist, H. 197

Ockhams Rassiermesser 219
Ölfilm 113
Ohmsches Gesetz 2
Operation 231
Operationsmatrix 231
Operator 231
Oszillation, anharmonische 60
Oszillator 75
Oszillator, elektrischer 61
Oszillator, gedämpfter 61
Oszillator, harmonischer 60
Oszillator, periodisch angetriebener 67
Oszillator, ungedämpfter 61

Parabolspiegel 125
Parität 222
Pendel 57
Periodischer Wärmefluß 244
Phasenbeziehungen 69, 111, 166
Phasengeschwindigkeit 80, 122, 134, 166, 171, 172, 173
Phasenspalter 161
Phasenverzögerungslinse 120
Π-Theorem 228
Planck, M. 199
pn-Übergang 245
Poiseuillesches Gesetz 3
Potentialdifferenz 2
Potentielle Energie 61, 76, 88, 156, 240, 241
Price, D.J. de S. 18
Problemlösung 231, 234
Proportionalität 1
Proportionalregler 249

Quantentheorie 38, 106, 142, 156
Querschnittsverjüngung 158

Radioaktivität 30
Radioempfänger 74, 97, 100, 102, 135, 136, 137, 139, 159
Rasterlinse 121
Rayleigh, Lord 103, 107, 227
Rayleigh-Interferometer 107
Realteil 69, 71
Reflexion 89
Reflexion, an einer Diskontinuität 89, 155

Reflexion, von Mikrowellen 96
Reflexion, von Schall 88, 155, 156
Reflexion, von Wellen 157
Reflexionssymmetrie 222
Regelsysteme 246
Reibung 61, 78, 88
Relative Dispersion 174
Relativitätstheorie 110, 123
Relaxationszeit 27, 48
Resonanz 70, 73, 97, 103
Resonanzfrequenz 72, 73
Reynoldsche Kennzahl 230
Richtantenne 126
RLC-Kreis 70
Röntgenstrahlung 19, 37, 45, 46, 128, 148, 159, 170
Rückkopplung 23, 75, 246
Rückstellregler 249
Rücktreibende Kraft 58, 60
Rückwärtsregelung 247

Sättigung 19
Saite 79, 83, 93, 97
Saite, mit periodischer Massenverteilung 144
Saite, Zugkraft in einer 83, 90
Sammellinse 116, 119, 133
Schall 45, 79, 82, 85, 86, 88, 90, 91, 96, 97, 99, 100, 102, 110, 124, 127, 128, 141, 155, 157, 158, 163
Schallbilder 128
Schallbündel 127
Schallbündelung 127
Schaukel 75, 76, 97
Schiff 56, 76, 103, 153, 156
Schrödinger, E. 156, 173
Schrotrauschen 201
Schwebung 101
Schwinger 58
Schwingkreis, elektrischer 60, 61, 63, 70
Schwingung, einer Feder 58
Schwingung, erzwungene 165, 167
Schwingung, gedämpfte 61
Schwingung, harmonische 60
Schwingung, im Verstärker 252
Schwingung, kritisch gedämpfte 65

Schwingung, überkritisch gedämpfte 64
Schwingung, ungedämpfte 58, 61
Schwingung, unterkritisch gedämpfte 66
Scott-Russell, J. 173
Sellmeiersche Dispersionsformel 164, 169, 173
Sensitivität 249
Servomechanismus 249
Simulationen 6
Sinuswelle 81
Sinuswellen 93
Solitonen 173
Sparkonto 13, 34
Spektroskopie mit Interferometern 108
Spezielle Lösung 68
Spezifische Wärmekapazität 32
Spezifisches Absorptionsvermögen 38
Sphärische Aberration 118
Spiegel 96, 125
Spiegel, Lloyd- 106
Spiegel, Parabol- 125
Stefan-Boltzmann-Gesetz 33
Stehende Wellen 93
Steifigkeit 61, 62, 63, 67, 75, 76
Stellgeschwindigkeit 249
Stimmen eines Klaviers 102, 114
Stimmgabel 60, 61, 90, 97, 102, 114
Stoßdämpfer 66
Stoßheber 149
Stoßionisation 19
Strahl 115
Strahlenbündel 115
Strahlenbündel, divergierendes 116
Strahlenbündel, Energie im 116
Strahlenbündel, konvergierendes 117
Strahlungsabsorption 37
Streulinse 119
Streuung 115, 117, 119, 128, 130
Strömungselement, digitales 7
Suchscheinwerfer 115
Superpositionsprinzip 101
Symmetrie 220
Symmetrie, CPT- 227
Symmetrie, Reflexions- 222
Symmetrie, und Antimaterie 225

Symmetrie, und Erhaltungssätze 221
Symmetrie, und Parität 222
Symmetrie, und Quantenmechanik 222

Teilchenstrahlen 129
Telephonleitung, Bespulung einer 139
Teleskop 120
Temperaturdifferenz 2, 31, 39, 46
Temperaturleitfähigkeit 244
Textilindustrie 103
Theorie 219
Thermodynamik 239
Thermostat 247
Tiefpaßfilter 138
Tolman, R.C. 227
Torsionspendel 62
Torsionswelle 83
Trägheit 61
Transformator 147
Transformator, Anpassungs- 117, 155
Transformator, Gleichstrom- 149
Transformator, idealer 148
Transformator, mechanischer 151
Transformator, mit Querschnittsverjüngung 158
Transformator, phasenspaltender 161
Transformator, Wechselstrom- 147
Transportphänomene 5
Transversalwelle 79, 83, 90
Triode 7

Überkritische Dämpfung 64
Übertragungsleitung 39, 85, 95, 139, 158, 160, 241
Übertragungsleitungen 98
Ultraschall 128, 163
Ultraviolett 34, 164, 166, 170
Ungedämpfte Schwingung 58, 61
Unterkritische Dämpfung 66
Unterwasserkabel 243
Urknalltheorie 76
Urmeter 110

Vakuumlichtgeschwindigkeit 122, 168
Verbotenes Energieband 144
Verdichtung 87
Verdopplungszeit 15, 17, 22, 23

Verdünnung 87
Verstärkerrückkopplung 252
Viertelwellentransformatoren 158
Violinsaite 60, 75, 153
Viskosität 3, 53, 61
Volumenelastizität, adiabatische 82
Vorwärtsregelung 247

Wachstum, exponentielles 13
Wachstumsrate 21
Wärmefluß 2, 39, 244
Wärmefluß, periodischer 244
Wärmekapazität 53
Wärmekapazität, spezifische 32
Wärmekraftmaschine 241
Wärmeleitfähigkeit 2, 10, 11, 39
Wärmeleitung entlang eines Stabes 2, 39
Wärmetod des Universums 241
Wasserbehälter 25, 47
Watt, J. 246
Wechselstrom 85, 136, 149
Wechselstromgenerator 85
Wechselwirkungen 224
Wellen, auf einer Saite 79, 83, 97
Wellen, elektromagnetische 79
Wellen, Energietransport durch 84
Wellen, Energieverlust in 87
Wellen, fortschreitende 93
Wellen, in einem Festkörper 165
Wellen, Interferenz von 101
Wellen, longitudinale 79, 82, 90
Wellen, Reflexion von 89

Wellen, sinusförmige 81, 93
Wellen, stehende 93
Wellen, transversale 79, 83, 90
Wellenform 80, 93
Wellenfront 115
Wellengeschwindigkeit 82, 172
Wellengleichung 79
Wellenlänge, aus Interferenzstreifen bestimmt 106
Wellentheorie des Lichts 106
Whistler 172
Widerstand, elektrischer 2
Wiener, N. 246
Wiensches Verschiebungsgesetz 202
Wirkungsgrad eines Transformators 148
Wissenschaft 1, 5, 18
Wissenschaft, exponentielles Wachstum der 18
Wu, C.S. 224

Yang, C.N. 224
Young, T. 106

Zabusky, N.J. 173
Zeitkonstante 27, 48
Zeitumkehr 227
Zerfall, radioaktiver 30
Zinseszinsen 13
Zonenplatte 123
Zusammenhang, linearer 249
Zweidrahtleitung 39, 85
Zwischenfrequenzempfänger 103, 139

Springer-Verlag und Umwelt

Als internationaler wissenschaftlicher Verlag sind wir uns unserer besonderen Verpflichtung der Umwelt gegenüber bewußt und beziehen umweltorientierte Grundsätze in Unternehmensentscheidungen mit ein.

Von unseren Geschäftspartnern (Druckereien, Papierfabriken, Verpackungsherstellern usw.) verlangen wir, daß sie sowohl beim Herstellungsprozeß selbst als auch beim Einsatz der zur Verwendung kommenden Materialien ökologische Gesichtspunkte berücksichtigen.

Das für dieses Buch verwendete Papier ist aus chlorfrei bzw. chlorarm hergestelltem Zellstoff gefertigt und im ph-Wert neutral.

Druck: Mercedesdruck, Berlin
Verarbeitung: Buchbinderei Lüderitz & Bauer, Berlin